应用型人才培养系列教材

工程训练

主　编　刘颖辉　韦荔甫

副主编　陈潮宇　石南辉　邓　广　孙立峰　杨德云
　　　　毕经毅　梁先盛　杨勇群　原　园　方彰伟
　　　　唐海燕　唐　宁　钟永全　高云波

西安电子科技大学出版社

内 容 简 介

本书是根据当前高校"工程训练教学要求"以及教育部关于培养适应地方、区域经济和社会发展需要的"应用型高级专门人才"精神,汲取兄弟院校的教学改革成果和教学经验,充分考虑现代机械加工的发展状况后编写的。本书重点介绍了传统制造工艺和先进制造技术,以及综合创新实践等相关知识,增加了适应时代发展的数据共享(二维码扫描视频教程链接)和 3D 打印技术等新内容。

全书共 12 章,主要内容包括安全文明生产、工程材料及热处理、铸造、锻压、焊接、车削加工、钳工、铣削加工、刨削加工、特种加工技术、磨削加工、数控加工技术等。除第 1 章外,书中每章都有相应的复习思考题,可进一步巩固所学知识。

本书内容丰富、概念清楚,便于教学,适合高等工科院校机械类、近机械类、非机械类各专业使用,也可供成人教育、机械行业工人及工程技术人员参考使用。

图书在版编目(CIP)数据

工程训练 / 刘颖辉,韦荔甫主编. —西安:西安电子科技大学出版社,2020.7(2023.8 重印)
ISBN 978-7-5606-5674-8

Ⅰ.①工…　Ⅱ.①刘…　②韦…　Ⅲ.①机械制造工艺—高等学校—教材　Ⅳ.①TH16

中国版本图书馆 CIP 数据核字(2020)第 081314 号

策　　划　陈　婷
责任编辑　张　玮
出版发行　西安电子科技大学出版社(西安市太白南路 2 号)
电　　话　(029)88202421　88201467　　　　邮　　编　710071
网　　址　www.xduph.com　　　　　　　　电子邮箱　xdupfxb001@163.com
经　　销　新华书店
印刷单位　广东虎彩云印刷有限公司
版　　次　2020 年 7 月第 1 版　2023 年 8 月第 2 次印刷
开　　本　787 毫米×1092 毫米　1/16　印 张 18
字　　数　426 千字
定　　价　43.00 元
ISBN 978－7－5606－5674－8 / TH
XDUP 5976001-2
如有印装问题可调换

前　言

本书是"金工实习"课程的配套教材。金工实习是高等院校工科学生接受工程训练的重要教学环节，同时也是学生学习工程材料及机械制造等相关后续课程的基础。加强工科教学中的工程实践训练，对提高教学质量、培养学生解决实际问题的能力具有十分重要的意义。近年来，随着数控加工技术向高速、高效的方向发展，以及特种加工和 3D 打印等高端技术向常规化的方向发展，现代制造技术正以前所未有的发展速度改变着传统加工技术的方方面面。

本书按照先学后做、边学边做的原则编写，理论联系实际，具有较强的可操作性。通过对本书的学习，可有效提高学生的理论水平和实践操作技能。结合现在学生特点和金工实习环境的特殊性，本书在相关设备的安全操作旁边都配有二维码，学生通过扫描二维码在课上和课下同时学习，既可提高学生的学习兴趣，同时也可让学生了解操作相关机床应注意的安全事项。

参加本书编写的人员主要是各高校多年从事金工实习的指导教师和长期从事金工理论教学的教师。本书由刘颖辉、韦荔甫担任主编，陈潮宇、石南辉、邓广、孙立峰、杨德云、毕经毅、梁先盛、杨勇群、原园、方彰伟、唐海燕、唐宁、钟永全、高云波担任副主编。本书第 1 章由北部湾大学石南辉编写，第 2 章由无锡太湖学院杨德云编写；第 3 章、第 4 章由桂林电子科技大学刘颖辉编写；第 5 章由桂林电子科技大学梁先盛和刘颖辉编写，第 6 章由桂林电子科技大学陈潮宇和唐海燕编写，第 7 章由哈尔滨华德学院孙立峰编写，第 8 章由桂林电子科技大学方彰伟和钟永全编写，第 9 章由哈尔滨华德学院毕经毅编写，第 10 章由桂林电子科技大学刘颖辉编写，第 11 章由哈尔滨理大学杨勇群编写，第 12 章由桂林电子科技大学韦荔甫和邓广编写，教材配套视频由桂林电子科技大学唐宁整理，实训报告由原园编写，全书相关设备参数由齐重数控装备股份有限公司高云波工程师提供和校核。

本书的编写工作得到了兄弟院校相关人员的大力支持，编者在此向他们表示衷心的感谢！

由于编者水平有限，再加上篇幅所限，书中难免有不足之处，恳请读者批评
指正。

编　者

2020 年 3 月

目　　录

第1章　安全文明生产

安全教育

生产安全已成为人们日益关注的问题，而劳动保护与生产安全密切相关。劳动者是社会的主人，也是创造财富的主体，把人的健康与安全摆在首要位置是毫无疑问的，因此必须采取有效的技术措施，保护劳动者在生产过程中的安全与健康。

教学目标

1. 了解铸造中的不安全因素，掌握其安全保护措施；
2. 了解焊接中的不安全因素，掌握其安全保护措施；
3. 了解机械切削中的不安全因素，掌握其安全保护措施。

金工实习中涉及劳动保护的内容主要有铸造、压力加工、焊接、金属热处理、机械切削加工和钳工操作等。这些工艺实施的过程中都潜藏着种种不安全和不卫生因素，会对操作者的身体安全和健康构成威胁，因此要采取必要的措施进行防范。

1. 铸造中的劳动保护

1) 铸造中的不安全因素

铸造工艺实施中，必须将固态金属加热熔化成具有流动性的液态金属。金属的熔点非常高，为了使熔融金属具有流动性，必须使加热温度高于金属熔点，即达到所谓的浇注温度。金属的浇注温度因金属种类的不同而不同，铸造铝合金的浇注温度为680～720℃，铸造铜合金的浇注温度为1040～1100℃，铸铁的浇注温度为1300℃，铸钢的浇注温度为1600～1640℃。高温金属液的烧伤、灼伤、热辐射损伤，会对人体产生重大伤害。

砂型铸造所使用的铸造用砂，其主要成分为二氧化硅。铸造过程中进行干砂搅拌和落模清理时，会有大量的含硅粉尘飞扬，含硅粉尘会通过呼吸道进入人体，导致不可逆转的硅肺病，严重时将会威胁人的生命。混砂机、造型机和各种熔化炉的运行过程中，也都可能产生机械碰击伤害。

2) 铸造中的安全保护

(1) 避免高温伤害。浇注前必须紧固铸型，上、下型要用卡紧机械锁紧，或者在上型上放置比铸件重3～5倍的压铁，以免浇注时抬型或跑火。

浇注用的工具使用前必须烘干、预热，彻底除去水分。

浇注场地要通畅无阻，无积水。浇注时金属溶液一般不能超过容量的 80%；抬运时动作要协调；铸件完全冷却后才能用手接触；色盲者不得进入浇注区；必须按规定穿戴劳动保护用品，如石棉服装、手套、皮靴、防护眼镜等。

(2) 戴口罩。操作者必须按规定戴符合要求的口罩，避免硅尘进入体内。

(3) 其他安全操作。锤击去除浇冒口时应注意敲打方向，不要正对他人。制造砂型或型芯时，不可用嘴吹砂。不可坐卧在机器和输送设备上休息，不得横跨运输带，不要在起重机吊起物的下方停留。

2. 压力加工中的劳动保护

1) 压力加工中的不安全因素

金属压力加工是指对金属施加冲击力(或压力)而改变其形状，其设备和工具连续运动时会有强烈的振动，时间过长会使人患上振动病，表现为手麻、手疼、关节痛和神经衰弱等。另外压力加工中产生的噪声会使人的注意力分散，会使人烦躁，长期处于这种环境中，听觉器官和其他系统会受损伤而发生病变，引起噪声性疾病。

2) 压力加工中的安全保护

金属压力加工中的安全保护主要包括如下内容：

(1) 机械设备的防护。

各种锻压机床的齿轮传动或带传动部分，必须加上牢固的防护罩，防止人体误入而受到伤害。

(2) 遵守安全操作规程。

① 操作者在工作前认真检查机电设备、辅助设备、工具、模具、液压管道等是否安全可靠，并按规定将锤头、锤杆、工具等预热，温度一般为 100～200℃。

② 安装模具或检查机床时，必须关闭电源，并采取安全措施，防止机床动作；工作中严禁将头、手和身体的其他部位伸入机床的行程范围之内。

③ 不允许用剪床剪淬火钢、高速钢、铸铁等高硬度脆性材料，工作时必须集中精神，不能东张西望；起重机吊运红热锻件时，除指挥吊运的人员外，其他人员应主动避开，更不得处于吊运物体的下方。

(3) 个人防护。

进入锻造车间后必须穿好工作服、隔热胶(皮)底鞋，戴安全帽，噪声强烈时，应戴防噪声耳塞。

3. 焊接中的劳动保护

1) 焊接中的不安全因素

焊接设备的动力来源均是强大的电流，如果电线和设备没有做好绝缘或破损并与人接触，就会对人体造成伤害。

焊接过程中会产生很多无机性烟尘和废气，短时间内会使人感觉呼吸困难进而出现窒息，长期会使人患上难以治疗的尘肺病甚至会使人患上氟骨病。

电弧温度高达 3000℃以上，此温度可产生大量紫外线，作用于人眼会引发急性角膜炎和结膜炎。

气焊、气割使用的氧气和可燃性气体,均储存于高压钢瓶内,一旦爆裂,就会造成极大的危害。

2) 焊接中的安全保护

(1) 焊接设备的安全技术。

① 操作者在焊接前要认真检查焊机、氧气瓶、乙炔瓶等是否完好,乙炔瓶在使用和运输过程中必须直立,不能倒放。

② 氧气瓶瓶嘴附近严禁接触油脂,以免油脂遇到压缩纯氧时引起自燃。

(2) 自我防护。

① 焊工操作时,必须穿好工作服、工作鞋,戴上手套、电焊防护面罩或气焊眼镜,不得直视弧光。

②工作场地特别是容器内或狭小空间内,应设置通风系统,将焊接过程中产生的烟尘、有害废气向外排放。

③若多人同时在某一个工作地点进行电弧焊,应设置弧光遮挡屏,以免弧光伤害他人。

(3) 触电的预防与救护。

① 电焊设备的外壳必须接零或接地,并定期进行检查,确保可靠性,此外还应检查电焊工作鞋的绝缘性能是否有效。

② 对触电者进行抢救时,首先要切断电源,然后对其实施人工呼吸再迅速将其送往医院。

4. 机械切削加工中的劳动保护

1) 机械切削加工中的不安全因素

机械切削加工中工件与刀具之间产生相对旋转或往返的相对运动,这些运动所产生的碰撞有可能对人体造成伤害。各种切屑大多具有锋利的刃口,极易损伤人体肌肤。

2) 机械切削加工中的安全保护

(1) 自我防护。

① 进入工作场地进行操作时,必须穿紧袖口和紧下摆的工作服,长发者必须戴工作帽,并将头发塞于帽内,不得穿凉鞋或拖鞋。如果机器正在运转,则不得戴手套进行切削加工(如车削、铣削等),也不得用手直接清理切屑。

② 高速铣削或用砂轮机磨削刀具时,要戴上防护眼镜;若有切屑进入眼睛,则不得用手揉搓,应及时请医生治疗。

(2) 遵守安全操作规程。

① 开动机床前必须检查各机构是否完好,各种手柄是否处于正确位置。卡盘扳手和其他手动装夹工具用毕应随手取下。

② 工件与刀具必须装夹牢固,开动机床前先用手扳动卡盘(或刀具),检查工件与床面、刀架、滑板或其他部件是否会产生干涉。

③ 改变主轴转速时必须先停机(也称"停车"),不得边运行边调整主轴转速;切削加工过程中若发现有异常,应立即停机进行检查,排除故障后方可重新开动机床。不能在切削加工时进行测量,加工时不能太靠近工件或旋转刀具。

④ 磨削加工前，应先检查砂轮是否完整、有无裂纹，砂轮螺钉是否松动，垫片是否完好，一切正常后，先空转 1～2 min，若无异常方可开始工作。操作者应处于砂轮的侧面，紧握刀具靠近砂轮时应均匀施力，不能突然用力过猛。

5．钳工操作中的劳动保护

1) 钳工操作中的不安全因素

钳工操作时也存在不安全因素，如錾削时挥动锤子可能脱锤伤人，锯削时用力不当可能会造成断锯刺伤，刮削时可能因工件的毛刺刮伤肌肤等。

2) 钳工操作中的安全保护

(1) 使用锉刀和刮刀前应检查木柄是否开裂，不能使用没有木柄的锉刀和刮刀进行操作。

(2) 锉削过程中，不能用手直接清除锉刀上的切屑，也不能用嘴吹切屑。

(3) 使用锤子前要检查锤子的木柄是否牢固，防止脱锤伤人，钳工桌上要设置防护网。

6．金属热处理中的劳动保护

(1) 自我保护。

进行酸洗、碱洗或操作盐浴炉时，应戴防护眼镜和口罩；进行强腐蚀作业后，应用 1%的硫酸亚铁溶液洗手，再用肥皂和清水洗净。

(2) 遵守安全操作规程。

① 装炉时必须先断电后操作，工件要轻放，以免打坏炉膛或造成盐液飞溅，装炉量不允许超过规定范围，而且工件与周边的距离不应小于 3 mm，以免引起短路。

② 工件进入盐浴炉前必须烘干；工件进入油槽淬火时，应特别注意防止工件露出油面引起燃烧，对人造成烧伤。

③ 如果油槽和盐浴炉起火，严禁使用水或泡沫灭火器灭火，应立即使用干砂扑灭。

第2章 工程材料及热处理

问题导入

　　一部自行车具有数十个零部件，如图 2-1 所示。从表 2-1 中可以看出，不同的零件所用材料不尽相同，不同材料有不同的性能，应根据实际应用进行合理选择。所以，学会识别和选择工程材料是了解工程知识、培养工程素养、解决工程问题的基础。

图 2-1 自行车结构图

表 2-1 自行车零件材料分类表

自行车零件	材　料
车架	铁
	铝合金
	碳纤维
车毂	铁
	铝合金
车胎	橡胶
车把手	塑料

教学目标

1. 了解金属材料及热处理的基本理论知识;
2. 能认知及合理选用工程材料;
3. 了解热处理工艺方法,读懂热处理工艺卡;
4. 具有一定的工艺路线设计能力。

2.1 工程材料

工程材料是指在机械、船舶、化工、建筑、车辆、仪表、航空航天等工程领域中用于制造工程构件和机械零件的材料。

工程材料按化学成分的不同可分为金属材料、无机非金属材料、高分子材料和复合材料四大类。后三者也可认为是除金属材料以外的非金属材料,它们有着金属材料所不及的优良性能,比如高分子材料所表现出的优良电绝缘性、减震性、质量轻的性能,陶瓷材料耐高温、耐火、高硬度以及绝缘等性能。目前,橡胶、塑料、陶瓷及合成碳纤维等制品广泛应用于工业以及生活的方方面面,小到茶杯,大到飞船,无处不凸显非金属材料特有的性能。如图 2-2 所示,非金属材料在 3D 打印和日常工具上的应用。

(a) 3D 打印机材料

(b) 风扇

图 2-2 塑料制品

金属材料作为最重要的工程材料,包括金属和以金属为基础的合金。纯金属实质是某种金属元素最多,其他杂质极少或是达到规定范围含量值,即可认为是纯金属。此外,金属材料也可以按照钢铁以及非铁金属进行分类,如图 2-3 所示。

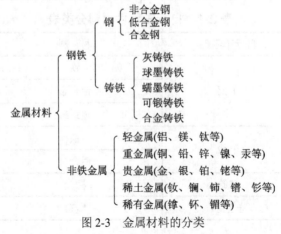

图 2-3 金属材料的分类

2.1.1　钢的分类

钢是经济建设中极为重要的金属材料，也是学习的重点。

钢是以铁、碳为主要成分的合金，碳质量分数一般小于 2.11%；而铸铁是碳质量分数在 2.11%以上的铁碳合金，工业用铸铁的碳质量分数一般为 2.5%～3.5%。按合金元素含量的高低，钢可分为非合金钢、低合金钢和合金钢。按用途不同，钢分为结构钢、工具钢和特殊性能钢三类；结构钢包括工程用钢和机器用钢；工具钢用于制作各类工具，包括刃具钢、量具钢和模具钢等；特殊性能钢包括不锈钢、耐热钢、耐磨钢等。按质量(硫、磷的质量分数)不同，钢可分为普通质量钢、优质钢和高级优质钢等。

2.1.2　碳素钢钢材牌号的表示方法

1．碳素结构钢

碳素结构钢的牌号用代表屈服点的字母"Q"、屈服强度值、质量等级符号(A、B、C、D 等级依次升高)、脱氧方法符号(F 表示沸腾钢，b 表示半镇静钢，Z 表示镇静钢，TZ 表示特殊镇静钢，镇静钢和特殊镇静钢可不标符号，即 Z 和 TZ 都可以不标)来表示。例如，Q235AF 表示屈服强度为 235 MPa 的 A 级沸腾钢。

(1) Q195、Q215 塑性和韧性好，用于制造薄板、冲压件和焊接件。

(2) Q235 强度较高，用于制造钢板、钢筋和承受中等载荷的机械零件，如连杆和转轴。

(3) Q255、275 强度高，质量好，用于制造建筑、桥梁中重要的焊接结构件。

2．优质碳素结构钢

优质碳素结构钢的牌号直接用两位数字表示，这两位数字表示钢中平均的质量分数的一万倍。

常用的优质碳素结构钢有以下几种：

(1) 10～25 钢，具有较好的塑性、韧性、焊接性能和冷成型性，主要用于制造各种冲压件和焊接件。

(2) 30～55 钢，强度较高，有一定的塑性和韧性，经适当的热处理后，具有较好的综合力学性能，用于制造齿轮、轴、螺栓等重要零件。

(3) 65～85 钢，具有较高的强度和硬度，但塑性和韧性较差，经淬火加中温回火后有较高的弹性极限和屈强比，常用于制造弹簧和耐磨件。

3．碳素工具钢

碳素工具钢的牌号由"T"和数字组成，数字表示平均碳的质量分数的一千倍。例如 T8 表示平均碳的质量分数为 0.8%的碳素工具钢。

常用的碳素工具钢的牌号为 T7～T13，其中 T7、T8、T9 用于制造承受冲击载荷的工具，如冲子、凿子、锤子等；T10、T11 用于制造低速切削工具，如钻头、丝锥、车刀等；T12、T13 用于制造耐磨工具，如锉刀、锯条等。

2.1.3 合金钢

常用合金钢的类型、牌号和用途如表 2-2 所示。

表 2-2　常用合金钢的类型、牌号和用途。

类　型	常用牌号	用　途
低合金高强度结构钢	Q345	石油化工设备、船舶、桥梁、车辆
合金结构钢	20CrMnTi	汽车、拖拉机的齿轮和凸轮
	40Cr	齿轮、轴、曲轴
合金弹簧钢	65Mn	汽车、拖拉机的板簧和螺旋弹簧
滚动轴承钢	GCr15	中、小型轴承内外套圈及滚动体
量具、刃具钢	9SiCr	丝锥、板牙、钻头、铰刀、齿轮铣刀、轧辊
高速工具钢	W18Cr4V	高速切削车刀、钻头、锯片等
冷作模具钢	Cr12	冷冲模、挤压模、搓丝板
热作模具钢	5CrNiMo	大型热锻模
	5CrMnMo	中、小型热锻模

2.1.4 铸铁的分类及应用

常用铸铁的牌号、性能及应用如表 2-3 所示。

表 2-3　常用铸铁的牌号、性能及应用

种　类	常用牌号	性　能	应　用
灰口铸铁	HT150	组织疏松,机械性能不太好,生产工艺简单,价格低廉	手工铸造用砂箱、底座、外罩、重锤等
	HT200		一般运输机械中的汽缸、飞轮等;通用机械中阀体,发动机外壳、轴承座等
	HT250		汽缸体、床身、箱体矿山机械中的轨道等
可锻铸铁	KTH300-06	强度、韧性、塑性优于灰口铸铁,生产工艺复杂,成本高	管道、弯头、接头等
	KTZ450-06		曲轴、连杆、活塞环、传动链条等
球墨铸铁	QT400-15	强度高,耐磨性好,有一定的韧性,生产工艺比可锻铸铁简单	汽车、拖拉机底盘零件;阀体和阀盖等
	QT600-3		发动机曲轴;铣床、车床主轴等
	QT700-2		空压机,冷冻机汽缸套
蠕墨铸铁	RuT260	力学性能介于灰口铸铁和球墨铸铁之间	汽车、拖拉机某些底盘零件等
	RuT300		排气管、变速箱体、纺织机零件等
	RuT380/420		活塞环、制动盘、钢珠研磨盘等

2.1.5　铝及铝合金

铝元素在地壳中的含量仅次于氧和硅，居第三位，是地壳中含量最丰富的金属元素。铝是一种银白色轻金属，具有良好的延展性。在空气中，铝表面将生成致密的氧化膜，隔绝空气，故在大气中具有良好的耐腐蚀性，但铝不能耐酸、碱、盐的腐蚀。纯铝的主要用途是代替贵重的铜合金制作导线。此外，铝元素能损害人的脑细胞，在日常生活中要防止铝的吸收，减少铝制品的使用。

目前铝合金是应用最多的合金，在航空、航天、汽车、机械制造、船舶及化学工业中已大量应用，使用量仅次于钢。铝合金密度低，但强度比较高，接近或超过优质钢；塑性好，可加工成各种型材，具有优良的导电性、导热性和抗蚀性。按加工方法可以分为变形铝合金和铸造铝合金两大类。

变形铝合金可按其主要性能分为：硬铝合金属 Al-Cu-Mg 系，一般含有少量的 Mn，可热处理强化，特点是硬度大而塑性较差。超硬铝属 Al-Cu-Mg-Zn 系，可热处理强化，是室温下强度最高的铝合金，但耐腐蚀性差，高温软化快。在无碳小车的选材中，用到 7075 铝合金，即 7 系列超硬铝，而 6061 铝合金则是 Al-Mg-Si 的 6 系列合金，两者都广泛用于航空零件，也称之为航空铝。锻铝合金主要是 Al-Zn-Mg-Si 系合金，虽然加入元素种类多，但是含量少，因而具有优良的热塑性，适宜锻造，故又称锻造铝合金。

铸造铝合金的力学性能不如变形铝合金，但其铸造性能好，可进行各种形状复杂零件的成型铸造生产，如发动机汽缸、手提电动或风动工具(手电钻、风镐)以及仪表的外壳。按化学成分可分为铝硅合金、铝铜合金、铝镁合金、铝锌合金和铝稀土合金，其中以铝硅合金最为广泛。

2.1.6　镁及镁合金

在现有工程用金属中，镁合金的密度最小。镁是密排六方晶格，随着温度的升高镁的塑性显著提高。因此，镁在 573～873K 温度范围内可通过挤压、锻压、轧制成型。

对于镁合金，合金成分不同、密度不同，通常密度在 1.75～1.9g/cm³ 范围内，约为铝的 64%、钢的 23%。镁合金具有优良的切削加工特性，切削速度大于其他金属，如果切削镁合金所需功率是 1，则铝约为 1.8，铸铁约为 3.5，软钢约为 6.3；其次，镁合金具有很高的减震性，受冲击载荷吸收能量约为铝的 1.5 倍；此外，与铝合金具有相同刚度的前提下，其重量减轻了约 25%。目前，镁合金主要用来制造汽车底盘(轮毂、尾盘支架)、车体构件(车顶板、门框)、列车、船舶机械等。

2.2　钢的普通热处理

2.2.1　退火

钢的退火是将工件加热到适当的温度(一般为 780～900℃)，保持一定时间，然后缓缓冷却(随炉冷却)的热处理工艺。在生产中,退火工艺应用很广泛。根据工件要求退火的目的不同,退火的工艺规范有多种,常用的有以下几种:

(1) 完全退火:将钢件或毛坯加热到 A_{c3} 以上 20~30℃,保温一定时间,使钢中组织完全奥氏体化后随炉冷却到 500~600℃ 以下出炉,然后在空气中冷却的热处理方式。

完全退火适用于碳的质量分数为 0.25~0.77% 的亚共析成分碳钢、合金钢和工程铸件、锻件及热扎型材。过共析钢不宜采用完全退火,因为过共析钢在奥氏体化后缓慢冷却时,二次渗碳体会以网状沿奥氏体晶界析出,使钢的强度、塑性和冲击韧性大大下降。例如,45 钢锻造后与完全退火后的力学性能比较如表 2-4 所示。

表 2-4　45 钢锻造后与完全退火后的力学性能比较

状态	σ_b / MPa	σ_s / MPa	δ / %	ψ / %	α_k/kJ·m^{-2}	HB
锻造	650~750	300~400	5~15	20~40	200~400	230
完全退火	600~700	300~350	15~20	40~50	400~600	200

可看出,完全退火后强硬度有所下降,而塑韧性较大幅度提高。

(2) 等温退火:将钢加热到 A_{c1}~A_{c3}(亚共析钢)或 A_{c1}~A_{ccm}(过共析钢)之间,保温缓慢冷却,以获得接近平衡组织的热处理工艺。

等温退火适用于大型制件及合金钢制件较适宜,可大大缩短退火周期。

(3) 球化退火:通常加热到 A_{c1} 以上 20~30℃,使片状渗碳体转变为球状或粒状。

球化退火适用于碳素工具钢、合金弹簧钢以及合金工具钢等共析钢和过共析钢。如图 2-4 所示为轴承和刀具。

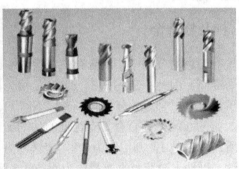

图 2-4　轴承和刀具

(4) 扩散退火(均匀化退火):将钢加热到 A_{c3} 或 A_{ccm} 以上 150~300℃,长时间保温,然后随炉缓冷的热处理工艺。

一般碳钢的加热温度为 1100~1200℃,合金钢为 1200~1300℃,适用于合金钢铸锻件,消除成分偏析和组织的不均匀性。但扩散退火成本高,一般很少采用。

(5) 再结晶退火:将钢加热至再结晶温度以上 150~250℃,一般采用 650~700℃,适当保温后缓慢冷的一种操作工艺。

再结晶退火适用于冷拔、冷拉和冲压等冷变形钢件,使冷变形被拉长、破碎的晶粒重新生核和长大成为均匀的等轴晶粒,从而消除形变强化状态和残余应力,为其他工序作准备，属于中间退火。

可以看出，退火目的如下：

(1) 改善组织和使成分均匀化，以提高钢的性能，例如，组织不均匀、晶内偏析等；

(2) 消除不平衡的强化状态，例如，内应力或加工硬化等；

(3) 细化晶粒、改善组织，为最终热处理作好组织上的准备。

退火可在电阻炉或煤、油、煤气炉中进行，最常用的是电阻炉。电阻炉是利用电流通过电阻丝产生热量加热工件，同时用热电偶等电热仪表控制温度，所以操作简单、温度准确。常用的有箱式电阻炉和井式电阻炉。

加热时温度控制应准确，温度过低达不到目的，温度过高又会造成过热、过烧、氧化及脱碳等缺陷。操作时还应注意零件的放置方法，当退火的主要目的是为了消除内应力时更应注意。如对于细长工件的稳定尺寸退火，一定要在井式炉中垂直吊置，以防止工件由于自身重力所引起的变形。操作时还应注意不要触碰电炉丝，以免短路。为保证安全，电炉丝应安装炉门开启断电装置，以便装炉和取出工件时能自动断电。

2.2.2　正火

钢的正火是对于中碳、低碳钢工件，一般将其加热到一定温度(一般为 800～970℃)保温适当时间后，在静止的空气中冷却的热处理工艺。

(1) 正火的目的与退火基本相似，但正火的冷却速度比退火稍快，故可得到细密的组织，力学性能较退火好；然而正火后的钢硬度比退火高。对于低碳钢的工件，这将更具有良好的切削加工性能；而对中碳合金钢和高碳钢的工件，则因正火后硬度偏高，切削加工性能变差，故以采用退火为宜。正火难以完全消除内应力，为防止工件的裂纹和变形，对大工件和形状复杂件仍采用退火处理。从经济方面考虑，正火比退火的生产周期短、设备利用率高、节约能源、降低成本以及操作简便，所以在可能的条件下，应尽量以正火代替退火。

正火时，装炉方式和加热速度的选择以及保温时间的控制等方面与退火相类同，所不同的是加热温度和冷却方式。一般正火温度比退火温度稍高些，如碳素结构钢为 840～920℃，合金结构钢为 820～970℃。

(2) 正火和退火的选择。两者相同之处是对同种类型钢进行热处理后得到近似的组织，只是正火冷速快些，转变温度低些，获得的组织更细小。对于它们的选择原则如下：

对于低碳钢，为了改善切削加工性能和零件形状简单时，一般选用正火处理。

对于中、高碳钢，为了改善切削加工性能和零件形状复杂时，可选择退后处理。

生产上，因为正火比退火的生产周期短，可节省时间、操作简便、成本低，所以在一般情况下尽量用正火代替退火。

2.2.3　淬火

钢的淬火是将工件加热到 760～860℃，保持一定时间，然后以较大的冷却速度冷却获得马氏体组织的热处理工艺。淬火的主要目的是提高钢的强度和硬度，增加耐磨性，并在回火后获得高强度与一定韧性相配合的性能。

　　淬火的冷却介质称为淬火剂。常用的淬火剂有水和油。水是最便宜而且冷却力很强的淬火剂，适用于一般碳钢零件的淬火。向水中溶入少量的盐类，还能进一步提高其冷却能力。油也是应用较广的淬火剂，它的冷却能力较低，可以防止工件产生裂纹等缺陷，适用于合金钢的淬火。

　　淬火操作时，除注意加热质量(与退火相似)和正确选择淬火剂外，还要注意淬火工件浸入淬火剂的方式。如果浸入淬火剂方式不正确，则可能因工件各部分的冷却速度不一致而造成极大的内应力，使工件发生变形和裂纹或产生局部淬火不硬等缺陷。例如，厚薄不匀的工件，厚的部分应先浸入淬火剂中；细长的工件(钻头、轴等)，应垂直地浸入淬火剂中；薄而平的工件(圆盘铣刀等)，不能平着放入淬火剂中；薄壁环状工件，浸入淬火剂时，它的轴线必须垂直于液面；截面不均匀的工件应斜着放下去，使工件各部分的冷却速度趋于一致等。

　　在生产上淬火常用的冷却介质有水、盐水、碱水、油和熔盐碱等，详见表 2-5 和表 2-6。

表 2-5　常用淬火冷却介质的冷却特点

淬火冷却介质	冷却能力/(℃/s)	
	650～550℃	300～200℃
水(18℃)	600	270
水(26℃)	500	270
水(50℃)	100	270
水(74℃)	30	200
10%食盐水溶液(18℃)	1100	300
10%苛性钠水溶液(18℃)	1200	300
10%碳酸钠水溶液(18℃)	800	270
肥皂水	30	200
矿物机油	150	30
菜籽油	200	35

表 2-6　热处理常用盐浴的成分、熔点及使用温度

熔　盐	成　　　分	熔点/℃	使用温度/℃
碱浴	KOH(80%)+NaOH(20%)+H_2O(6%，外加)	130	
硝盐	KNO_3(55%)+$NaNO_2$(45%)	137	
硝盐	KNO_3(55%)+$NaNO_3$(45%)	218	
中性盐	KCl(30%)+NaCl(20%)+$BaCl_2$(50%)	560	

　　热处理车间的加热设备和冷却设备之间，不得放置任何妨碍操作的物品，淬火操作时，还必须穿戴防护用品，如工作服、手套及防护眼镜等，以防止淬火剂飞溅伤人。有些零件使用时只要求表面层坚硬耐磨，而心部仍希望保持原有的韧性，这时可采用表面淬火。按照加热方法不同，表面淬火分为火焰表面淬火和高频感应加热表面淬火(简称高频淬火)。火焰表面淬火简单易行，但不易保证质量。高频淬火质量好、生产率高，可以使全部淬火过程机械化、自动化，适用于成批及大量生产。

2.2.4　回火

将淬火后的钢重新加热到某一温度范围(大大低于退火、正火和淬火时的加热温度)，经过保温后在油中或空气中冷却的操作称为回火。回火的目的是减小或消除工件在淬火时所形成的内应力，降低淬火钢的脆性，使工件获得较好的强度和韧性等综合力学性能。

根据回火温度不同，回火操作可分为低温回火、中温回火和高温回火。

(1) 低温回火：回火温度为 150～250℃。低温回火可以部分消除淬火造成的内应力，适当地降低钢的脆性，同时工件仍保持硬度。工具、量具多用低温回火。

(2) 中温回火：回火温度为 300～450℃。淬火工件经过淬火工件经过中温回火后，可消除大部分内应力，硬度显著地下降，但是仍具有一定的韧性和弹性。它一般用于处理热锻模、弹簧等。

(3) 高温回火：回火温度为 500～650℃。高温回火可以消除内应力，使零件具有较高强度和高韧性等综合力学性能。淬火后再经过高温回火的工艺，称为调质处理。一般要求具有较高综合力学性能的重要零件，都要经过调质处理。

2.3　钢的表面热处理

很多零件，如常见的主轴、齿轮、曲轴、凸轮及活塞销等在工作状态零件表面要承受比零件心部更高的应力且受到更大的磨损。因而，要求零件的表面层具有高强度、高硬度、高耐磨及高抗疲劳性能，而心部则应保持相对较好的塑性和韧性，能够承受重载荷作用和传递大的扭矩。为了实现同一个零件各部性能不同的要求，对其表面进行处理是行之有效的手段。

钢的表面热处理就是为了改变钢件表面的组织和性能而对其表面进行的热处理工艺。在工业生产中，最常用的处理方法就是表面淬火。钢的表面淬火是一种不改变表层化学成分、只改变表层组织的一种处理方法。这种方法就是快速加热工件使其表层奥氏体化，不等心部组织发生变化，立即快速冷却，表层起到淬火的作用，其结果是表层获得马氏体组织，而心部仍保持塑性、韧性都好的组织，使工件各部性能都能满足使用要求。表面淬火只适用于中碳钢和中碳合金钢。

表面淬火的方法很多，如火焰加热表面淬火、感应加热表面淬火、电接触加热表面淬火、激光加热表面淬火等，但生产中常用的方法主要是火焰加热和感应加热两种。

2.3.1　火焰加热表面淬火

火焰淬火是用高温火焰，一般应用氧乙炔(或其他可燃气体)的火焰，对工件表面进行快速加热并随后快速冷却的一种工艺方法，如图 2-5 所示。火焰淬火的淬硬层深度一般为 2～6 mm。这种方法的特点是：加热温度及淬硬层深度不易控制，且易产生过热和加热不均匀的现象，淬火质量不稳定。但这种方法不需要特殊的设备，操作方便灵活，故适用于单件或小批量生产。

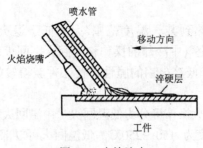

图 2-5　火焰淬火

2.3.2　感应加热表面淬火

　　把工件置于通有一定频率电流的感应器中,使工件需要处理的表面快速升温达到淬火的温度,随即进行快速冷却的淬火工艺。其原理是,工件在感应器产生的交变磁场中,会形成涡流而加热工件。通入感应器的电流频率越高,感应电流越向工件表面集中(这种现象被称为集肤现象)。被加热的金属层厚度越小,淬火后的淬硬层深度越小。感应加热表面淬火示意图如图 2-6所示。

　　与火焰加热表面淬火相比,感应加热表面淬火具有以下的特点:

　　(1) 加热速度快,零件由室温加热到淬火温度通常只需几秒到十几秒的时间;

　　(2) 淬火质量好,由于加热迅速,奥氏体晶粒不易长大,淬火后表层可获得细针状(或隐针状)的马氏体,硬度比普通淬火高 HRC2-3;

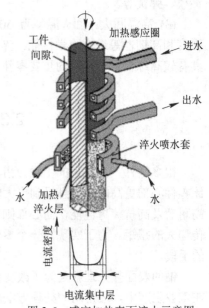

图 2-6　感应加热表面淬火示意图

　　(3) 淬硬层深度易于控制,淬火操作易于实现机械化和自动化,但所用设备较复杂、成本高,故适于大批量生产。

2.3.3　硬度的测定

　　热处理的质量,通常用测量硬度的方法来检验。硬度的表示方法很多,使用最多的是布氏硬度(以 HB 表示)和洛氏硬度(以 HRC 表示)。

1. 布氏硬度

　　图 2-7 是布氏硬度测定原理示意图。将一个一定直径 D 的硬钢球,在一定载荷 F 作用下压入所试验的金属材料表面,并保持数秒钟以保证达到稳定状态,然后将载荷卸除。

　　用带有标尺的低倍显微镜测量表面的压痕直径 d,再从硬度换算表上换算成布氏硬度值。材料越硬,压痕的直径就越小,布氏硬度值就越大;反之,材料越软,压痕的直径就越大,布氏硬度值越小。

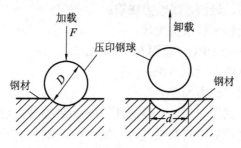

图 2-7 布氏硬度测定原理示意图

2. 洛氏硬度

图 2-8 是洛氏硬度测定过程的示意图。测定方法是用一个顶角为 120° 的金刚石圆锥作为压头。测量时先加 100N 的载荷，使压头与工件的表面接触良好，同时将硬度计上的刻度盘指针对准零点(图 2-8(a))，再加上 1400 N 的主载荷(与初载荷共为 1500 N)，使金刚石圆锥压入工件表面(图 2-8(b))，停留一定时间后将主载荷卸去，材料会回弹少许(图 2-8(c))。此时的压痕深度 $h = h_2 - h_1$，就是测量硬度的依据。为方便起见，将洛氏硬度值定为 HRC = $(100-h)/0.002$(表盘上每一格相当于 0.002 mm 深度)。实际测量时，这一数值可以由刻度表上直接读出，非常方便。表 2-7 列出了洛氏硬度的种类及应用。

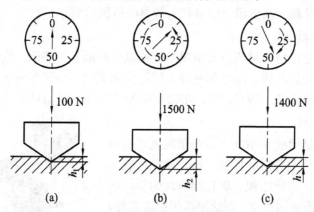

图 2-8 洛氏硬度测定过程示意图

表 2-7 洛氏硬度的种类及应用

符 号	压 头	载 荷	适 用 范 围
HRC	120°金刚石锥体	150 kg	淬火钢等
HRB	淬火钢球 ϕ 1.59 mm	100 kg	退火及有色金属
HRA	120°金刚石锥体	60 kg	薄板或硬脆材料

2.3.4 热处理工件性能的检验

齿轮工件热处理后需进行组织和性能检验，检查是否达到预期要求，具体内容包括(以下数据仅为参考)：

外观检验：表面损伤、烧伤、腐蚀等缺陷；

金相组织检验：马氏体 + 残余奥氏体；

硬度检验：心部 33～45 HRC，齿面 58～64 HRC；

强度检验：抗拉强度约为 1000 MPa；

塑性检验：断面收缩率约为 50%；

冲击韧性检验：冲击试样变形或断裂消耗的能量(称为冲击功)约 64 J。

零件在经过热处理之后需要对其性能进行检验，正如上面所提到的热处理后变速齿轮所要达到的硬度、强度、断面收缩率等指标。此外，有些零件还需要对其金相显微组织进行微观检验。

1. 热处理金属材料微观组织的检验及设备

在金属热处理过程中，若对材料进行高温急冷操作，则工件外部可能出现氧化、脱碳、变形、淬裂等缺陷。同时，零件内部也会在一定程度上发生组织变化、产生应力或残留应力、瑕疵或微裂缝等现象。材料成分一定后，金属的许多性能将由结构和组织决定，甚至某些微观缺陷的存在也影响材料的性能。因此，许多材料在出厂前要进行金相组织检验。

金属微观组织检测则是观察金属材料内部的晶粒大小、形状、种类、各种晶粒间的相对数量和分布以及宏观、微观缺陷等，是金属塑性加工的产品性能检验项目之一。金属组织检测分低倍组织检测、高倍组织检测和电镜显微组织检测。

1) 低倍组织检测

低倍组织检测是指用肉眼或放大镜观察钢材纵横断面上的缺陷，也叫宏观组织检验。这些缺陷大多是在钢的浇铸、结晶和热加工过程中形成的。为了充分显露缺陷，低倍组织检测常采用以下试验方法：酸浸试验、塔形车削发纹试验、硫印试验、断口试验。

2) 高倍组织检测

高倍组织检测是用放大 100～2000 倍的显微镜对金属材料内部进行观察分析的检测方法。检测内容主要有非金属夹杂物、带状组织、碳化物不均匀性、碳化物液析、球状组织级别评定、网状组织级别评定等。显微组织检测广泛用于钢材质量优劣的常规检测。如图 2-9 所示的正置金相显微镜广泛应用于学校及企业的金属金相组织观察研究。

图 2-9　正置金相显微镜

3) 电镜显微组织检测

电镜显微组织检测也称为精细组织检测，是用放大几千倍到几十万倍的电子显微镜对金属材料内部进行检测分析，用于检验材料的细微组织结构。由于要求有各种电镜设备，且试样制备比较复杂，故电镜显微组织检测不作为产品的常规检验。

2. 金属材料机械性能的检验及设备

材料性能包括机械性能，即金属材料在载荷作用下抵抗破坏的性能(或称为力学性能)。金属材料的机械性能是零件设计和选材时的主要依据。外加载荷性质不同(例如拉伸、压缩、扭转、冲击、循环载荷等)，对金属材料要求的机械性能也将不同。常用的机械性能包括强度、塑性、硬度、韧性、多次冲击抗力和疲劳极限等。下面分别讨论材料的各种机械性能以及获取相应指标的试验。

1) 强度和塑性

强度是指金属材料在静载荷作用下抵抗破坏的性能。由于载荷的作用方式有拉伸、压缩、弯曲、剪切等形式，所以强度也分为抗拉强度、抗压强度、抗弯强度、抗剪强度等。一般较多以抗拉强度作为最基本的强度指标，材料的抗拉强度值通过拉伸试验获取，通过液压万能试验机(图 2-10)获取材料的拉伸曲线，进而得到材料的不同强度值。

以低碳钢为材料进行拉伸试验，可以得到图 2-11 所示的拉伸曲线。在图中，可以得到抗拉强度数值、屈服强度数值以及其他数据。

图 2-10　液压万能试验机

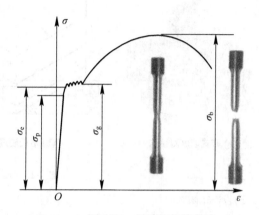

图 2-11　低碳钢拉伸曲线

塑性是指金属材料在载荷作用下，产生塑性变形(永久变形)而不破坏的能力，所以塑性变形是不可逆的。衡量材料塑性性能的指标为金属试样的伸长率和断面收缩率，同样通过上述拉伸试验获得。其中，伸长率为

$$\delta = \frac{L_1 - L_0}{L_0} \times 100\%$$

断面收缩率为

$$\psi = \frac{S_1 - S_0}{S_0} \times 100\%$$

式中，S_0、L_0 分别为初始横截面面积、初始长度；S_1、L_1 分别为断裂后的截面面积、拉伸长度，如图 2-12 所示。

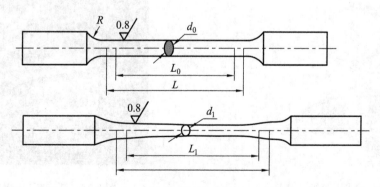

图 2-12　试样拉伸前及断裂后示意图

2) 硬度

硬度是衡量金属材料软硬程度的指标。目前测定材料硬度最常用的方法是压入硬度法。它是用一定几何形状的压头在一定载荷下压入被测试的金属材料表面，根据被压入程度来测定其硬度值。常用的方法有布氏硬度(HB)、洛氏硬度(HRA、HRB、HRC)和维氏硬度(HV)等。图 2-13 分别给出了不同硬度测量的相应设备以及测试原理，不再详述操作过程及方法，可查阅相应国家试验标准。

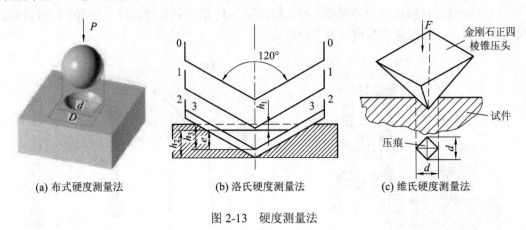

(a) 布式硬度测量法　　　　　　(b) 洛氏硬度测量法　　　　　　(c) 维氏硬度测量法

图 2-13　硬度测量法

3) 冲击韧性

金属在冲击载荷作用下抵抗破坏的能力叫做冲击韧性，韧性越好金属材料发生脆性断裂的可能性越小。冲击韧性值是衡量材料承受冲击时韧性的指标，冲击试验中对冲击试样加载冲击载荷，通过实验测得冲击韧性值。冲击试验机如图 2-14 所示。

4) 疲劳

疲劳是材料在低于屈服强度的重复交变应力作用下发生断裂的现象。前面所讨论的强度、塑性、硬度都是金属在静载荷作用下的机械性能指标。实际上，许多机器零件都是在循环载荷下工作的，在这种条件下零件会产生疲劳，进而出现裂痕使得零件断裂失效。

齿轮啮合传动是最为典型的受循环载荷的构件。如图 2-15 所示，齿轮轴断齿失效，在高循环应力作用下，疲劳裂纹形成沿齿宽方向快速扩展，最终在齿上形成浅而长的疲劳裂纹，导致齿轮断裂失效。

图 2-14　冲击试验机

图 2-15　断齿断口宏观形貌

复习思考题

1. 填空题

(1) 常见的金属晶体结构有＿＿＿＿＿＿、＿＿＿＿＿＿和＿＿＿＿＿＿。

(2) 工程材料可分为＿＿＿＿＿、＿＿＿＿＿、＿＿＿＿＿、＿＿＿＿＿。

(3) 常用的高分子材料有＿＿＿＿＿、＿＿＿＿＿、＿＿＿＿＿等。

(4) 热处理的基本过程是＿＿＿＿＿＿、＿＿＿＿＿＿、＿＿＿＿＿。

(5) 热处理中典型的"四把火"是指＿＿＿＿、＿＿＿＿、＿＿＿＿、＿＿＿＿。

(6) 工程材料的机械性能包括＿＿＿＿＿、＿＿＿＿＿、＿＿＿＿＿等。

(7) 牌号 Q235 的含义为＿＿＿＿＿＿＿＿＿＿＿＿＿＿。

2. 选择题

(1) 45 钢的优质碳素结构钢，其平均碳质量分数是(　　)。

　A. 45%　　　　　　B. 4.5%　　　　　　C. 0.45%

(2) 碳素钢中碳质量分数为 20%时，这种钢是(　　)。

　A. 低碳钢　　　　B. 中碳钢　　　　C. 高碳钢　　　　D. 碳素工具钢

(3) 对 40Cr 的说法正确的是(　　)。

　A. 渗碳钢　　　　B. 调质钢　　　　C. 工具钢　　　　D. 高速钢

(4) 材料的冲击韧性值越大，其韧性(　　)。

　A. 越好　　　　　B. 越差　　　　　C. 两者无关

第3章 铸 造

问题导入

图 3-1 所示为小轿车结构图。从图中可看出，小车的结构极其复杂。由于安全的考虑，小车重要的零部件对力学性能要求极高。那么，生产上用什么加工方法，既能满足零件的特殊要求，又能提高产量、降低成本呢？这就是本章要学习的内容——铸造。

图 3-1 小轿车结构图

教学目标

1. 了解铸造生产工艺过程及其特点；
2. 了解砂型的结构，了解零件、模样和铸件之间的关系；
3. 能正确采用常用工具进行简单的整模两箱造型、分模两箱造型及挖砂造型，并浇注一种铸件；
4. 了解常见的铸件缺陷及其产生原因；
5. 了解常用的特种铸造方法及其特点。

3.1 概 述

铸造是将液态金属充填铸型型腔并冷却凝固的过程。它是金属材料液态成型的一种重要方法。

铸造具有以下优点：能够制造锻造及切削加工不能完成的复杂外形的零件，生产成本低廉，铸件尺寸和重量不受限制。小到几克的硬币，大到几吨的机床或轮船壳体，都是铸造的杰作。但铸造也存在缺点：铸件废品率较高，因为影响铸件质量的因素较多，铸造生产过程难以控制；铸件的力学性能稍差，因为铸件容易出现如缩孔、缩松、浇不足、夹渣、气孔、裂纹等缺陷。

铸造是机械制造应用最广的一种工艺方法，在各种机器设备中，如汽车、火车、拖拉机、轮船、飞机等，金属铸件所占比例高达 70%～80%。即使在最先进的计算机设备中，也有相当数量的铸造零件。总之，现代机器制造离不开铸造工艺。

熔融金属和制作铸型是铸造的两大基本要素。铸件常用金属有：铸铁、铸钢、铝合金、镁合金等。铸型由砂、金属或其他耐火材料制成，用来形成铸件形状的空腔等部分。

铸造的工艺方法很多，一般分为砂型铸造和特种铸造两大类。

1. 砂型铸造

用型(芯)砂制造铸型，将液态金属浇注后获得铸件的方法称为砂型铸造。砂型铸造的生产工序很多，其生产过程如图 3-2 所示。

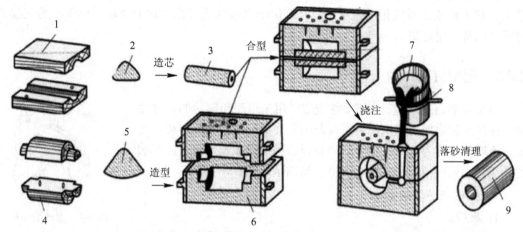

1—芯盒；2—芯砂；3—型芯；4—砂型；5—型砂；6—模样；7—浇包；8—金属液；9—铸件

图 3-2 轴套铸件的生产过程

2. 特种铸造

凡不同于砂型铸造的所有铸造方法，统称为特种铸造，如金属型铸造、离心铸造、压力铸造、熔模铸造等。

3.2 造 型

造型和造芯是利用造型材料和工艺装备制作铸型的工序，按成型方法总体可分为手工造型和机械造型。本节主要介绍应用广泛的砂型造型。

3.2.1 铸型的组成

铸型是用金属或其他耐火材料制成的组合整体，是金属液凝固后形成铸件的地方。砂型就是用型(芯)砂制成的铸型。典型的两箱铸型如图 3-3 所示，它由上砂型、下砂型、浇注系统、型腔、型芯和出气孔组成。

型砂被填紧在上、下砂箱中，连同砂箱一起，称为上砂型(上箱)和下砂型(下箱)。取出模样后砂型中留下的空腔称为型腔。液体充满型腔，凝固后即形成铸件。

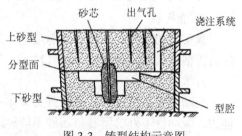

图 3-3 铸型结构示意图

型芯主要用来形成铸件的内腔、孔及外形上妨碍起模的凹槽。型芯上用来安放和固定型芯的部分称为型芯头，型芯头放在砂型的型芯座中。

浇注系统是为金属液填充型腔和冒口而开设于铸型中的一系列通道，通常由浇口杯、直浇道、横浇道和内浇道组成。

排气道是为在铸型或型芯中排除浇注时形成的气体而设置的沟槽或孔道。在型砂或砂芯上，常用针或成型气孔板扎出出气孔，用于水蒸气或其他气体的排除。出气孔的底部要与模样保持一定距离。

3.2.2　造型材料

砂型和砂芯是用型砂和芯砂制造的。用来造型和制芯的各种原砂、黏结剂和附加物等原材料，以及由各种原材料配制的型砂、芯砂、涂料等统称为造型材料。造型材料的种类及质量，将直接影响铸造工艺和铸件质量。图3-4为型砂结构示意图。

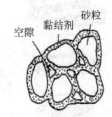

图 3-4　型砂的结构

1. 型砂与芯砂的组成

1) 原砂

原砂的主要成分是石英(SiO_2)，铸造用砂要求原砂中二氧化硅含量为 85%～97%，砂的颗粒以圆形、大小均匀为佳。为了降低成本，已用过的旧砂，经适当的处理后，也可以掺在型砂中使用。

2) 黏结剂

在砂型中用黏结剂把砂粒黏结在一起，形成具有一定强度和可塑性的型砂和芯砂，用的黏结剂是黏土。黏土可分为普通黏土和润滑土两类。

3) 附加物

附加物的作用是改善型砂与芯砂的性能。常用的附加物有煤粉、木屑、草末等。加入煤粉能防止铸件黏砂，使铸件表面光滑；加入木屑能改善砂型和砂芯的透气性。

4) 水

水可与黏土形成黏土膜，从而增加砂粒的黏结作用，并使其具有一定的强度和透气性。水分的多少对砂型的性能及铸件的质量有很大的影响。水分过多，易使型砂湿度过大，强度低，造型时易黏模；水分过少，型砂与芯砂干而脆，强度、可塑性降低，造型、起模困难。因此，水分要适当，一般当黏土与水分的重量比例为 3∶1 时，砂型强度可达最大值。

2. 型砂与芯砂应具备的主要性能

1) 透气性

紧实后的型砂与芯砂的孔隙度称为透气性，是指能让气体通过的能力。透气性好，浇注时铸型的气体容易排出；透气性差，气体不容易排出，铸件容易产生气孔等缺陷。

2) 流动性

流动性是指型砂与芯砂在外力或本身重力的作用下，沿模样表面和砂粒间相对流动的能力。流动性不好的型砂与芯砂不能铸造出表面轮廓清晰的铸件。

3) 耐火性

耐火性是指型砂与芯砂抵抗高温的能力。耐火性差，铸件易产生黏砂现象，铸件难于清理和切削加工。一般耐火性与砂中石英的含量有关，石英含量越多，耐火性越好。

4) 强度

型砂与芯砂抵抗外力破坏的能力称为强度。强度包括湿强度和干强度。砂型强度应适中，否则易导致塌箱、掉砂和型腔扩大等现象；或因强度过高使透气性、退让性变差，产生气孔及铸造应力的倾向增大。

5) 可塑性

可塑性是指型砂与芯砂在外力作用下变形，去除外力后仍能保持这种变形的能力。塑性好，容易制造出复杂形状的砂型，并且容易起模。

6) 退让性

铸件在冷却收缩时，型砂与芯砂易于被压缩的能力称为退让性。退让性差的型砂(尤其是芯砂)会使铸件产生大的应力，导致铸件变形，甚至开裂。型砂中加入锯末、焦炭粒等附加物可改善其退让性；砂型紧实度越高，退让性越差。

3.2.3 型砂与芯砂的制备

1. 型砂与芯砂的配比

型砂与芯砂质量的好坏，取决于原材料的性质及其配比。型砂与芯砂的组成物应按照一定的比例配制，以保证一定的性能要求。比如小型铸铁件的配比为：新砂 10%～20%，旧砂 80%～90%，另加润滑土 2%～3%，煤粉 2%～3%，水 4%～5%。铸铁的配比为：新砂 30%～40%，旧砂 55%～70%，另加熟土 5%～7%，纸浆 2%～3%，水 7.5%～8.5%。

2. 型砂与芯砂的制备

型砂与芯砂的性能还与配砂的操作工艺有关，混制越均匀，型砂与芯砂的性能越好。一般型砂与芯砂的混制是在混砂机中进行的。混制时，按照比例将新砂、旧砂、黏土、煤粉等加入到混砂机中，干混 2～3 min，混拌均匀后再加入适量的水或液体黏结剂(水玻璃等)进行湿混 5～12 min 后即可出砂。混制好的型砂或芯砂应堆放 4～5 h，使水分分布得更均匀。在使用前还需对型砂进行松散处理，增加砂粒间的空隙。

3.2.4 模样与芯盒

模样和芯盒是制造砂型和型芯的模具。模样的形状和铸件外形相同，只是尺寸比铸件增大了一个合金的收缩量，用来形成砂型型腔。芯盒用来造芯，它的内腔与铸件内腔相似，所造出型芯的外形与铸件内腔相同。图 3-5 所示为零件与模样的关系示意图。

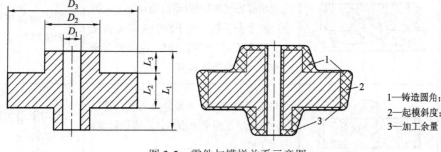

1—铸造圆角；
2—起模斜度；
3—加工余量

图 3-5 零件与模样关系示意图

制造模样和芯盒的材料很多，现在使用最多的是木材。用木材制造出来的模样称为木模，使用金属制造出来的模样称为金属模。木模适用于小批量生产；大批量生产大多采用金属模。金属模比木模耐用，但制造困难，成本高。模样和芯盒的形状尺寸由零件图的尺寸、加工余量、金属材料及制造和造芯方法确定。

在设计制造模样和芯盒时，必须注意分型面和分模面的选择。应选择铸件截面尺寸最大、有利于模样从型腔中取出、使铸造方便和有利于保证铸件质量的位置作为分型面。此外，还应注意：零件需要加工的表面要留有加工余量；垂直于分型面的铸件侧壁要有起模斜度，以利于起模；模样的外形尺寸要比铸件的外形尺寸大出一个合金收缩量；为便于造型及避免铸件在冷缩时尖角处产生裂纹和黏砂等缺陷，模壁间交角处要做成圆角；铸件上大于 25 mm 的孔均要用型芯铸造出；为了安放和固定型芯，型芯上要有芯头；模样的相应部分要有在砂型中形成芯座的芯头，且芯头端部应有斜度。

3.2.5 造型

利用型砂、木模、铁丝等材料制造铸型的过程称为造型。造型是砂型铸造中最基本、最重要的工序，分为手工造型、机器造型及造型生产线等三种方法。

1. 手工造型

手工造型是操作工人以手工完成的造型方法，其劳动强度大、生产效率低。常用的手工造型方法及特点见表 3-1。

表 3-1 手工造型方法特点及应用

造型方法	简 图	特 点	适用范围
整模造型		其模样为一整体，分型面为平面，铸型型腔全部在下砂箱内，其造型简单，铸件不会产生错型缺陷	适用于铸件最大截面靠一端且为平面的铸件
挖砂造型		模型虽然是整体的，但铸件的分型面为曲面。为能取出模型，造型时用手工挖去妨碍起模的型砂。其造型费工、生产率低	用于单件、小批量生产且分型面不是平面的铸件
假箱造型		为克服挖砂造型的缺点，在造型前预先做出底胎代替底板（即假箱），尔后，再在底胎上做下箱，由于底胎并未参加浇注，故称假箱。假箱造型比挖砂造型操作简单，且分型面整齐	用于成批生产需要挖砂的铸件
分模造型		将模型沿截面最大处分为两半，使型腔位于上、下两个半型内，其造型简便，节省工时	常用于最大截面在中部的铸件

续表

造型方法	简 图	特 点	适 用 范 围
活块造型		铸件上有妨碍起模的小凸台、肋条等，制模时将这些做成活动部分，起模时先起出主体模型，再从侧面取出活块。其造型费时，要求工人技术水平高，且铸件精度差	主要用于单件、小批量生产带有凸出部分、难以起模的铸件
刮板造型		用刮板代替木模造型，它可大大降低木模成本、节约木材，缩短生产周期，但造型生产率低，要求工人技术水平高	用于有等截面或回转体的大、中型铸件，适用于单件、小批量生产

2．机器造型

1) 常用的机器造型方法及特点

新型造型方法都采用了机器造型，具体分为震压造型、微震压实造型、高压造型、射压造型、空气冲击造型及抛砂造型等。常用的机器造型方法及特点见表 3-2。

表 3-2 机器造型方法特点及应用

砂型铸造方法		主 要 特 点	铸件精度	设备成本	生产周期	应 用 范 围
机器造型	震压式造型	造型机振动或震击加压压实型砂，铸型截面硬度分布均匀。但噪声大，生产效率低	CT8～CT10；$Ra25～100\,\mu m$	中等	适中	用于成批或大量生产中、小型铸件，如轮盘、轴瓦
	压实造型	通过紧实使型砂压实，机器结构简单，噪声低，生产效率高		较低	适中	用于成批或大量生产形状简单、扁、薄的小型铸件叶片、压环等
	抛砂造型	采用抛砂的方式填砂和紧实型砂，生产效率低		中等	适中	用于单件或者批量生产中、大型铸件，如基座、工作台等
	多触头式	型砂紧实度高，无噪声，机器结构复杂，对砂箱的刚度要求高	CT7～CT9；$Ra25～85\,\mu m$	较高	长	用于成批或者大量生产中型铸件，如泵体、壳体等
	射压式造型	采用射砂方式填充和紧实型砂，无噪声，生产率高，机器结构复杂，对砂箱的刚度要求高		较高	长	用于大成批量生产中、小型铸件，如叶轮、端盖等
	无箱射压造型	采用射砂方式填充和紧实型砂，高压压实后将脱箱，生产率高		中等	适中	用于大批量生产形状简单、型芯较少的小型铸件，如拨杆、惰轮等
	气冲式造型	用高压高速气流充填并紧实型砂，紧实度高，无噪声、生产率高，机器结构复杂，生产灵活性较大		较高	长	用于大量成批生产的各类中小型铸件，如管接头、截门、管件等

2) 震压造型法

图 3-6 为震压造型法工作过程。图 3-6(a)为填砂，向震压造型机上的砂箱填满型砂。图 3-6(b)为震击压实，压缩空气由进气口进入震击活塞底部，顶起及其以上部分；在震击活塞上升过程中关闭进气口，打开排气口，重力使震击活塞下落，并与压实活塞发生碰撞；如此反复多次，砂箱内的型砂逐渐被震实。图 3-6(c)为紧实，进气口通入压缩空气顶起压实活塞及其以上部分，在压板压力作用下砂型被进一步压实；排出压缩空气，压实活塞落下复原。图 3-6(d)为起模，起模液压缸升起起模顶杆并平稳顶起砂箱使砂型与底板分离。图 3-7 为 Z124C 脱箱震压造型机外形图。震压造型法具有机器结构简单、价格低廉、应用范围较广等特点。

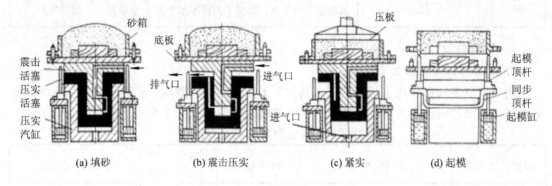

(a) 填砂　　(b) 震击压实　　(c) 紧实　　(d) 起模

图 3-6　震压造型机工作过程

图 3-7　Z124C 脱箱震压造型机外形图

3) 造型生产线

根据铸造工艺流程，将造型机、翻转机、下芯机、合型机、落砂机等设备，用铸型输送机或辊道等运输设备连接起来，并采用一定控制方法所组成的机械化、自动化造型生产系统称为造型生产线。图 3-8 为自动造型生产线示意图。上箱浇注冷却后，在卸箱工位被卸下并送到落砂工位，落砂后的铸件跌落到专用输送带上并被送至清理工段，型砂则由另一输送带送往砂处理工段。落砂后的下箱被送往自动造型机处，上箱则被送往另一造型机，模板用小车更换。自动造型机制作好的下型用翻转机翻转 180°，并于上线工位处被放置到输送带的平车上，并被运至合型机，平车预先用特制的刷子清理干净。自动造型机制作好的上型顺辊道运至合型机，与下型装配在一起。合型后的铸型沿输送带移至浇注工段进行浇注。浇注后的铸型沿交叉的双水平线冷却后再输送到卸箱工位下线落砂。下芯操作是在铸型从上线工位移至合型机中完成的。自动造型生产线极大地提高了砂型铸造的生产效率。

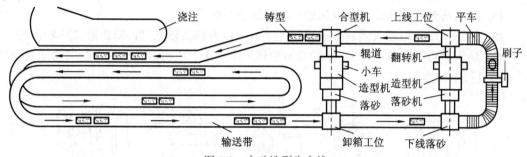

图 3-8 自动造型生产线

3．造芯

对于带有内孔的铸件，砂型铸造除了需要成型外形所必需的砂型以外，还需要成型内孔的型芯，又称为砂芯。

1) 型芯形式

常见的型芯形式如图 3-9 所示。

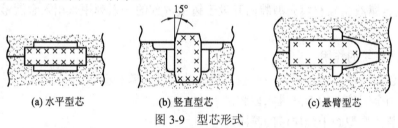

(a) 水平型芯   (b) 竖直型芯   (c) 悬臂型芯

图 3-9 型芯形式

2) 制芯方法

根据硬化方法不同，树脂砂芯的制造一般分为热芯盒制芯和冷芯盒制芯两种方法。

(1) 热芯盒法制芯：通常以呋喃树脂为芯砂黏结剂，其中还加入潜硬化剂(如氯化铵)。制芯时，使芯盒保持在 200～300℃。芯砂射入芯盒中后，氯化铵在较高的温度下与树脂中的游离甲醛反应生成酸，从而使型芯很快硬化。建立脱模强度约需 10～100 s。用热芯盒法制芯，型芯的尺寸精度比较高，但工艺装置复杂而昂贵，能耗多，排出有刺激性的气体，工人的劳动条件也很差。

(2) 冷芯盒法制芯：用尿烷树脂作为芯砂黏结剂，芯盒不加热，向其中吹入胺蒸汽几秒钟就可使型芯硬化。这种方法在能源、环境、生产效率等方面均优于热芯盒法。

4．制芯过程

图 3-10 为制取型芯过程，可分成放芯盒、填砂及放芯骨、扎气孔、敲芯盒、取型芯、刷涂料及烘干几个步骤。

(1) 放芯盒是把预先用木材等材料制造好的芯盒放到工作台上，如图 3-10(a)所示。

(2) 填砂及放芯骨是先把芯盒合起，然后从侧面圆孔处向里面填芯砂，最后穿入细长的铁丝或铸铁棒芯骨。放芯骨的目的是提高型芯的强度和刚度，防止其在金属浇注过程中损坏，如图 3-10(b)所示。

(3) 扎气孔是用细长的铁制通气针扎通气孔，如图 3-10(c)所示。

(4) 敲芯盒是把芯盒水平放置，用小锤轻轻敲打芯盒，使砂信和芯盒脱开，如图 3-10(d)所示。

(5) 取型芯是把芯盒打开，取出砂芯，如图 3-10(e)所示。

(6) 刷涂料是在型芯表面刷石墨或石英涂料，以提高其耐火度，防止铸件粘砂。

(7) 烘干是将型芯放入 250～300℃的加热炉中烘干，以提高其强度和透气性，减少其在铸造过程中的发气量。

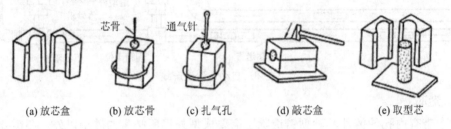

| (a) 放芯盒 | (b) 放芯骨 | (c) 扎气孔 | (d) 敲芯盒 | (e) 取型芯 |

图 3-10　制芯过程

3.2.6　浇注系统

为保证金属液能顺利填充型腔而开设于铸型内部的一系列用来引入金属液的通道称为浇注系统。

1. 浇注系统的作用

(1) 使金属液平稳地充满铸型型腔，避免冲坏型腔壁和型芯；

(2) 阻挡金属液中的熔渣进入型腔；

(3) 调节铸型型腔中金属液的凝固顺序。

浇注系统对获得合格铸件、减少金属的消耗有重要作用。合理的浇注系统可以确保得到高质量的铸件，不合理的浇注系统会使铸件产生冲砂、砂眼、渣眼、浇不足、气孔和缩孔等缺陷。

2. 典型的浇注系统

如图 3-11 所示，浇注系统主要由外浇道、直浇道、横浇道和内浇道组成。

1) 外浇道

外浇道又称为外浇口，常用的有漏斗形和浇口盆两种形式。漏斗形外浇道是在造型时将直浇道上部扩大成漏斗形，因结构简单，常用于中、小型铸件的浇注。浇口盆用于大、中型铸件的浇注。外浇道的作用是承受来自浇包的金属液，缓和金属液的冲刷，使它平稳地流入直浇道。

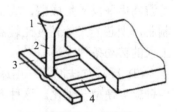

1—外浇道；2—直浇道；
3—横浇道；4—内浇道

图 3-11　浇注系统的组成

2) 直浇道

直浇道是浇注系统中的垂直通道，其形状一般是一个有锥度的圆柱体。它的作用是将金属液从外浇道平稳地引入横浇道，并形成充型的静压力。

3) 横浇道

横浇道是连接直浇道和内浇道的水平通道，截面形状多为梯形。它除了向内浇道分配金属液外，还主要起挡渣作用，阻止夹杂物进入型腔。为了便于集渣，横浇道必须开在内浇道上面，末端距最后一个内浇道要有一段距离。

4) 内浇道

内浇道是引导金属液流入型腔的通道，截面形状为扁梯形、三角形或月牙形，其作用是控制金属液流入型腔的速度和方向，调节铸型各部分温度分布。

3.2.7 合型

将已制作好的砂型和砂芯按照图样工艺要求装配成铸型的工艺过程叫合型。

1. 下芯

下芯的次序根据操作上的方便和工艺上的要求进行。砂芯多用芯头固定在砂型里，下芯后要检验砂芯的位置是否准确、是否松动，要通过填塞芯头间隙使砂芯位置稳固。根据需要也可用芯撑来辅助支撑砂芯。

2. 合型

合型前要检查型腔内和砂芯表面的浮砂和脏物是否清除干净，各出气孔、浇注系统各部分是否畅通和干净，然后再合型。合型时，上型要垂直抬起，找正位置后垂直下落，按原有的定位方法准确合型。

3. 铸型的紧固

小型铸件的抬型力不大，可使用压铁压牢。中、小型铸件的抬型力较大，可用螺栓或箱卡固定。

3.3 合金的熔炼与浇注

3.3.1 铸造合金种类

铸造用金属材料种类繁多，有铸铁、铸钢、铸造铝合金、铸造铜合金等。合金熔炼的目的是获得符合要求的金属熔液。不同类型的金属，需要采用不同的熔炼方法及设备。如铸铁的熔炼多采用冲天炉，铸钢的熔炼采用转炉、平炉、电弧炉、感应电炉等，而铸造非铁合金如铝、铜合金等的熔炼则采用坩埚炉。

1. 铸铁

工业上常用的铸铁是碳的质量分数大于 2.11%，以铁、碳、硅为主要元素的多元合金。铸铁具有廉价的生产成本，良好的铸造性能、加工性能、耐磨性、减振性、导热性，以及适当的强度和硬度。因此，铸铁在工程上有比铸钢更广泛的应用。但铸铁的强度较低，且塑性较差，所以制造受力大而复杂的铸件，特别是中、大型铸件，往往采用铸钢。铸铁按用途分为常用铸铁和特种铸铁，常用铸铁包括灰铸铁、球墨铸铁、可锻铸铁、蠕墨铸铁，特种铸铁包括抗磨铸铁、耐腐蚀铸铁等。

2．铸钢

铸钢包括碳钢(碳的质量分数为 0.20%～0.60%的铁、碳二元合金)和合金钢(碳钢和其他合金元素组成的多元合金)。铸钢强度较高，塑性较好，具有耐热、耐蚀、耐磨等特殊性能，某些高合金钢具有特种铸铁所没有的良好的加工性和焊接性。除应用于一般工程结构件外，铸钢还广泛应用于受力复杂、要求强度高且韧性好的铸件，如水轮机转子、高压阀体、大齿轮、辊子、球磨机衬板和挖掘机的斗齿等。

3．铸造非铁合金

常用的铸造非铁合金有铜合金、铝合金和镁合金等。其中铸造铝合金应用最多，它密度小，具有一定的强度、塑性及耐腐蚀性，广泛应用于制造汽车轮毂、发动机的汽缸体、汽缸盖、活塞等。铸造铜合金具有比铸造铝合金好得多的力学性能，并有优良的导电、导热性和耐蚀性，可以制造承受高应力、耐腐蚀、耐磨损的重要零件，如阀体、泵体、齿轮、蜗轮、轴承套、叶轮、船舶螺旋桨等。镁合金是目前最轻的金属结构材料，也是 21 世纪最具发展前景的金属材料之一，其密度小于铝合金，但比强度和比刚度高于铝合金。铸造镁合金已经开始广泛应用于汽车、航空航天、兵器、电子电器、光学仪器以及电子计算机等制造部门，如飞机的框架、起落架的轮毂和汽车发动机的缸盖等。

3.3.2　铸铁的熔炼

铸铁熔炼是将金属料、辅料入炉加热，熔化成铁水，为铸造生产提供预定成分和温度、非金属夹杂物和气体含量少的优质铁液的过程，它是决定铸件质量的关键工序之一。

对铸铁熔炼的基本要求是优质、低耗和高效，即金属液温度足够高；金属液的化学成分符合要求，纯净度高(夹杂物和气体含量少)；熔化效率高，燃料、电力消耗少，金属烧损少，熔炼速度快。

1．冲天炉的基本构造

熔炼铸铁的设备种类很多，如冲天炉、电炉(感应电炉和电弧炉)、坩埚炉和反射炉等，目前还是以冲天炉应用最为广泛，由烟囱、炉身、炉缸、前炉等部分组成，如图 3-12 所示。

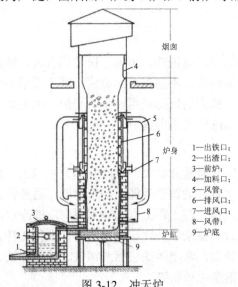

1—出铁口；2—出渣口；3—前炉；4—加料口；5—风管；6—排风口；7—进风口；8—风带；9—炉底

图 3-12　冲天炉

1) 烟囱

从炉顶至加料口下沿为烟囱。烟囱顶部常带有火花罩，其作用是增大炉内的抽风能力，并把烟气和火花引出车间。

2) 炉身

从加料口下沿至第一排风口为炉身，炉身的高度亦称为有效高度。炉身的上部为顶预热区，其作用是使下移的炉料被逐渐预热到熔化温度。炉身的下部是熔化区和过热区。在过热区的炉壁四周配有 2～3 排排风口(每排 5～6 个)，风口与其外面的风带相通，风机排出的高压风沿风管进入风带后经进风口吹入炉腔，使焦炭燃烧。下落到熔化区的金属料在该区被熔化，而铁水在流经过热区时被加热到所需温度。

3) 炉缸

从第一排风口至炉底为炉缸，熔化的铁水在过热区加热后经炉缸流入前炉。炉缸与前炉连接的部分称为过桥。

4) 前炉

前炉的作用是储存铁水并使其成分、温度均匀化，以备浇注用。

2. 冲天炉炉料

冲天炉熔化用的炉料包括金属炉料、燃料和熔剂三部分。

1) 金属炉料

金属炉料包括新生铁、回炉铁、废钢和铁合金。新生铁又称为高炉生铁，是冲天炉主要加入的金属料；回炉铁，包括浇冒口、废旧铸件等，按配料的需要加入回炉铁，可以减少新生铁的加入量，降低铸件成本；废钢，包括废钢件、钢料、钢屑等，加入废钢可以降低铁水的碳含量；铁合金，包括硅铁、锰铁、铬铁等，用于调整铁水的化学成分或配制合金铸铁。

2) 燃料

冲天炉所用燃料有焦炭、重油、煤粉、天然气等，其中以焦炭应用最为广泛。焦炭的质量和块度大小对熔炼质量有很大影响。焦炭中固定碳含量越高，发热量越大，铁液温度越高，同时熔炼过程中由灰分形成的渣量相应减少。焦炭应具有一定的强度及块料尺寸，以保持料柱的透气性，维持炉子正常熔化过程。层焦块度为 40～120 mm，底焦块度大于层焦。焦炭用量为金属炉料的 1/10～1/8，这一数据称为焦铁比。

3) 熔剂

熔剂的作用是排渣。在熔化过程中，熔剂与炉料中有害物质会形成熔点低、比重轻、易于流动的熔渣，以便于排除。常用的熔剂有石灰石($CaCO_3$)或者萤石(CaF_2)，块度比焦炭略小，加入量为焦炭质量的 25%～30%。

3. 冲天炉熔炼的基本原理

冲天炉是利用对流原理来进行熔炼的，其熔炼过程如下：

(1) 炉料从加料口装入，自上而下运动，被上升的热炉气预热，并在炉化带(在底焦顶部，温度约为 1200℃)开始熔化。

(2) 铁水在下落的过程中又被高温炉气和炽热的焦炭进一步加热(称过热)，温度可达

1600℃左右，经过过道进入前炉。此时温度稍有下降，最后出炉温度为 1360～1420℃。

(3) 从风口进入的风和底焦燃烧后形成的高温炉气自上而下流动，最后变成废气，从烟囱排出。

4．冲天炉熔炼的基本操作

冲天炉熔炼有以下几个操作过程：

1) 修炉与烘炉

冲天炉每一次开炉前都要对上次开炉后炉衬的侵蚀和损坏进行修理，用耐火材料修补好炉壁，然后用干柴或烘干器慢火充分烘干前、后炉。

2) 点火与加底焦

烘炉后，加入干柴，引火点燃，然后分三次加入底焦，使底焦燃烧，调整底焦加入量至规定高度。这里，底焦是指金属料加入以前的全部焦炭量，底焦高度则是从第一排风口中心线至底焦顶面为止的高度，不包括炉缸内的底焦高度。

3) 装料

加完底焦后，加入两倍批料量的石灰石，然后加入一批金属料，然后依次加入批料中的焦炭、熔剂、废钢、新生铁、铁合金、回炉铁。加入层焦的作用是补充底焦的消耗，批料中熔剂的加入量为层焦质量的 20%～30%。批料应一直加到加料口下缘为止。

4) 开风熔炼

装料完毕后，自然通风 30 min 左右，即可开风熔炼。在熔炼过程中，应严格控制风量、风压、底焦高度，注意铁水温度、化学成分，保证熔炼正常进行。熔炼过程中，金属料被熔化，铁水滴穿过底焦缝隙下落到炉缸，再经过通道流入前炉，而生成的渣液则漂浮在铁水表面。此时可打开前炉出铁口排出铁水，用于铸件浇注，同时每隔 30～50 min 打开渣口出渣。在熔炼过程中，正常投入批料，使料柱保持规定高度，最低不得比规定料位低二批料。

5) 停风打炉

停风前在正常加料后加二批打炉料(大块料)。停料后，适当降低风量、风压，以保证最后几批料的熔化质量。前炉有足够的铁液量时即可停风，待炉内铁液排完后进行打炉，即打开炉底门，用铁棒将底焦和未熔炉料捅下，并喷水熄灭。

3.3.3　铝合金的熔炼

铸造铝合金是工业生产中应用最广泛的铸造非铁合金的方法之一。由于铝合金的熔点低，熔炼时极易氧化、吸气，合金中的低沸点元素(如镁、锌等)极易蒸发烧损，故铝合金的熔炼应在与燃料和燃气隔离的状态下进行。

1．铝合金的熔炼设备

铝合金的熔炼一般是在坩埚炉内进行的。根据所用热源不同，有焦炭加热坩埚炉、电加热坩埚炉等不同形式。

通常用的坩埚有石墨坩埚和铁质坩埚两种。石墨坩埚用耐火材料和石墨混合并成型烧制而成，铁质坩埚由铸铁或铸钢铸造而成，可用于铝合金等低熔点合金的熔炼。

感应炉是利用一定频率的交流电通过感应线圈，使炉内的金属炉料产生感应电动势，并形成涡流，产生热量而使金属炉料熔化。根据所用电源频率的不同，感应炉分为高频感应炉(10 000 Hz 以上)、中频感应炉(1000～2500 Hz)和工频感应炉(50 Hz)几种。图 3-13 是感应炉的结构示意图，它由坩埚和围绕其外的感应线圈组成。图 3-14 是小型的中频感应炉成套设备，通过感应电源的控制，不但可用于铝、锌、铜等合金的熔炼，而且常用于钢的熔炼。

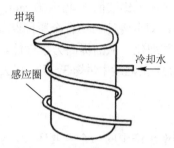

图 3-13　感应炉结构示意图

图 3-14　中频感应炉

感应炉熔炼的优点是操作简单、热效率高、升温快、生产率高。

2．铝合金的熔炼设备

1) 炉料

铝合金熔炼时的炉料有金属料、熔剂、变质剂等。

金属料包括铝锭、废旧料、中间合金等。中间合金的作用是熔炼过程中用以调整铝合金的成分，常用的中间合金有铝硅合金、铝铜合金、铝镁合金等。

熔剂的作用是与铝液中的氧化物形成渣，常用的熔剂是 KCl(50%)+NaCl(50%)的混合物。

变质剂的作用是细化晶粒，从而提高铸件的力学性能。变质剂一般为钠盐或钾盐的混合物，常用变质剂有 NaCl(33%)+NaF(67%)和 NaF(25%)+NaCl(62%)+KCl(13%)两种，变质剂的加入量约为合金液质量的 2%～3%。

2) 熔炼工艺

(1) 溶剂保护。在一般熔炼温度下熔炼铝合金时，不必专门采取防氧化措施。但当铝合金中有促使 Al_2O_3 薄膜疏松的元素，如镁含量较高或熔炼温度过高时(>900℃)，必须采用熔剂保护。在熔炼时加入少量氯盐，把铝液覆盖起来，可减少铝合金的氧化，防止炉气中的有害气体进入铝液中。

(2) 铝合金的精炼。虽然氢在铝中溶解度不高，但铝合金由液态变为固态时溶解度变化极大，凝固时气体来不及逸出，便形成气孔。由于铝合金易氧化、气孔形成倾向大，所以铝合金必须进行精炼，以去除气体和氧化物夹杂。

常用精炼剂有 $ZnCl_2$、C_2Cl_6 等，精炼除气操作在熔炼后期变质处理之前进行。操作时将精炼剂用钟罩压入铝液中，反应后生成的 C_2Cl_4 和 $AlCl_3$，其沸点分别为 121℃和 183℃，在铝液温度下形成不溶于铝液的气泡并上浮，溶解于铝液中的过饱和氢原子和氢分子及其他气体迅速向气泡中扩散聚集。铝液中的氧化物等杂质也吸附在气泡表面，随气泡上浮而被带到液面上来，经扒渣去除，从而使铝液得到净化，防止铝铸件内部产生气孔和夹杂。

精炼前应将精炼剂按铝液重量比称好(C_2Cl_6 加入量为 0.4%～0.6%，$ZnCl_2$ 加入量为 0.15%～0.2%)，分成 2～4 包用铝箔分别包好，铝液加热到 700～730℃后分批用钟罩压入液体深度的 1/3 处，轻轻晃动，直到不冒气为止。精炼后，静置数分钟，让气泡全部逸出后即可浇注。

(3) 铝合金的变质处理。用含硅量大于 6%的铝合金(如 ZL102、ZL101 等)浇注厚壁铸件时，易出现针状粗晶粒组织，使铝合金的力学性能下降。为了消除这种针状组织，在浇注之前，用铝箔将变质剂包好，用钟罩或压勺将变质剂压入铝液面下 40～60 mm，轻轻搅动，使其均匀地熔入铝液中，浇注前经炉前检验合格，即可浇注。铝合金凝固结晶时，变质剂中的钠原子可阻止硅生成针状粗晶粒组织，使晶粒细化，从而提高力学性能。

变质处理前应将配好的变质剂放到炉中，在 300～400℃的温度中烘烤 3～5 h，以去除水分。

3.3.4　合金的浇注

把液体合金浇入铸型的过程称为浇注。浇注是铸造生产中的一个重要环节。浇注工艺是否合理，不仅影响到铸件的质量，还涉及工人的安全。

1. 浇注工具

浇注常用工具有浇包、挡渣钩等。浇注前应根据铸件的大小、批量选择合适的浇包，并对浇包和挡渣钩等工具进行烘干，以免降低金属液温度及引起液体金属的飞溅。

2. 浇注工艺

1) 浇注温度

浇注温度过高，金属液在铸型中收缩量增大，易产生缩孔、裂纹及粘砂等缺陷；温度过低，则金属液流动性差，又容易出现浇不足、冷隔和气孔等缺陷。合适的浇注温度应根据合金的种类和铸件的大小、形状及壁厚来确定。对形状复杂的薄壁灰铸铁件，浇注温度应为 1400℃左右。对形状较简单的厚壁灰铸铁件，浇注温度为 1300℃左右。铝合金的浇注温度一般在 700℃左右。

2) 浇注速度

浇注速度太慢，金属液冷却快，易产生浇不足、冷隔以及夹渣等缺陷。浇注速度太快，则会使铸型中的气体来不及排出而产生气孔，同时易造成冲砂、抬箱和跑火等缺陷。铝合金液浇注时勿断流，以防铝液氧化。

3) 浇注的操作

浇注前应估算好每个铸型需要的金属液量，安排好浇注路线。浇注时应注意挡渣。浇注过程中应保持外浇口始终充满，这样可防止熔渣和气体进入铸型。浇注结束后，应将浇包中剩余的金属液倾倒在指定的地点。

3.4　铸件的缺陷分析

由于铸造生产工序繁多，产生缺陷的原因相当复杂。常见铸件缺陷的特征及其产生的主要原因见表 3-3。

表 3-3 常见铸件缺陷的特征及其产生原因

名 称	简图及特性	原 因
气孔	聚集气孔 A 铸件内部或者表面有大小不等的孔眼，孔的内壁光滑，多呈圆形	1. 造型材料水分过多或含有大量发气物质； 2. 砂型、型芯透气性差，型芯未烘干； 3. 浇注系统不合理，浇注速度过快； 4. 浇注温度低，金属液除渣不良，黏度过高； 5. 在砂芯(型)表面使用涂料以减小砂型(芯)表面孔隙
缩孔与缩松	缩孔　　缩松 1. 缩孔是指在铸件厚断面内部、两交界面的内部及厚断面和厚断面交接处的内部或表面，形状不规则，孔内壁粗糙不平，晶粒粗大； 2. 缩松是指在铸件内部微小而不连贯的缩孔，聚集在一处或多处，金属晶粒间存在很小的孔眼，水压试验渗水	1. 浇注温度不当，过高易产生缩孔，过低易产生缩松； 2. 合金凝固时间过长或凝固间隔过宽； 3. 合金中杂质和溶解的气体过多，金属成分中缺少晶粒细化元素； 4. 铸件结构设计不合理，壁厚变化大； 5. 浇注系统、冒口、冷铁等设置不当，使铸件在冷缩时得不到有效补缩
渣眼	孔眼内充满熔渣、孔型不规则	1. 浇注温度过低； 2. 浇注时断流或者浇注速度太慢； 3. 浇口位置不对或浇口太小
冷隔	铸件上有未完全融合的缝隙，接头处边缘圆滑	1. 浇注温度过低； 2. 浇注时断流或者浇注速度太慢； 3. 浇口位置不对或浇口太小
黏砂	黏砂 铸件表面黏着一层难以除掉的砂粒，使表面粗糙	1. 砂型舂得太松； 2. 浇注温度过高； 3. 砂型透气性过高
夹砂与结疤	金属凸起 砂壳　金属疤 铸件正常表面 夹砂　　结疤 在铸件表面上，有金属夹杂物或片状、瘤状物，表面粗糙，边缘锐利，在金属瘤片和铸件之间夹型砂	1. 砂型受热膨胀，表层鼓起或开裂； 2. 型砂热湿强度较低； 3. 型砂局部过紧，水分过多； 4. 内浇口过于集中，使局部砂型烘烤严重； 5. 浇注温度过高，浇注速度太慢

续表

名　称	简图及特性	原　因
偏芯	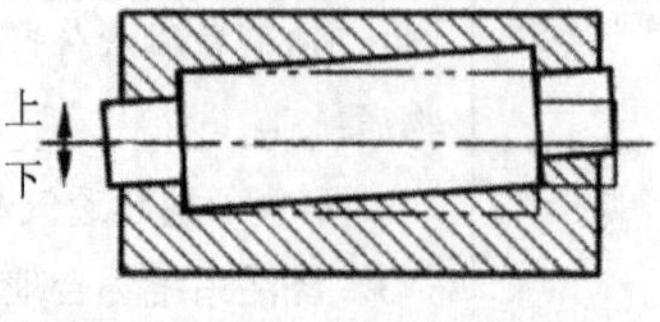 上 下 铸件形状和尺寸由于型芯位置偏移而变动	1. 砂型变形； 2. 下芯时放偏； 3. 型芯没有固定好，浇注时被冲偏
浇不足	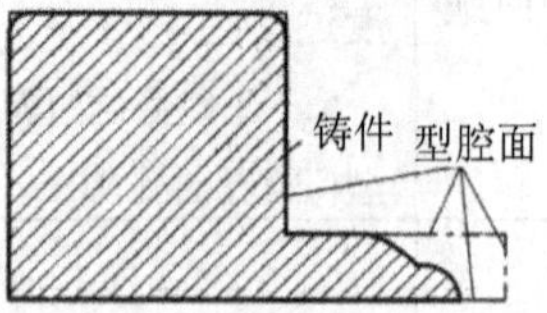 铸件 型腔面 铸件未浇满，形状不完整	1. 浇注温度太低； 2. 浇注时液体金属量不够； 3. 浇口太小或未开出气口
错箱	 铸件在分型面处错开	1. 合箱时上、下模型未对准； 2. 定位销或定位标； 3. 造型时上、下模型未对准
热裂 与冷 裂	 热裂的铸件开裂，裂纹处表面氧化，呈蓝色。 冷裂的裂纹处表面不氧化，不发亮	1. 铸件设计不合理，厚薄差别大； 2. 合金化学成分不当，收缩大； 3. 型砂(芯)退让性差，阻碍铸件收缩； 4. 浇注系统开设不当，使铸件各部分冷却及收缩

3.5　特 种 铸 造

　　砂型铸造是铸造中应用最广的一种方法，但砂型铸造的精度、表面质量、生产率都较低，且加工余量大，很难满足各种类型生产的需求。为了满足生产的需要，往往采用其他一些铸造方法，这些除砂型铸造以外的铸造方法统称为特种铸造。特种铸造方法很多，目前应用较多的有金属型铸造、熔模铸造、压力铸造和离心铸造等。

3.5.1　金属型铸造

　　将金属液浇入用金属材科(铸铁或钢)制成的铸型来获得铸件的方法称为金属型铸造，又称硬模铸造。

　　根据铸件的结构特点，金属型的结构类型可分为垂直分型式、水平分型式、复合分型式和铰链开合式四种，如图 3-15 所示。其中垂直分型式开设浇口和取出铸件都较方便，易实现机械化，故应用较多。

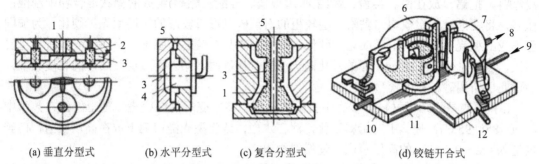

(a) 垂直分型式　　(b) 水平分型式　　(c) 复合分型式　　(d) 铰链开合式

1—浇口；2—砂型；3—型腔；4—金属芯；5—浇口；6—左半腔；7—右半腔；
8—冷却水出口；9—冷却水入口；10—底板；11—冷却水管；12—底型

图 3-15　金属型的结构类型

金属型铸造的主要特点如下：

(1) 一型多铸，生产率高。

(2) 金属液冷却快，铸件内部组织致密，力学性能较好。

(3) 铸件的尺寸精度和表面粗糙度较砂型铸件好。

金属型铸造成本高，无退让性和冷速快，主要适用于大批量生产形状简单的有色金属铸件，如铝合金活塞、铝合金缸体等。

3.5.2　熔模铸造

熔模铸造是用易熔蜡料代替木材制成模样，然后在模样上涂挂耐火材料。待耐火材料结壳硬化后，将易熔的模样熔化排出，硬化后的外壳就形成了无分型面的铸型。然后利用该铸型浇注液态合金，待其冷却凝固后获得铸件。这种特种铸造方法就称为熔模铸造，或失蜡铸造。熔模铸造工艺过程可分为蜡模制造、结壳、脱模、焙烧、填砂、浇注、落砂及清理等工序，如图 3-16 所示。

(1) 蜡模制造要首先制造压型，压型是用来制造蜡模的专用模具，一般用钢、铜或铝经切削加工制成，也可采用低熔点合金、塑料或石膏制造。然后压制蜡模，用压力把糊状蜡料压入压型，待其冷却、凝固后取出。制造蜡模的材料有石蜡、硬脂酸、松香等，常用含 50%石蜡和 50%硬脂酸的混合料，蜡模实物如图 3-17 所示。为提高生产率，常将相同蜡模黏结在一起，形成蜡模组。

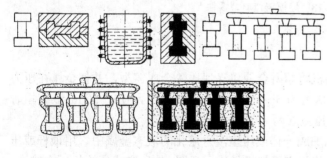

图 3-16　熔模铸造工艺过程

图 3-17　蜡模

(2) 结壳是在蜡模表面涂挂耐火材料形成坚固型壳的过程，主要包括下面几道工序：浸涂料，把蜡模放在由石英粉、黏结剂(水玻璃、硅酸乙酯等)组成的糊状混合物中浸泡；撒砂，将浸泡过的蜡模均匀黏附一层较粗的石英砂以形成较厚的一层型壳；硬化，为加固已形成的型壳而进行的干燥或化学硬化。为使型壳具有较高的强度，上述结壳过程要重复多次，以便形成 5～10 mm 厚的硬化耐火型壳。撒砂时，第一、二层所用砂的粒度较细，后面几层所用砂的粒度较粗。

(3) 脱蜡是将蜡模材料从型壳中去除的过程。将结壳后的蜡模浇口朝上浸泡在热水中(一般 85～95℃)，使其中的蜡料熔化，浮在水面；或将型壳浇口朝下放在高压釜内，向釜内通入 0.2～0.5 MPa 的高压蒸汽，使蜡料熔出。

(4) 焙烧是将型壳加热的操作，将脱蜡后的型壳送入加热炉内，加热到 800～1000℃进行焙烧，以去除型壳中的水分、残余蜡料及其他杂质，焙烧还能增大型壳强度。

(5) 填砂是将脱蜡后的型壳置于铁箱中，周围用粗砂填实的过程。

(6) 浇注是熔模铸造关键的一步，为提高铸造合金的充型能力，同时也防止浇不足、冷隔等缺陷，要在焙烧出炉后趁热(600～700℃)浇注。

(7) 落砂及清理也是必要的一步。铸件冷却凝固之后，将型壳破坏取出铸件，然后用氧乙炔焰切除浇、冒口。

和砂型铸造相比，熔模铸造具有如下特点：结壳材料耐火度高，可浇注高熔点合金及难切削合金如高锰钢等；铸型精密、没有分型面，型腔表面极为光洁，故铸件精度及表面质量好；铸型在预热后浇注，可生产出形状复杂的薄壁件，最小壁厚可达 0.7 mm；生产批量不受限制，既可成批生产，又可单件生产；原材料价格昂贵，工艺过程复杂，生产周期长；难以实现机械化和自动化，铸件重量有限。

熔模铸造主要用于汽轮机叶片、泵叶轮、复杂切削刀具、汽车及摩托车、纺织机械、仪表、机床及兵器等行业小型复杂零件生产。熔模铸造制造出的涡轮、叶片及其他熔模铸造典型零件如图 3-18 所示。

图 3-18　熔模铸造典型零件

3.5.3　压力铸造

压力铸造简称压铸，是通过压铸机将熔融金属以高速压入金属铸型，并使金属在压力作用下结晶的铸造方法。压铸机常用压力为 5～150 MPa，充填速度为 0.5～50 m/s，充填时间为 0.01～0.2 s，分为热压室式和冷压室式两大类。

热压室式压铸机压室与合金熔化炉成一体或压室浸入熔化的液态金属中，用顶杆或压缩空气产生压力进行压铸。图 3-19 为热压室压铸机结构示意图。热压室式压铸机压力较小，压室易被腐蚀，一般只用于铅、锌等低熔点合金的压铸，生产中应用较少。冷压室式压铸机压室和熔化金属的坩埚是分开的。根据压室与铸型的相对位置不同，可分为立式和卧式两种。图 3-20 为 J1113G 型卧式冷室压铸机外形图，其具体参数见表 3-4。

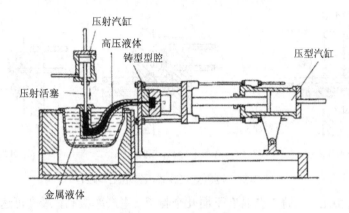

图 3-19　热压室压铸机结构

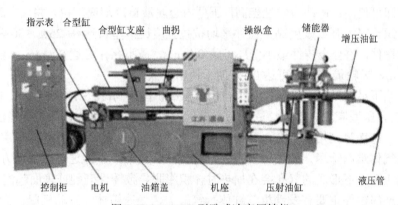

图 3-20　J1113G 型卧式冷室压铸机

表 3-4　J1113G 型卧式冷室压铸机规格和参数

名　称	参　数	名　称	参　数
合型力	1350 kN	动型板尺寸	650 mm × 650 mm
拉杆内间距	420 mm × 420 mm	压型厚度	250 mm × 250 mm
顶出行程	80 mm	顶出力	100 kN
最大压射力	157 kN	一次金属浇入量	1.8 kg
压室直径	40、50、60 mm	最大铸件投影面积	409 mm^2
最大压射比压	125 MPa	压射行程	350 mm
管路工作压力	12 MPa	电动机功率	11 kW
机器重量	4500 kg	机器外形尺寸(长×宽×高)	4550 mm × 1110 mm × 1800 mm

　　压铸工艺过程分成合型与浇注、压射、开型及顶出铸件几道工序，如图 3-21 所示。合型与浇注是先闭合压型，然后用手工将定量勺内金属液体通过压射室上的注液孔向压射

室内注入，如图 3-21(a)所示；压射是将压射冲头向前推进，将金属液压入到压型中，如图 3-21(b)所示；开型及顶出铸件是待铸件凝固后，抽芯机构将型腔两侧芯同时抽出，动模左移开型，铸件借冲头的前伸动作被顶离压室，如图 3-21(c)所示。

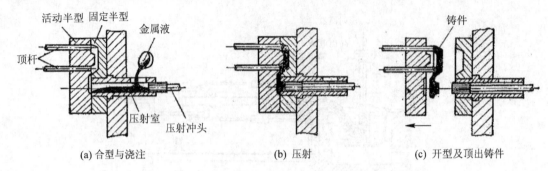

(a) 合型与浇注　　　　　　　　(b) 压射　　　　　　　(c) 开型及顶出铸件

图 3-21　冷压室式卧式压铸机工作过程

和砂型铸造相比，压铸工艺具有下面几个特点：生产率极高，最高可达每小时压铸 500 件，是生产率最高的铸造方法，而且便于实现自动化；铸件精度高、表面质量好，铸件不用切削加工即可使用；铸件力学性能高，压型内金属液体冷却速度快，并且在高压下结晶，因此铸件组织致密、强度硬度高；铸件平均抗拉强度比砂型铸造高 25%～30%。可铸出形状复杂的薄壁件，铅合金铸件最小壁厚可达 0.5 mm，最小孔径可达 0.7 mm，螺纹最小螺距可达 0.75 mm，齿轮最小模数可达 0.5，便于铸出镶嵌件。

压铸工艺不足之处为：设备投资大，一台压铸机国产为(10～12)万元/台，进口为(10～20)万美元/台，压型制造成本为(2～10)万元，因此只有在大批量生产条件下经济上才合算；不适合于钢、铸铁等高熔点合金，目前多用于低熔点的有色金属铸件；冷却速度太快，液态合金内的气体难以除尽，致使铸件内部常有气孔和缩松；不能通过热处理方法来提高铸件性能，因为高压下形成的气孔会在加热时体积膨胀导致铸件开裂或表面起泡。

压铸生产的零件主要有发动机气缸体、气缸盖、变速箱体、发动机罩、仪表和照相机壳体、支架、管接头及齿轮等。典型压铸件如图 3-22 所示。

图 3-22　典型压铸件

3.5.4　低压铸造

低压铸造是介于重力铸造(如砂型、金属型铸造)和压力铸造之间的一种铸造方法。它是使液态合金在压力作用下，自下而上地充填型腔，并在压力下结晶形成铸件的工艺过程。其所用压力较低，一般为 0.02～0.06 MPa。

图 3-23 为低压铸造工作原理示意图。密闭的保温坩埚用于熔炼与储存金属液体，升液管与铸型垂直相通，铸型可用砂型、金属型等，其中金属型最为常用，但金属型必须预热并喷刷涂料。浇注时，先缓慢向坩埚室通入压缩空气，使金属液在升液管内平稳上升，注满铸型型腔。升压到所需压力并保压，直到铸件凝固。撤压后升液管和浇口中未凝固的金属液体在重力作用下流回坩埚内。最后由气动装置开启上型，取出铸件。

图 3-23 低压铸造原理

低压铸造特点为：充型时的压力和速度便于控制和调节，充型平稳，液体合金中的气体较容易排出，气孔、夹渣等缺陷较少；低压作用下，升液管中的液态合金源源不断地补充铸型，弥补了因收缩引起的体积缺陷，有效防止了缩孔、缩松的出现，尤其是克服了铝合金的针孔缺陷；省掉了补缩冒口，使金属利用率提高到 90%~98%；铸件组织致密、力学性能好；压力提高了液态合金的充型能力，有利于形成轮廓清晰、表面光洁的铸件，尤其有助于大型薄壁件的铸造。

目前低压铸造主要用于质量要求较高的铝、镁合金铸件的大批量生产，如汽缸、曲轴、高速内燃机活塞、纺织机零件等。典型低压铸造铸件如图 3-24 所示。

图 3-24 低压铸造铸件

3.5.5 离心铸造

离心铸造是将液态金属浇入高速旋转(250~1500 r/min)的铸型中，使金属液体在离心力作用下充填铸型并结晶的铸造方法。离心铸造的铸型主要使用金属型，也可以用砂型。按旋转轴的空间位置，离心铸造机可分为立式和卧式两类。立式离心铸造机绕垂直轴旋转，主要用于生产高度小于直径的圆环铸件；卧式离心铸造机绕水平轴旋转，主要用于生产长度大于直径的管类和套类铸件。图 3-25 所示为离心铸造原理图，左图为立式离心铸造机，右图为卧式离心铸造机。

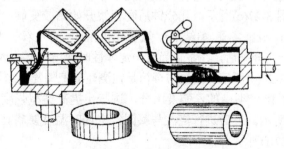

图 3-25 离心铸造原理

　　离心铸造具有下面几个特点：铸件组织致密，无缩孔、缩松、夹渣等缺陷。因为在离心力作用下，比重大的金属液体自动移向外表面，而比重小的气体和熔渣自动移向内表面，铸件由外向内顺序凝固；铸造圆管形铸件时，可节省型芯和浇注系统，简化生产过程，降低生产成本；合金充型能力在离心力作用下得到了提高，因此可以浇注流动性较差的合金铸件和薄壁铸件，如涡轮、叶轮等；便于制造双金属件，如轧辊、钢套、镶铜衬、滑动轴承等。离心铸造也有不足：只适合生产回转体铸件；由自由表面形成的内孔尺寸偏差较大，内表面较粗糙；不适合比重偏析大的合金(如铅青铜等)和轻合金(如镁合金等)。

　　离心铸造主要用于生产铸铁管、汽缸套、铜套、双金属轴承等铸件，也可用于生产耐热钢辊道、特殊钢的无缝管坯、造纸机烘缸等铸件，铸件最大重量可达十多吨。离心铸造典型零件如图 3-26 所示。

(a) 长管　　　　　　　　　　　　　　　(b) 皮带轮

图 3-26　离心铸造典型零件

3.5.6　陶瓷型铸造

　　陶瓷型铸造是一种把砂型铸造和熔模铸造相结合，发展形成的精密铸造工艺。陶瓷型铸造工艺分两种：一种是全部采用陶瓷浆料制铸型；另一种是采用砂套作为底套表面，再灌注陶瓷浆料制作陶瓷型。生产中后一种方法用得比较多。陶瓷型铸造的主要工序包括：砂套造型、灌浆与硬化、起模与喷烧、焙烧与合箱、浇注与凝固。

　　砂套造型能够节约昂贵的陶瓷材料，提高铸型的透气性。先用水玻璃砂制出砂套，制作砂套的木模 B 比制作铸件的木模 A 大一个陶瓷料厚度，如图 3-27(a)所示，然后制造砂套，如图 3-27(b)所示。灌浆与硬化是将铸件木模固定于平板上，刷上分型剂，扣上砂套。把陶瓷浆由浇口注满，如图 3-27(c)所示，几分钟后陶瓷浆开始结胶变硬，形成陶瓷面层。陶瓷浆由刚玉粉(耐火材料)、硅酸乙脂(黏结剂)、氢氧化钙(催化剂)及双氧水(透气剂)等组成。起模与喷烧是在灌浆约十几分钟后，在浆料尚有一定弹性时起出模型，然后用明火喷烧整个型腔以加速固化，如图 3-27(d)所示。焙烧与合箱是在浇注前把陶瓷型加热到 350～550℃焙烧几个小时，去除残留在陶瓷型中的乙醇及水分，进一步提高铸型强度，然后把上、下箱合在一起，如图 3-27(e)所示。最后进行浇注与凝固，浇注时温度要略高，冷却凝固后获得成型好的铸件，如图 3-27(f)所示。

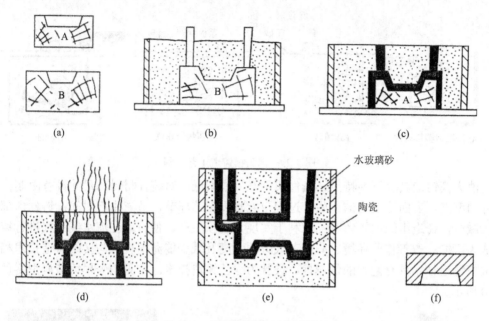

(a)　　　　　　　(b)　　　　　　　(c)

水玻璃砂

陶瓷

(d)　　　　　　　(e)　　　　　　　(f)

图 3-27　陶瓷型铸造工艺过程

陶瓷型铸造具有以下几个明显优点：陶瓷材料耐高温，故可浇注高熔点合金；铸件大小不受限制，最大可达几吨重量，而熔模铸件最大仅几十千克；和熔模铸造相比，尺寸精度和表面粗糙度较高；对单件、小批量铸件，其工艺简单、投产快、生产周期短。陶瓷型铸造的缺点是：陶瓷浆材料价格昂贵，不适合大批量铸件的生产，生产工艺难以实现自动化。常用的陶瓷型如图 3-28 所示。

图 3-28　常用陶瓷型

3.5.7　消失模铸造

消失模铸造是采用聚苯乙烯发泡塑料模样代替普通模样，造好型后不取出模样就浇入金属液，在金属液的作用下，塑料模样燃烧、气化、消失，金属液最后完全取代原来塑料模所占据的空间位置，冷却凝固后获得所需铸件的铸造方法。

消失模铸造工艺过程如图 3-29 所示。将与铸件尺寸形状相似的泡沫塑料模型黏结组合成模型簇，然后在其表面刷涂耐火涂料并烘干，如图 3-29(a)所示；把烘干好的模型簇埋在干石英砂中振动造型，如图 3-29(b)所示；加好压板及压铁，如图 3-29(c)所示；在负压下开始浇注，如图 3-29(d)所示。高温金属液体一接触泡沫塑料模型马上使模型气化，金属液体占据泡沫模型原来的空间，冷却凝固后形成铸件。

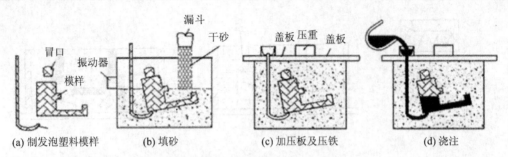

(a) 制发泡塑料模样　　　　(b) 填砂　　　　(c) 加压板及压铁　　　　(d) 浇注

图 3-29　消失模铸造工艺过程

　　消失模铸造具有下列特点：铸件质量好，成本低；对铸件材料和尺寸没有限制；铸件尺寸精度高，表面比较光洁；生产过程中能减少工艺环节，节省生产时间；铸件内部缺陷大大减少，铸造组织比较致密；有利于实现大规模生产，使自动化流水线方式进行铸造生产成为可能；改善作业环境、降低工人劳动强度及减少能源消耗。与传统铸造技术相比，消失模铸造技术具有巨大的优越性，被誉为绿色铸造技术。常见消失模铸造典型零件如图3-30 所示。

图 3-30　消失模铸造典型零件

　　消失模铸造主要应用于铝合金铸件和铸铁铸件中的生产中，铸钢件应用较少，尤其不适用于低碳钢铸造。

3.5.8　磁型铸造

　　磁型铸造于 20 世纪 60 年代诞生于西德，70 年代才传入我国。它是用磁型代替砂型、用磁场代替黏结剂、以气化模样代替木模的一种新型铸造工艺。其具体工艺过程包括：制模、造型、浇注及落丸几道工序。磁型铸造原理如图 3-31 所示，制模是将聚苯乙烯发泡后制成气化模，它不需要从铸型中取出，浇注时可自行气化燃烧掉。气化模表面涂挂涂料，并留出浇口位置。造型是用 $\phi 0.5 \sim \phi 1.5\ mm$ 的磁丸(铁丸)代替型砂，把气化模埋入磁丸箱，并轻微振

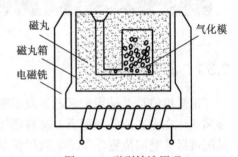

图 3-31　磁型铸造原理

动紧实磁丸。激磁，将磁丸箱推入马蹄形电磁铁中，通电后，马蹄形电磁铁产生的磁场把磁丸磁化。在磁力作用下，磁丸相互吸引，形成磁丸组成的铸型。这种铸型既有一定强度，又有良好的透气性。浇注是把高温的金属液体顺浇口注入磁型型腔，高温的金属液将气化模烧掉气化，液体金属注满整个型腔。磁丸在当铸件冷却凝固后，切断电源使磁场力消失，

磁丸自动落下的过程,此时铸件自行脱出。落下的磁丸经净化后可反复使用。

磁型铸造有许多优点:不用型砂,无粉尘造成的危害,造型材料可反复使用;设备简单,占地面积小,大幅度减轻了造型、清理等操作的劳动强度;不需起模,无分型面造成的披缝,铸件表面质量好。磁型铸的造缺点是:只适用于中、小类型的简单零件,气化模燃烧会污染空气,容易使铸钢件表层增碳。

磁型铸造已成功地运用在机车车辆、拖拉机、兵器、采掘、动力、轻工、化工等机器制造领域,主要适合中、小型铸钢件的大批量生产。铸件重量范围为 0.25~150 kg,铸件最大壁厚可达 80 mm。

3.5.9 真空吸铸

真空吸铸是借助真空泵,在结晶器(铸型)内造成负压,吸入液态合金生产棒形铸件的方法。真空吸铸基本原理如图 3-32 所示。将和真空泵相连的结晶器浸入液体金属中,真空泵通过真空吸管在结晶器内造成负压,吸入液体金属。结晶器为中空圆筒形状,侧壁可以通循环的冷却水。液态金属由于结晶器内筒的负压沿结晶器内壁向上充型,待液体上升到一定高度后停止升压,保压使筒内液体金属由外向内顺序凝固。待凝固的固体层达到一定尺寸后,断开与真空泵的连接,停止真空状态。圆柱中心未凝固的液体金属由于自重流回坩埚,凝固部分则形成中空的筒形铸件。

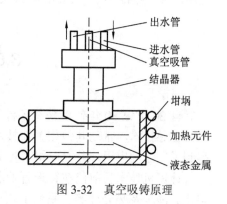

图 3-32 真空吸铸原理

真空吸铸具有如下几个优点:结晶器内气压较低,可减少易吸气合金充型时吸气的可能性;有冷却系统,液态金属冷却速度较快,故结晶金属晶粒细小,铸件力学性能高;铸件由外向内顺序凝固,无气孔、砂眼等缺陷;不用冒口,可减少金属浪费;易于实现自动化,生产效率高,减轻了工人劳动强度。真空吸铸的缺点是不能铸造形状复杂的铸件,铸件内表面尺寸精度和表面质量均不高。真空吸铸常用于制造铜合金轴套、铝合金锭坯等。

3.5.10 连续铸造

将液态金属连续不断地注入结晶器内,凝固的铸件也连续不断地从结晶器的另一端被拉出。这种可获得任意长度铸件的方法称为连续铸造。连续铸造一般在连续铸造机上进行,生产中常用的卧式连续铸造机如图 3-33 所示。保温炉中的液态金属在重力作用下,连续不断地注入结晶器的型腔中。循环冷却水通过冷却套使结晶器保持冷却,液态金属在结晶器内遇冷逐渐凝固。当铸锭移出结晶器时,已完全凝固成固体。铸锭在横向外力作用下,滚过拉出滚轮、剪床和切断砂轮,这些工具能截取任意长度的铸锭。

与普通铸造相比,连续铸造有以下几个优点:冷却速度快,液体补缩及时,铸件晶粒组织致密,力学性能好,无缩孔等缺陷;无浇注系统和冒口,铸锭轧制时不必切头去尾,节约了大量金属并提高了材料利用率;可实现连铸连轧,节约能源;容易实现自动化。

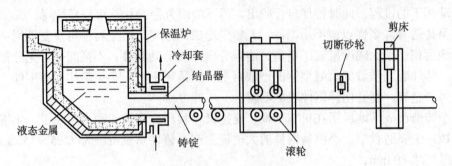

图 3-33　卧式连续铸造机

　　连续铸造主要用于自来水管、煤气管等长管或连续铸锭等产品制造，也可和轧制工艺连用，生产壁厚小于 2.2 mm 的铸铁管。

3.6　铸造新技术

　　自 20 世纪 80 年代以来，各种用于铸造工艺的新技术、新工艺不断涌现，其中以计算机为主导技术，带动其他相关新技术不断应用于铸造工艺，使新技术在铸造研究及生产中得到了广泛的应用，并已取得了重大经济效益和社会效益。

　　计算机技术目前已在铸造行业获得了广泛应用，无论是铸造工艺及设备，还是造型、熔化、清理及热处理等一系列工艺过程的控制，甚至生产过程、设备、质量、成本、库存管理等工作，都和计算机技术密不可分。

1. 铸造合金的计算机辅助设计

　　在研制新合金时，采用科学的定量计算方法，在计算机上使用相应的软件进行复杂的计算，并通过优化设计出符合要求的合金成分。目前，合金计算机辅助设计主要采用两种方法：数学回归设计法和理论设计方法。铸造合金设计经历了成分调整的经验设计阶段、数学回归试验设计阶段和组织性能设计阶段，现已进入到微观结构设计阶段。其中，成分调整的经验设计试验工作量大、周期长、成本高、盲目性大，必须采用计算机设计。狭义的铸造工艺计算机辅助设计仅包含在计算机上设计浇注系统、冒口、冷铁及型芯等，并用计算机绘出铸造工艺图；完整的铸造工艺计算机辅助设计描述应包括工艺设计和工艺优化(即充型过程数值模拟)两个方面，详见图 3-34。

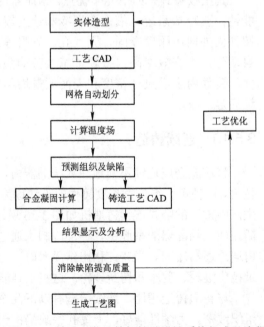

图 3-34　铸造工艺计算机辅助设计系统组成及流程

　　计算机辅助设计技术需要数据库的支持。完整的铸造数据库应包括合金材料数据库、造型材料数据库以及工艺参数数据库等。铸造数据库技术在国外铸造生产中得到了广泛的应用，实现了铸造数据的科学管理、有效应用和充分共享。铸造数据库在国内铸造生产中的应用较少。

　　除了数据库技术外，专家系统也是计算机辅助技术必不可少的。铸造专家系统是把众多铸造专家的知识储存在计算机中，使计算机能像专家一样思考、分析和处理铸造技术问题。目前国内外都已研制出灰铸铁铸件中气孔和缩孔缺陷诊断的专家系统、球铁件质量预测专家系统以及造型材料专家系统等，并已部分应用到实际生产中。但受计算机本身内存、速度等指标的限制，目前铸造专家系统还不能像人一样具体分析所有技术问题，也不具备人的创造性思维。

　　应用计算机辅助铸型设计，可大大减轻设计人员工作量、降低设计成本、缩短铸件试制周期以及明显提高经济效益。铸件形状越复杂，计算机辅助设计效果越明显。

2．铸造充型过程数值模拟

　　充型过程数值模拟是在对铸件成型系统(铸件、型芯及铸型等)进行几何有限离散的基础上，采用适当的数学模型运用计算机通过数值计算来显示、分析及研究铸件充型过程，并结合有关的判据及方法来研究铸造合金充型凝固理论，预测及控制铸件质量的一种技术。铸件充型过程包括描述液态金属充型过程的流场，反映铸件温度变化的温度场，揭示铸件凝固过程应力、应变和裂纹的应力场以及阐述铸件凝固过程合金元素偏析的质量场等。自从 1962 年丹麦学者 Fursund 用有限差分法首次进行了铸件凝固过程温度场的计算以后，美国、日本、德国等学者也相继开展了铸造充型过程物理场数值模拟的试验研究、软件开发及应用推广等工作，并取得了良好的效果。现在国外已经开发出了多种大型的实用商品化软件，如美国的 ProCAST、日本的 Soldia、英国的 Solstar、德国的 Magma、法国的 Simulor 及澳大利亚的 Flow-3D 软件等，专门用来分析铸件充型过程，可适用于铸钢、铸铁、铸铜、铸铝等几乎所有铸造合金，以及砂型铸造、金属型铸造、低压铸造、压力铸造、熔模铸造、离心铸造、磁型铸造、连续铸造等十几种铸造方法，而且模拟结果和实验结果吻合得较好。我国在这方面的研究尚处于起步阶段，所开发的应用软件距商品化和实用化差距较大。

3．自动测试与控制

　　目前国外已广泛采用计算机技术进行自动控制，如美国已能够对 16 吨电弧炉熔炼过程进行计算机自动控制，并采用了人工智能技术，效果非常好。国内清华大学也对铸造过程的自动测试与控制进行了研究，实现了铸造型砂处理的自动控制；沈阳铸造研究所实现了冲天炉熔炼自动测试与控制。但与国外相比，国内计算机在铸造测试与控制方面的应用水平和普及程度仍存在差距。

4．铸造车间计算机管理

　　铸造车间管理中可广泛采用计算机技术，包括人事、财务、计划、工具、原材料、成品、生产进度、质量、成本以及销售管理等。计算机辅助车间管理能使生产效率提高、成本降低。

5．敏捷制造技术

充分利用互联网上的共享资源，快速完成的机器制造工艺被称为敏捷制造技术。国外依赖于互联网的敏捷制造技术已得到了广泛应用。国内铸造企业也部分拥有了自己的网站，而且近几年铸造企业的网上电子商务活动也比较活跃，但真正利用网上技术资源实现的敏捷制造在实际生产中应用的很少，只处于起步阶段。

随着计算机及相关技术的快速发展，国内外铸造行业计算机应用水平将会越来越高。铸造充型过程数值模拟技术会随着计算机容量、速度的不断提高越来越实用化；铸造计算机辅助设计与制造技术也将日益完善；新一代的专家系统会更加集成化、智能化；网络技术术将以更快的速度在铸造行业普及。

3.7　铸造安全操作规程

铸造安全操作规程

铸造安全操作规程如下：

(1) 进入实验室必须穿合身的工作服、戴工作帽，禁止穿高跟鞋、拖鞋、凉鞋、裙子、短裤，以免发生烫伤。

(2) 操作前要检查自用设备、工具、砂箱是否完好，选好模样。

(3) 造型时要保持分型面平整、吻合，严禁用嘴吹型砂和芯砂，以免损伤眼睛。

(4) 造好的铸型按指导人员要求摆放整齐，准备浇注。

(5) 浇包在使用前必须烘干，不准有积水。

(6) 浇包内金属液不得超过浇包总重量的80%，以防抬运时飞溅伤人。

(7) 浇注场地和通行道路不得放置其他不需要的东西，浇注场地不得有积水，防止金属液落下引起飞溅伤人。

(8) 浇注时要戴好防护眼镜、安全帽等安全用品，不参与浇注的同学应远离浇包，以防烫伤。

(9) 浇注剩余金属液要向固定地点倾倒。

(10) 落砂后的铸件未冷却时，不得用手触摸，防止烫伤。

(11) 清理铸件时，要注意周围环境，以免伤人。

(12) 搬动砂箱要轻拿轻放，以防砸伤手脚或损坏砂箱。

(13) 训练结束后，清扫工作场地，工具、模样必须摆放整齐。

3.8　铸件造型训练项目

1．铸造图样

法兰盘铸造图样如图 3-35 所示。

2．准备要求

(1) 按图样检查模样、刮板、芯盒形状、尺寸正确。

(2) 砂箱、浇冒口模样选择合理。

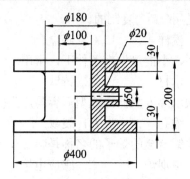

图 3-35 法兰盘铸造图样

3. 考核内容

1) 考核要求

(1) 砂型形状正确，尺寸准确，紧实度均匀、适当、排气通畅，表面光洁。

(2) 浇冒口开设位置、形状和尺寸符合工艺要求，表面光洁。

(3) 合型方法正确，定位准确，抹型、压型安全可靠。

(4) 铸件形状完整、尺寸符合尺寸公差要求，表面无粘砂、夹砂、结疤、气孔、缩孔、错型、偏芯等缺陷。

2) 时间定额

时间定额为 6 h/型。

复习思考题

1. 填空题

(1) 铸造工艺方法很多，一般分为_____和_____两大类。

(2) 凡不同于砂型铸造的所有铸造方法，统称为_____，如_____、_____、_____和_____等。

(3) 浇注系统主要由_____、_____、_____和_____组成。

(4) 型砂与芯砂应具备的主要性能包括_____、_____、_____、_____、_____和_____。

(5) 通常用的坩埚有_____坩埚和_____坩埚两种。

(6) 浇注铸件时，如果浇注温度过高，铸件可能产生_____、_____等缺陷。

2. 选择题

(1) 铸造的突出优点之一是能制造(   )。

    A. 形状复杂的毛坯   B. 形状简单的毛坯

    C. 大件毛坯   D. 小件毛坯

(2) 一般铸铁件造型用型砂的组成是(   )。

    A. 砂子、黏土、附加材料   B. 砂子、水玻璃、附加材料

    C. 砂子、黏土、合脂   D. 砂子、水

(3) 造型时，铸件的型腔是用(　　)复制的。

    A．零件   B．模样   C．芯盒   D．铸件

(4) 造型用的模样，在单件、小批量生产条件下，常用(　　)材料制造。

    A．铝合金   B．木材   C．铸铁   D．橡胶

(5) 铸件壁太薄，浇注时铁水温度太低，成型后容易产生(　　)缺陷。

    A．气孔   B．缩孔   C．裂纹   D．浇不足

(6) 铸造生产中，用于熔化铝合金的炉子的名称是(　　)。

    A．电弧炉   B．坩埚炉   C．感应电炉   D．冲天炉

3. 简答题

(1) 试述砂型铸造的工艺过程。

(2) 结合自己使用型砂进行造型的体验，简述对型砂的主要要求。

(3) 简述冲天炉熔炼的一般过程。

(4) 铝合金铸造有何特点？熔炼铝合金时应注意什么问题？

第4章 锻 压

问题导入

锻造和板料冲压属于塑性加工方法，也叫压力加工方法。在一定外力的作用下利用金属材料的塑性变形，使其具有一定的形状及一定的力学性能。如图 4-1 所示为车辆上的典型锻压件以及常见冲压件。

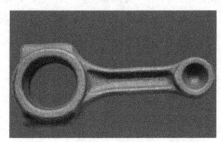

(a) 连杆锻压件   (b) 常见冲压件

图 4-1　常见锻压件

那么什么是锻压？锻压的主要工序有哪些？这正是本章所要学习的内容。

教学目标

1. 了解锻造加热目的及锻造温度范围；
2. 了解锻件的冷却方式以及锻造和冲压的典型常见工序，了解实物的锻压流程；
3. 了解手工自由锻的要点和技巧，熟悉墩粗过程存在的问题以及解决方法。

4.1 概　述

锻压是利用锻压机械的锤头、砧块、冲头或通过模具对坯料施加压力，使之产生塑性变形从而获得所需形状和尺寸制件的成型加工方法，按成型方式锻压可分为锻造和冲压，如图 4-2 所示。此外，金属材料具有可锻性是原材料能够经锻压工艺成型的前提，衡量金属可锻性的两个指标：材料塑性和变形抗力，正是利用材料具有的塑性性能，才能使得材料在工具及模具的外力作用下加工成型。

(a) 手工锻造

(b) 大型冲压设备

图 4-2　锻造的发展

锻造及板料冲压等塑性加工方法同切削加工、铸造、焊接等加工方法相比，具有以下优点：

(1) 材料的利用率高，金属塑性成型主要是依靠金属材料在塑性状态下形状的变化来实现的，因此材料利用率高，可以节约大量金属材料。

(2) 力学性能好，在塑性成型过程中，金属的内部组织得到改善，尤其是锻造更能使工件获得良好的力学性能和物理性能，一般对于承受较大载荷的重要机械零件，大多采用锻造方法进行加工。

4.2　锻　　造

4.2.1　锻造工艺概述

锻造俗称打铁，利用锻压设备，通过工具或模具使金属毛坯产生塑性变形，从而获得具有一定形状、尺寸和内部组织的工件的一种压力加工方法。生产时按锻件质量的大小，生产批量的多少选择不同的锻造方法。

一般锻造生产的工艺过程主要包括：下料—加热—锻造—冷却—热处理—清理—检验—锻件。

1. 加热

材料锻前加热的目的：提高金属塑性，降低变形抗力，即提高材料的可锻性，从而使金属易于流动成型，使锻件获得良好的锻后组织和力学性能。

加热方法有燃料(火焰)加热和电加热两种。

燃料加热是利用固体(煤、焦炭等)、液体(柴油等)或气体(煤气、天然气等)燃料燃烧时产生的热能对坯料进行加热。燃料加热成本低，但是炉内气氛、炉温及加热量比较难控制。

电加热是将电能转换为热能对金属坯料进行加热。电加热速度快、炉温控制准确、加热质量好、氧化少，但是成本高。电加热又分为电阻加热和感应加热。

2. 加热缺陷及防止措施

1) 氧化

坯料在高温下金属表面与炉气中的氧、二氧化碳、水蒸气等，发生氧化反应，而产生氧化皮，造成金属烧损。每加热一次，氧化烧损量占坯料重量的 2%～3%，而且金属烧损会降低锻件精度和表面质量，减小模具寿命。

减少氧化的措施是严格控制炉气成分，少或无氧化加热；尽量采用快速加热，减少高温区停留时间。

2) 脱炭

金属坯料表面的碳元素被氧化，这种现象称为脱炭。金属表层中碳元素烧损，表面产生龟裂，会降低金属表层的硬度和强度。

减少脱炭的方法可按减少氧化的方法操作。

3) 过热

当金属加热温度过高，停留时间过长，导致金属晶粒迅速长大变粗，这种现象称为过热。过热组织，因为晶粒粗大，将引起力学功能降低，尤其是冲击韧度。普通过热的钢正常热处理(正火、淬火)之后，组织可以改善。

4) 过烧

坯料加热温度过高接近材料的熔点时，使晶界氧化甚至熔化，导致金属的塑性变形能力完全消失，锻打坯料会破碎成废料。防止过烧的方法是控制加热温度和保温时间，以及控制炉气成分。

5) 加热裂纹

在加热截面尺寸大的大钢锭和导热性差的高合金钢、高温合金坯料时，假如低温阶段加热速渡过快，则坯料因表里温差较大而发生很大的热应力，严重时会产生裂纹。防止热裂纹的方法是遵守正确的加热规范。

锻造温度的控制方法有以下两种：

(1) 温度计法：通过加热炉上的热电偶温度计，显示炉内温度，可知道锻件的温度；也可以使用光学高温计观测锻件温度。

(2) 目测法：实习中或单件小批生产的条件下，可根据坯料的颜色和明亮度不同来判别温度，即用火色鉴别法，如表 4-1 所示。

表 4-1　温度与火色的关系

火色	黄白	淡黄	黄	淡红	樱红	暗红	赤褐
温度/℃	1300	1200	1100	900	800	700	600

3. 成型

按照生产工具的不同，可以将锻造成型技术分成自由锻造、胎模锻、模锻和特种锻造。其中，自由锻造、模锻是本章学习的重点内容。按照锻造温度，可以将锻造技术分为热锻、温锻和冷锻。根据锻模的运动方式，锻造又可分为摆辗、摆旋锻、辊锻、楔横轧、辗环和斜轧等方式。材料的原始状态有棒料、铸锭、金属粉末和液态金属。

另外，金属在变形前的横断面积与变形后的横断面积之比称为锻造比。正确地选择锻造比、合理的加热温度和保温时间、合理的始锻温度和终锻温度、合理的变形量和变形速度，对提高产品质量、降低成本有很大关系。

4. 锻件的冷却

锻件冷却是保证锻件质量的重要环节。通常，锻件中的碳及合金元素含量越多，锻件体积越大，形状越复杂，冷却速度越要缓慢，否则会造成表面过硬不易切削加工、变形甚至开裂等缺陷，如表 4-2 所示。常用的冷却方法有以下三种：

(1) 空冷：锻后在无风的空气中，放在干燥的地面上冷却。该方法常用于低、中碳钢和合金结构钢的小型锻件。

(2) 坑冷：锻后在充填有石灰、砂子或炉灰的坑中冷却。该方法常用于合金工具钢锻件，而碳素工具钢锻件应先空冷至 650~700℃，然后再选择坑冷。

(3) 炉冷：锻后放入 500~700℃的加热炉中缓慢冷却。该方法常用于高合金钢及大型锻件。

表 4-2　锻件常用的冷却方式

方　式	特　　点	使 用 场 合
空冷	锻后置空气中散放，冷速快，晶粒细化	低碳、低合金钢的中小件或锻后不直接切削加工件
坑冷(堆冷)	锻后置干沙坑内或箱内堆在一起，冷速稍慢	一般锻件，锻后可直接切削
炉冷	锻后置原加热炉中，随炉冷却，冷速极慢	含碳或含合金成分较高的中、大件，锻后可直接切削

5. 锻件的热处理

在机械加工前，锻件需要进行热处理，目的是均匀组织，细化晶粒，减小锻造残余应力，调整硬度，改善机械加工性能，为最终热处理做准备。根据锻件材料的种类和化学成分合理选择热处理工艺方法。

4.2.2　自由锻造

自由锻造是指只用简单的通用性工具，或者在锻造设备上、下铁砧间利用冲击力或压力使金属坯料变形获得所需的几何形状及内部质量的锻件，坯料在铁砧间变形时沿变形方向可自由流动，简称自由锻，如图 4-3 所示。

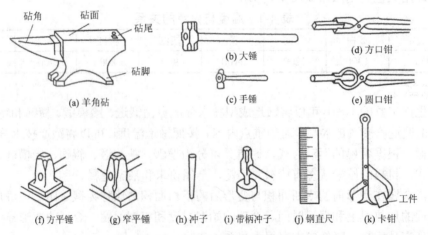

图 4-3　手工自由锻常用的工具

自由锻造分手工自由锻和机器自由锻两种。无论是手工自由锻、锤上自由锻还是水压机上自由锻，其工艺过程都是由多个锻造工序所组成的。根据变形的性质和程度不同，自由锻工序可分为：① 基本工序，如镦粗、拔长、冲孔、扩孔、芯轴拔长、切割、弯曲、扭转、错移、锻接等，其中镦粗、拔长和冲孔三个工序应用得最多；② 辅助工序，如切肩、压痕等；③ 精整工序，如平整、整形等。具体讲解如下：

1. 镦粗

镦粗是减小坯料高度、增大横截面积的锻造工序。镦粗常用来锻造齿轮坯、凸缘、法兰盘等零件，也可用于冲孔和拔长前的预备工序。镦粗可分为完全镦粗和局部镦粗两种形式，如图 4-4 所示。

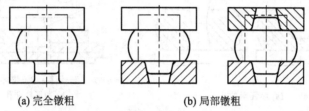

(a) 完全镦粗　　　　　　　　(b) 局部镦粗

图 4-4　镦粗

镦粗时应注意以下事项：

(1) 坯料为圆形且轴向尺寸和径向尺寸比应小于 2.5，防止镦弯；

(2) 两端应平整，垂直于轴线，否则将镦歪；

(3) 锻件加热应均匀，防止锻件变形不均匀；

(4) 锻打力应重且正，否则锻件将被锻打成葫芦形，如果不及时纠正，工件上会出现夹层；

(5) 坯料表面不得有凹坑、裂纹等缺陷；

(6) 镦粗过程中必须不断地绕轴心线转动坯料，以防镦歪。

2. 拔长

拔长是使坯料横截面积减小而长度增加的工序，也称延伸。拔长常用来锻造轴类和杆类等零件。拔长的操作方法有反复翻转 90° 拔长、沿螺旋线翻转 90° 拔长和沿长度拔长三种，如图 4-5 所示。

(a) 反复翻转90°拔长　　　　(b) 沿螺旋线翻转90°拔长　　　　(c) 沿长度拔长

图 4-5　拔长

拔长时应注意以下事项：

(1) 拔长时应不断翻转坯料，翻转方法如图 4-5 所示；

(2) 坯料应沿下砧铁宽度方向送进，坯料每次送进量和单位下压量应适当控制，以不产生折叠缺陷为好，送进量应为砧铁宽度的 0.3～0.7 倍，下压量应小于或等于送进量；

(3) 拔长扁方断面的坯料，应控制宽高比不超过 2.5～3；

(4) 大直径圆坯料拔长到小直径圆锻件时，应先锻成方形截面，到边长接近锻件的直径时，锻成八角形，再滚打成圆形；

(5) 台阶或凹档锻件，要先在截面分界处压出凹槽，再把一端局部拔长。

3．冲孔

冲孔是利用冲子在坯料上冲出通孔或不通孔的锻造工序。冲孔常用于锻造齿轮、套筒和圆环等带孔或空心锻件。

在薄坯料上冲通孔时，可用冲头一次冲出。当坯料较厚时，可先在坯料的一边冲到孔深的 2/3 深度后，拔出冲头，翻转工件，从反面冲通，以避免在孔的周围冲出毛刺，如图 4-6(a)所示。高径比小于 1.25 的薄饼类锻件的冲孔(见图 4-6(b))，可用冲头一次冲出。

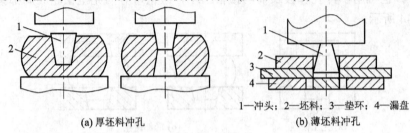

1—冲头；2—坯料；3—垫环；4—漏盘

(a) 厚坯料冲孔　　　　　　　　　(b) 薄坯料冲孔

图 4-6　冲孔

冲孔时应注意以下事项：

(1) 坯料应先镦粗，为了尽量减小冲孔深度并使端面平整。

(2) 坯料应加热到始锻温度，为了防止锻件局部变形量大而冲裂。

(3) 坯料应先试冲孔，位置准确后再冲深。

4．扩孔

扩孔是减小空心坯料的壁厚，增加内外径尺寸的锻造工序，常用来锻造各种圆环件。

常用的扩孔基本方法包括以下两种：

(1) 冲子扩孔：先将坯料冲出较小的孔，然后用直径较大的冲子，逐步将孔径扩大到要求的尺寸，如图 4-7(a)所示。扩孔时，坯料壁厚减薄，内外径扩大，高度略有减小，每次孔径增大量不宜太大，否则容易沿切向胀裂。若锻件孔径要求较大，则必须更换不同直径的冲子，多次冲孔。

(2) 芯棒扩孔：将芯棒穿入预先冲好孔的坯料中，安放在支架上，芯棒就相当于下砧块，锤击时芯棒不断地绕轴心线转动带动坯料旋转，使坯料周而复始地受到打击，直至扩孔到要求尺寸为止，如图 4-7(b)所示。芯棒扩孔时，壁厚减小，内外径尺寸增大，高度稍有增加，坯料的高度应比锻件高度稍小些。

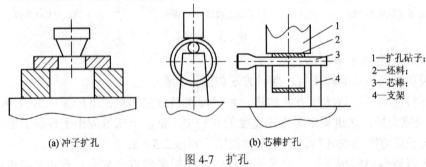

1—扩孔砧子；
2—坯料；
3—芯棒；
4—支架

(a) 冲子扩孔　　　　　　　　　(b) 芯棒扩孔

图 4-7　扩孔

5．弯曲

弯曲是使坯料弯成一定角度或形状的锻造工序，常用于角尺、吊环、弯板等工件。锻造时，只需将待弯部位加热。坯料在弯曲过程中，弯曲区内层金属受压缩，并发生折皱；外层金属因受拉伸而使断面积减小，长度略有增加(见图 4-8(a))。弯曲半径越小，弯曲角度越大，上述现象越严重。为了消除拉缩现象对弯曲件质量的影响，可在弯曲部位预先稍加增大坯料的断面积。一般取断面比锻件稍大(约增大 10%～15%)的坯料预先拔长不弯曲部分，然后进行弯曲成型(见图 4-8(b))。隆起聚集部分的体积与形状，视具体情况而定。

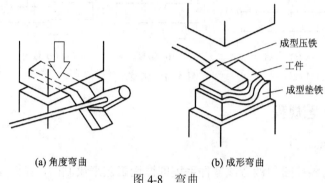

(a) 角度弯曲   (b) 成形弯曲

图 4-8 弯曲

6. 扭转

扭转是使坯料绕自身的轴线旋转一定角度的锻造工序(见图 4-9)，常用于锻造曲轴、麻花钻头等工件。扭转变形的特点是扭转区的长度略有缩短，直径略有增大；内外层长度缩短不均，内层长度缩短较少，外层长度缩短较多。因此，在内层产生轴向压应力，在外层产生轴向拉应力。当扭转角度过大或扭转低塑性金属时，就有可能在坯料表面产生裂纹。为了提高锻件质量，避免扭转时产生裂纹，要求受扭转的部分必须沿全长的横截面积均匀一致，表面要光滑无缺陷；扭转部分应加热到金属所允许的最高温度，加热均匀热透；扭转后的锻件要缓冷，最好是锻后退火。

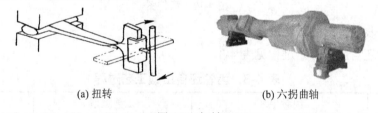

(a) 扭转   (b) 六拐曲轴

图 4-9 扭转

7. 切割

切割(切断)是将坯料切开或部分切开的锻造工序，常用于下料或切除锻件的余料，如图 4-10 所示。

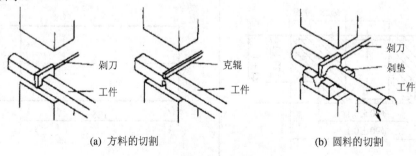

(a) 方料的切割   (b) 圆料的切割

图 4-10 切割

8．错移

错移是将坯料的一部分对另一部分互相平行错开的锻造工序，如图 4-11 所示。常用来锻造双拐或多拐曲轴等工件。错移前，先在错移部位压肩，然后加垫板及支承，锻打错开，最后修整。

(a) 压肩   (b) 锻打   (c) 修整

图 4-11　错移

4.2.3　自由锻工艺规程

1．绘制锻件图

锻件图是根据零件图和锻造该零件毛坯的锻造工艺来绘制的，如图 4-12 所示，在锻件图中尺寸标注：尺寸线上面的尺寸为锻件尺寸；尺寸线下面的尺寸为零件图尺寸，并用括弧注明；也可只标注锻件尺寸。

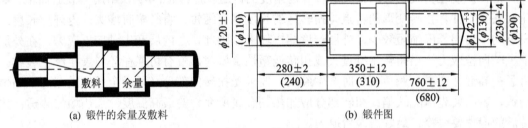

(a) 锻件的余量及敷料   (b) 锻件图

图 4-12　锻件图

2．典型锻件自由锻工艺过程

(1) 齿轮坯自由锻工艺过程见表 4-3。

表 4-3　齿轮坯自由锻工艺过程

锻件名称	齿轮毛坯	工艺类型	自由锻
材　　料	45 号钢	设　　备	150 kg 空气锤
加热次数	1 次	锻造温度范围	850～1200℃
锻　件　图		坯　料　图	

续表

序号	工序名称	工序简图	使用工具	操作工艺
1	镦粗	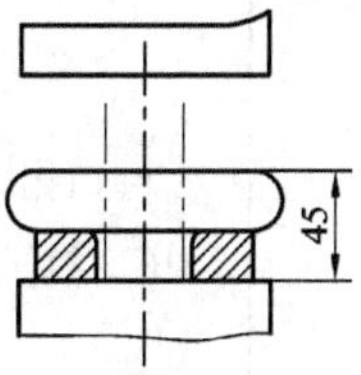	火 钳 镦粗漏盘	控制镦粗后的高度为镦粗漏盘的 45 mm
2	冲孔	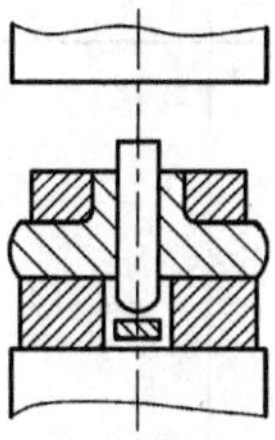	火 钳 镦粗漏盘 冲子 冲子漏盘	1. 注意冲子对中; 2. 采用双面冲孔,左图为工件翻转后将孔冲透的情况
3	修正外圆	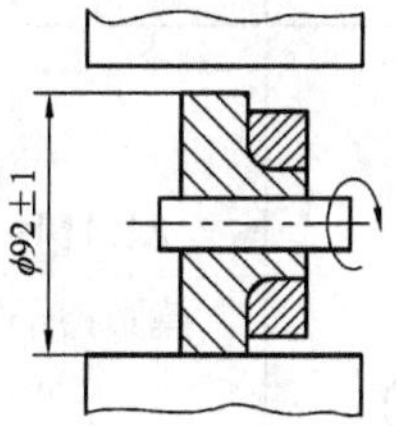	火 钳 冲 子	边轻打边旋转锻件,使外圆清除鼓形,并达到($\phi 92 \pm 1$)mm
4	修整平面	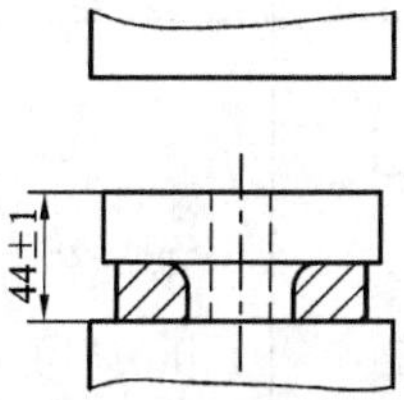	火 钳	轻打(如端面不平还要边打边转动锻件),使锻件厚度达到(44 ± 1)mm

(2) 齿轮轴零件自由锻工艺过程见表 4-4。

表 4-4 齿轮轴零件自由锻工艺过程

锻件名称	齿 轮 轴 毛 坯	工 艺 类 型	自 由 锻
材 料	45 号钢	设 备	75 kg 空气锤
加热次数	2 次	锻造温度范围	800~1200℃
锻 件 图		坯 料 图	
		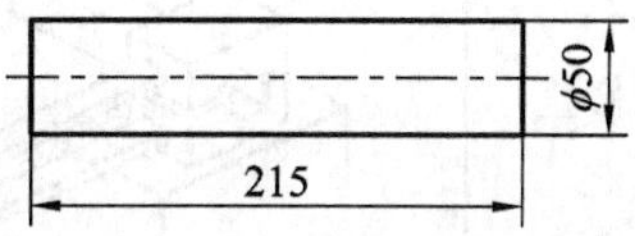	

序号	工序名称	工 序 简 图	使用工具	操作工艺
1	压肩		圆口钳 压肩摔子	边轻打边旋转锻件
2	拔长		圆口钳	将压肩一端拔长至直径不小于$\phi40$ mm
3	摔圆		圆口钳 摔圆摔子	将拔长部分摔圆至$(\phi40\pm1)$mm
4	压肩		圆口钳 压肩摔子	截出中段长度88 mm后，将另一端压肩
5	拔长		尖口钳	将压肩一端拔长至直径不小于$\phi40$
6	摔圆修整		圆口钳 摔圆摔子	将拔长部分摔圆至$(\phi40\pm1)$mm

针对不同的锻件，通过上述工序的合理组合，从而实现特定锻件的加工生产。其中，常见锻件类型及相应的加工工序如表 4-5 所示。

表 4-5 锻件分类及所需锻造工序

锻件类别	图 例	锻 造 工 序
盘类零件		镦粗(或拔长-镦粗)、冲孔等
轴类零件		拔长(或镦粗-拔长)、切肩、锻台阶等
筒类零件		镦粗(或拔长-镦粗)、冲孔、在芯轴上拔长等
环类零件		镦粗(或拔长-镦粗)、冲孔、在芯轴上扩孔等
弯曲类零件		拔长、弯曲等

4.2.4 胎模锻

胎模锻是在自由锻设备上使用简单的模具(称为胎模)生产锻件的方法。胎模的结构形式较多，如图 4-13 所示为其中一种，它由上、下模块组成，模块上的空腔称为模膛，模块上的导销和销孔可使上、下模膛对准，手柄供搬动模块用。

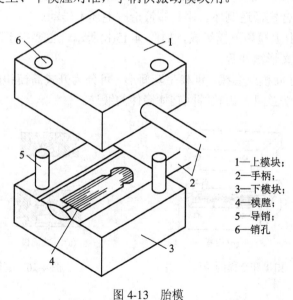

1—上模块；
2—手柄；
3—下模块；
4—模膛；
5—导销；
6—销孔

图 4-13 胎模

胎模锻的模具制造简便，在自由锻锤上即可进行锻造，不需模锻锤。成批生产时，与自由锻相比较，锻件质量好，生产效率高，能锻造形状较复杂的锻件，在中小批生产中应用广泛。但胎模锻的劳动强度大，只适于小型锻件。

加工过程中，胎模锻所用胎模不固定在锤头或砧座上，按加工过程需要，可随时放在上、下砧铁间进行锻造。锻造时，先把下模放在下砧铁上，再把加热的坯料放在模腔内，然后合上上模，用锻锤锻打上模背部。待上、下模接触，坯料便在模腔内锻成锻件。

胎模锻时，锻件上的孔不能冲通，留有冲孔连皮；锻件的周围亦有一薄层金属，称为毛边。因此，胎模锻后也要进行冲孔和切边，以去除连皮和毛边。其过程如图4-14所示。

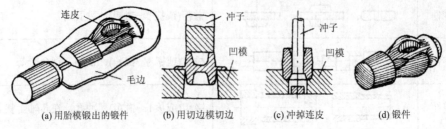

(a) 用胎模锻出的锻件　　(b) 用切边模切边　　(c) 冲掉连皮　　(d) 锻件

图4-14　胎模锻的生产过程

1. 胎模锻的特点

(1) 胎模锻件的形状和尺寸基本与锻工技术无关，靠模具来保证，因而对工人技术要求不高，操作简便，生产效率高。

(2) 胎模锻造的形状准确，尺寸精度较高，因而工艺余块少、加工余量小，节约了金属，减轻了后续加工的工作量。

(3) 胎模锻件在胎模内成型，锻件内部组织致密，纤维分布更符合性能要求。

2. 常用胎模结构

常用的胎模结构有扣模、合模、套筒模等。

(1) 扣模：用于对坯料进行全部或局部扣形，如图4-15(a)所示，主要用于生产长杆非回转体锻件，也可为合模锻造制坯。用扣模锻造时毛坯不转动。

(2) 合模：通常由上模和下模组成，如图4-15(b)所示，主要用于生产形状复杂的非回转体锻件，如连杆、叉形锻件等。

(3) 套筒模：简称筒模或套模，锻模呈套筒形，可分为开式筒模和闭式筒模，如图4-16所示，主要用于锻造法兰盘、齿轮等回转体锻件的锻造。

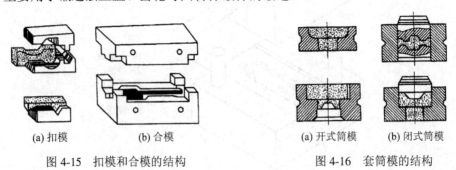

(a) 扣模　　　　(b) 合模　　　　　　　(a) 开式筒模　　(b) 闭式筒模

图4-15　扣模和合模的结构　　　　　图4-16　套筒模的结构

4.2.5　模锻

1. 模锻简介

将加热后的坯料放到锻模的模腔内，通过专用的模锻设备锻造，使其在模腔所限制的空间内产生塑性变形，从而获得锻件的锻造方法叫做模型锻造，简称模锻，如图 4-17 所示。

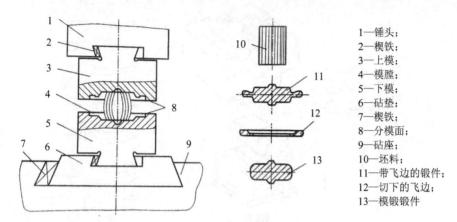

1—锤头；
2—楔铁；
3—上模；
4—模膛；
5—下模；
6—砧垫；
7—楔铁；
8—分模面；
9—砧座；
10—坯料；
11—带飞边的锻件；
12—切下的飞边；
13—模锻锻件

图 4-17 锤上模锻结构

目前常用的模锻设备有蒸汽-空气模锻锤、摩擦压力机等。蒸汽-空气模锻锤的规格以落下部分的重量来表示，常用 1～10 t 模锻锤。

依据模锻件形状的不同，可分为短轴类锻件(见图 4-18(a))、长轴类锻件(见图 4-18(b))以及复杂类锻件。

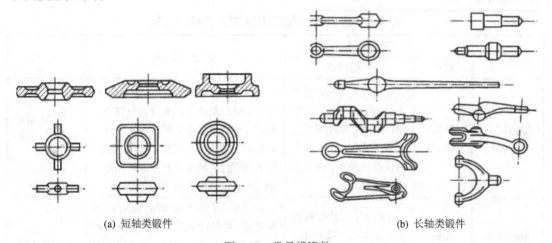

(a) 短轴类锻件   (b) 长轴类锻件

图 4-18 常见模锻件

典型的模锻经过以下六个工序：

(1) 镦粗：用来减小坯料高度，增大横截面积；

(2) 拔长：将坯料绕轴线翻转并沿轴线送进，用来减小坯料局部截面，延长坯料长度；

(3) 滚压：操作时只翻转不送进，可使坯料局部截面聚集增大，并使整个坯料的外表圆浑光滑；

(4) 弯曲：用来改变坯料轴线形状；

(5) 预锻：改善锻件成型条件，减少终锻模膛的磨损；

(6) 终锻：使锻件最终成型，决定锻件的形状和精度，在终锻模膛的四周开有飞边槽。

图 4-19 所示为弯曲连杆的模锻工艺过程。

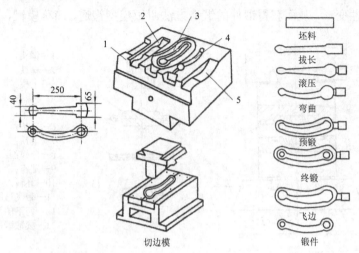

1—拔长模膛；2—滚压模膛；3—终锻模膛；4—预锻模膛；5—弯曲模膛

图 4-19　弯曲连杆的模锻工艺过程

2．模锻压力机

用于模锻生产的压力机有摩擦压力机、平锻机、水压机、曲柄压力机等，其工艺特点的比较见表 4-6。

表 4-6　压力机上模锻方法的工艺特点比较

锻造方法	设备类型		工艺特点	应用
	结构	构造特点		
摩擦压力机上模锻	摩擦压力机	滑块行程可控，速度为 0.5～1.0 m/s，带有顶料装置，机架受力，形成封闭力系，每分钟行程次数少，传动效率低	特别适合于锻造低塑性合金钢和非铁金属；简化了模具设计与制造，同时可锻造更复杂的锻件；承受偏心载荷能力差；可实现轻、重打，能进行多次锻打，还可进行弯曲、精压、切飞边、冲连皮、校正等工序	中、小型锻件的小批和中批生产
曲柄压力机上模锻	曲柄压力机	工作时，滑块行程固定，无震动，噪声小，合模准确，有顶杆装置，设备刚度好	金属在模膛中一次成型，氧化皮不易除掉，终锻前常采用预成型及预锻工步，不宜拔长、滚挤，可进行局部镦粗，锻件精度较高，模锻斜度小，生产率高，适合短轴类锻件	大批量生产
平锻机上模锻	平锻机	滑块水平运动，行程固定，具有互相垂直的两组分模面，无顶出装置，合模准确，设备刚度好	扩大了模锻适用范围，金属在模膛中一次成型，锻件精度较高，生产率高，材料利用率高，适合锻造带头的杆类和有孔的各种合金锻件，对非回转体及中心不对称的锻件较难锻造	大批量生产
水压机上模锻	水压机	行程不固定，工作速度为 0.1～0.3 m/s，无震动，有顶杆装置	模锻时一次压成，不宜多膛模锻，适合于锻造镁铝合金大锻件，深孔锻件，不太适合于锻造小尺寸锻件	大批量生产

4.3 冲 压

4.3.1 冲压工艺简介

冲压是锻压的另外一种工艺,冲压通过装在压力机上的模具对板料施压,使之产生分离或变形,从而获得一定形状、尺寸和性能的零件或毛坯的工艺。冲压加工依据原材料温度分为热冲压和冷冲压。前者适合变形抗力高、塑性较差的板料加工;而后者则在室温下进行,是薄板常用的冲压方法。

图 4-20 车辆中的冲压件

冲压件与铸件、锻件相比,具有薄、匀、轻、强的特点。冲压可制出其他方法难于制造的带有加强筋、肋、起伏或翻边的工件,以提高其刚性,如图 4-20 所示。冷冲压件一般不再经切削加工,或仅需要少量的切削加工。

4.3.2 冲压材料

冲压材料是影响零件质量和模具寿命的重要因素,目前用于冲压的材料一般有:低碳钢、不锈钢、铝及铝合金、铜及铜合金等。依据冲压材料的不同,冲压工艺又可分为:铜制品冲压加工、铝制品冲压加工、不锈钢冲压加工、镀锌钢冲压加工和冷轧钢冲压加工等。

对金属材料冲压性能的要求如下:

(1) 材料的宏观质量特征:具有良好的机械性能(抗拉强度、屈服强度、伸长率等)及较大的变形能力。

(2) 材料的微观质量特征:具有理想的金相组织结构,体现在渗碳体或碳化物的球化程度。

4.3.3 冲压模具

根据工艺性质,冲压模具分为:成型模具,即拉延模、成型模、翻边整形模、翻孔模、弯曲模;分离模具即落料冲孔模、切边冲孔模、切断模、切口模、侧冲孔模等,如图 4-21 所示为落料冲孔模具。图中表示冲压模具组成零件:工作零件,定位零件,压料、卸料、顶料零件,导向零件,安装、固定零件,缓冲零件,安全零件及其他辅助零件等。

冲压模具根据工序组合分:单工序简单模、复合模和级进模。

单工序简单模:冲床的一次冲压过程中只完成一个冲压工序的冲模;

复合模:冲床的一次冲压过程中,在冲模的同一位置上,完成两个冲压工序的冲模;

级进模:在冲床的一次行程中完成一系列不同的冲压加工。一次行程完成以后,由冲床送料机按照一个固定的步距将材料向前移动,这样在一副模具上就可以完成多个工序。

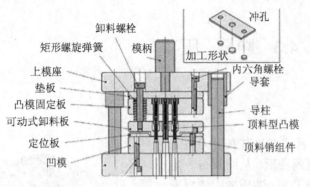

图 4-21　落料冲孔模具

4.3.4　冲压设备

早期的冲压仅利用铲、剪、冲头、手锤、砧座等简单工具，通过手工剪切、冲孔、铲凿、敲击使金属板材(主要是铜或铜合金板等)成型，从而制造锣、铙、钹等乐器和罐类器具。随着中、厚板材产量的增长和冲压液压机和机械压力机的发展，冲压加工在 19 世纪中期开始机械化。

1. 冲压设备组成

特定形状冲压件的冲压过程包括：校正机改变材料弯曲、平整程度→送料机完成原材料的输送→模具安装→冲压机工作。

2. 冲压机种类

机械冲压机类(代号 J)：有曲柄压力机、偏心压力机、拉延压力机、摩擦压力机、挤压用压力机和专门化压力机等，如图 4-22(a)所示。机械冲压机的特点：快速方便，适合冲裁、剪切等切断类工艺，容易调整和维修。

(a) 开式曲柄压力机　　　　　　　　(b) 液压机

图 4-22　冲压设备组成

液压冲压机类(代号 Y)：分油压机和水压机，包含冲压液压机、锻造液压机(代号 D)、一般用途液压机、弯曲校正压紧用液压机和专门化液压机等，如图 4-22(b)所示。液压冲压机的特点：工作平稳，速度较低，容易获得大的工作行程和大的压力，工作压力可调，可实现保压，防止过载，调速方便；适用于小批量生产，尤其是大型厚板冲压件的生产。

4.3.5 冲压工序的分类

冲压加工因制件的形状、尺寸和精度的不同，所采用的工序也不同。根据材料的变形特点冲压工序包括分离工序和成型工序。

1. 分离工序

分离工序(也称为冲裁)是指坯料在冲压力作用下，变形部分在达到强度极限以后，使坯料发生断裂而产生分离。主要工序有：落料、冲孔、切断、修边、切口等，如图 4-23 所示。

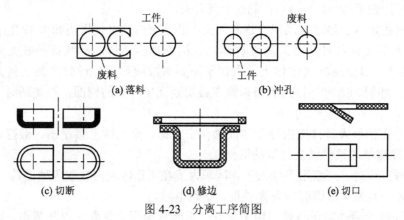

(a) 落料   (b) 冲孔

(c) 切断   (d) 修边   (e) 切口

图 4-23 分离工序简图

2. 成型工序

成型工序是指坯料在冲压力作用下，变形部分的应力达到屈服极限，但未达到强度极限，使坯料产生塑性变形，成为具有一定形状、尺寸与精度制件的加工工序。主要工序包括：拉延(或成型)、弯曲、翻边、整形、翻孔等。

(1) 拉延或(成型)是利用模具使冲裁后得到的平板坯料变成开口的空心零件的冲压加工方法。在冲压生产中，拉延件的种类很多，各种拉延件按变形力学的特点可分为直壁回转体(圆筒形件)、直壁非回转体(盒形体)、曲面回转体(曲面形状零件)和曲面非回转体等四种类型，如图 4-24 所示。如果与其他冲压成型工艺配合，还可制造形状极为复杂的零件。

(2) 弯曲冲压是将金属板材、管件和型材弯成一定角度、曲率和形状的塑性成型方法。弯曲成型工艺方法有压弯、折弯、拉弯、滚弯、辊弯等。弯曲是冲压件生产中广泛采用的主要工序之一。金属材料的弯曲实质上是一个弹塑性变形过程，在卸载后，工件会产生反方向的弹性恢复变形，称回弹。弯曲冲压的产品有汽车零配件、元宝铁(弯起筋)，如图 4-25 所示，还有吊筋、箍筋、钢筋的锚固，均是弯曲成型。

图 4-24 弯曲件

图 4-25 拉延件

除弯曲和拉延外，冲压成型还包括胀形、翻边、缩口和旋压等。这些成型工序的共同特点是板料只有局部变形。

4.4　锻压安全操作规程

锻压安全操作规程如下:

(1) 实习前穿戴好各种安全防护用品,不得穿拖鞋、背心、短裤、短袖衣服。

(2) 检查各种工具(如榔头、手锤等)的木柄是否牢固。

(3) 严禁用铁器(如钳子、铁棒等)捅电气开关。

(4) 坯料在炉内加热时,风门应逐渐加大,防止突然高温使煤屑和火焰喷出伤人。

(5) 两人手工锤打时,必须高度协调。要根据加热坯料的形状选择好夹钳,夹持牢靠后方可锻打,以免坯料飞出伤人。拿钳子不要对准腹部,挥锤时严禁任何人站在后面 2.5 m 以内。坯料切断时,打锤者必须站在被切断飞出方向的侧面,快切断时,大锤必须轻击。

(6) 只有在指导人员直接指导下才能操作空气锤。空气锤严禁空击、锻打未加热的锻件、终锻温度极低的锻件以及过烧的锻件。

(7) 锻锤工作时,严禁用手伸入工作区域内或在工作区域内放取各种工具、模具。

(8) 设备一旦发生故障时应首先关机、切断电源。

(9) 锻区内的锻件毛坯必须用钳子夹取,不能直接用手拿取,以防烫伤,要知"红铁不烫人而黑铁烫人"的常识。

(10) 实习完毕应清理工具、夹具、量具,并清扫工作场地。

4.5　实 训 项 目

4.5.1　手工自由锻

手工自由锻是利用简单的手工工具,使坯料产生变形而获得的锻件方法。

1. 锻击姿势

手工自由锻时,操作者站离铁砧约半步,右脚在左脚后半步,上身稍向前倾,眼睛注视锻件的锻击点。左手握住钳杆的中部,右手握住手锤柄的端部,指示大锤的锤击。在锻击过程中,必须将锻件平稳地放置在铁砧上,并且按锻击变形需要,不断将锻件翻转或移动。

2. 锻击方法

手工自由锻时,持锤锻击的方法可有:

手挥法:主要靠手腕的运动来挥锤锻击,锻击力较小,用于指挥大锤的打击点和打击轻重。

肘挥法:手腕与肘部同时作用、同时用力,锤击力度较大。

臂挥法:手腕、肘和臂部一起运动,作用力较大,可使锻件产生较大的变形量。

3. 锻击注意事项

锻击过程中严格注意做到"六不打"：

(1) 低于终锻温度不打；

(2) 锻件放置不平不打；

(3) 冲子不垂直不打；

(4) 剁刀、冲子、铁砧等工具上有油污不打；

(5) 镦粗时工件弯曲不打；

(6) 工具、料头易飞出的方向有人时不打。

4.5.2 镦粗基本工序的矫正

镦粗的一般规则、操作方法及注意事项如下：

(1) 被镦粗坯料的高度与直径(或边长)之比应小于 2.5~3，否则会镦弯(见图 4-26(a))。工件镦弯后应将其放平，轻轻锤击矫正(见图 4-26(b))。局部镦粗时，镦粗部分坯料的高度与直径之比也应小于 2.5~3。

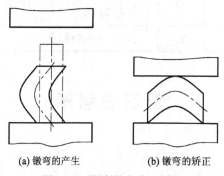

(a) 镦弯的产生　　　　(b) 镦弯的矫正

图 4-26　镦弯的产生和矫正

(2) 镦粗的始锻温度采用坯料允许的最高始锻温度，并应烧透。坯料的加热要均匀，否则镦粗时工件变形不均匀，对某些材料还可能出现锻裂。

(3) 镦粗的两端面要平整且与轴线垂直，否则可能会产生镦歪现象。矫正镦歪的方法是将坯料斜立，轻打镦歪的斜角，然后放正，继续锻打(见图 4-27)。如果锤头或砧铁的工作面因磨损而变得不平直时，则锻打时要不断将坯料旋转，以便获得均匀的变形而不致镦歪。

(4) 锤击应力量足够，否则就可能产生细腰形，如图 4-28(a)所示。若不及时纠正，继续锻打下去，则可能产生夹层，使工件报废，如图 4-28(b)所示。

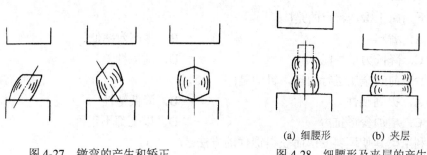

　　　　　　　　　　　　　　　　　　(a) 细腰形　　　(b) 夹层

图 4-27　镦弯的产生和矫正　　　　　图 4-28　细腰形及夹层的产生

本实训项目的评分标准如表 4-7 所示。

表 4-7　锻造实习评分标准

考核项目	考核内容及要求	分值	评 分 标 准	检测结果	得分	备注
手工 自由锻	零件夹持及翻转	15	依照掌握的灵活程度，酌情得分			
	手锻工具的识别	15	错一个，扣 3 分			
	工具的保养及维护	10	酌情得分			
墩粗工序 的矫正	准备、整理工作	15	墩粗工序工具、材料的准备工作，酌情得分			
	选择锻造参数	10	依据锻造材料的不同，选择合适锻造温度，酌情得分			
	成品	15	无墩歪、细腰、夹层情况，否则酌情扣分			
安全文明生产		20	酌情扣分			

复习思考题

1．填空题

(1) 锻压是＿＿＿＿＿＿和＿＿＿＿＿＿的总称。

(2) 按锻造加工方式的不同，锻造可分为＿＿＿＿＿、＿＿＿＿＿和＿＿＿＿等类型。

(3) 自由锻造的三个工序分别是＿＿＿＿＿＿、＿＿＿＿＿＿和＿＿＿＿＿。

(4) 自由锻造的基本工序主要有＿＿＿＿＿、＿＿＿＿＿、＿＿＿＿、＿＿＿＿等。

(5) 常用的自由锻设备有＿＿＿＿＿＿和＿＿＿＿＿＿。

(6) 冲压的基本工序可分为两类，一是＿＿＿＿＿＿，二是＿＿＿＿＿＿。

(7) 分离工序是指冲压件与板料沿一定的轮廓线相互分离的冲压工艺，主要有＿＿＿、＿＿＿＿、＿＿＿＿、＿＿＿等。成型工序主要有＿＿＿＿、＿＿＿＿、＿＿＿等。

2．选择题

(1) 下列属于锻造特点的是(　　)。
　　A．省料　　　　　　　　　　B．生产效率低
　　C．降低力学性能　　　　　　D．适应性差

(2) 锻造前对金属进行加热，目的是(　　)。
　　A．提高塑性　　　　　　　　B．降低塑性
　　C．增加变形抗力　　　　　　D．以上都不正确

(3) 利用模具使坯料变形而获得锻件的方法是(　　)。

A．机锻　　　　　　　　　　　　B．手工自由锻

C．模锻　　　　　　　　　　　　D．胎模锻

(4) 冲孔时，在坯料上冲下的部分是(　　)。

A．成品　　　　　　　　　　　　B．废品

C．工件　　　　　　　　　　　　D．以上都不正确

(5) 使坯料高度缩小，横截面积增大的锻造工序是(　　)。

A．冲孔　　　　　　　　　　　　B．镦粗

C．拔长　　　　　　　　　　　　D．弯曲

(6) 扭转属于(　　)工序。

A．锻造　　　　　　　　　　　　B．冲压

C．模锻　　　　　　　　　　　　D．胎模锻

(7) 图 4-29 所示连杆零件适合的锻造方式是(　　)。

A．自由锻　　　　B．胎模锻　　　　C．模锻

图 4-29　连杆

第5章 焊 接

问题导入

焊接工艺在工业生产及社会生活中有广泛的运用。图 5-1 是一汽轿车车架结构图，该车架为贯通式地板纵梁一体化车身焊接结构，但选用何种焊接工艺来完成该车架结构的焊接呢？

图 5-1　一汽轿车车架结构图

为了能选择最合适的焊接工艺，以确保产品的质量，我们有必要了解一些焊接基础知识。

教学目标

1. 了解焊接生产工艺过程、特点和应用；
2. 了解各种焊接原理及其设备的种类、结构、性能及使用；
3. 了解各种焊接工艺参数及其对焊接质量的影响；
4. 能正确使用焊条电弧焊机、选择焊接电流及调整火焰，独立完成焊条电弧焊、气焊平焊操作；
5. 了解焊接生产安全技术及简单的经济分析。

5.1 基 本 知 识

5.1.1 焊接

焊接是通过加热或加压(或两者兼用)，使焊件达到原子之间的结合而形成永久连接的工艺过程。

焊接种类繁多，根据操作时加热、加压方式的异同分为三类：熔焊、压焊和钎焊。

焊接的优点如下：

(1) 焊接是一种原子之间的连接，接头牢固，密封性、连接性能好。

(2) 采用焊接方法，可将大型、复杂的结构件分解，再进行焊接。

(3) 与铆接(如图 5-2 所示)相比，焊接具有节省金属材料、接头密封性好、设计和施工较容易、生产率较高以及劳动条件较好等优点。焊接适用于许多工业部门中应用的金属结构，如建筑结构、船体、机车车辆、管道及压力容器等。

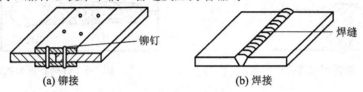

图 5-2　铆接和焊接

焊接的缺点如下：

(1) 由于焊件局部受高温，在热影响区形成的材料质量较差，冷却又很快，再加上热影响区材料的不均匀收缩，易产生焊接残余应力及残余变形，因此会不同程度地影响产品的质量和安全性。

(2) 焊件接头处易产生裂纹、夹渣、气孔等缺陷，影响焊件的承载能力。

5.1.2　焊接方法的分类

根据焊接过程的不同特点，焊接可将其分为熔焊、压焊和钎焊三大类，每大类又可按不同的方法细分为若干小类，如图 5-3 所示。

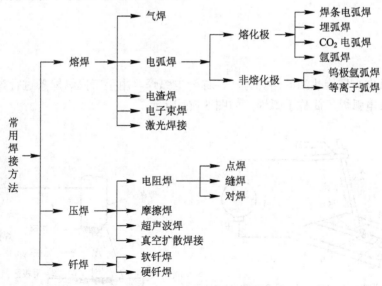

图 5-3　焊接方法的分类

1. 熔焊

熔焊是将焊件连接处局部加热到熔化状态，然后冷却凝固成一体，不加压力完成的焊接。其中，最常用有电弧焊、气焊、二氧化碳电弧焊、氩弧焊等。熔焊的焊接接头如图5-4所示。被焊接的材料统称母材(或称为基本金属)。焊接过程中局部受热熔化的金属形成熔池，熔池金属冷却凝固后形成焊缝。焊缝区的母材受加热影响而引起金属内部组织和力学性能发生变化的区域，称为焊接热影响区。在焊接接头的截面上，焊缝和热影响区的分界线称为熔合线。焊缝、熔合线和焊接热影响区构成焊接接头。焊缝各部分的名称如图 5-5所示。

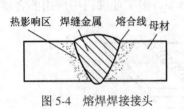

图 5-4　熔焊焊接接头

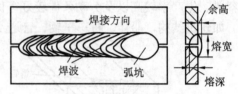

图 5-5　焊缝各部分的名称

2．压焊

压焊是一种不管加热与否，必须在压力下完成焊接的方法。常见的有电阻焊、摩擦焊等。

3．钎焊

钎焊是采用熔点比母材熔点低的填充材料(钎料)受热熔化并借助毛细作用填满母材间的间隙，冷凝后形成牢固的接头的一种焊接方法，其基本特点是：母材在整个焊接过程中并不熔化。常见的有烙铁钎焊、火焰钎焊、感应钎焊、炉中钎焊、盐浴钎焊等。

5.2　焊条电弧焊

5.2.1　定义

利用电弧作为焊接热源的熔焊方法，称为电弧焊。用手工操纵焊条进行焊接的电弧焊方法，称焊条电弧焊，简称手弧焊，如图5-6(a)所示。

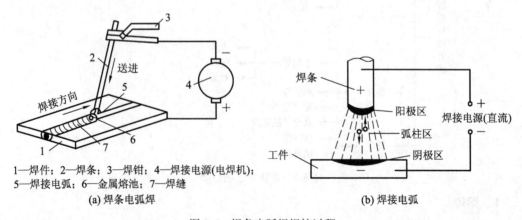

1—焊件；2—焊条；3—焊钳；4—焊接电源(电焊机)；
5—焊接电弧；6—金属熔池；7—焊缝

(a) 焊条电弧焊　　　　　　　　　(b) 焊接电弧

图 5-6　焊条电弧焊焊接过程

　　焊条电弧焊时，焊条和焊件分别作为两个电极，电弧在焊条和焊件之间产生。在电弧热量作用下，焊条和焊件的局部金属同时熔化形成金属熔池，随着电弧沿焊接方向前移，熔池后部金属迅速冷却，凝固形成焊缝。

5.2.2　弧焊电源

　　供给焊接电弧燃烧的电源叫弧焊电源，手弧焊所用的电源称为手弧焊机，简称弧焊机。弧焊机按照供应的电流性质可分为交流弧焊机和直流弧焊机。

1．交流弧焊机

　　交流弧焊机又称弧焊变压器，实质是具有一定电压电流特性的降压变压器。其特点是结构简单、使用方便、维修容易、价格便宜、空载耗损小，但由于电弧稳定性较差，燃烧不稳定，影响焊接质量，现已逐步呈淘汰的趋势。常见的型号有 BX1 系列、BX3 系列，图5-7 所示为 BX1-300 交流弧焊机的外形。

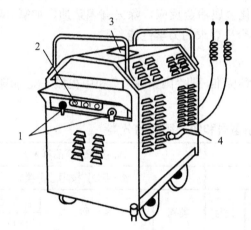

1—弧焊电源两极(接工件和焊条)；
2—线圈抽头；
3—电流指示器；
4—调节手柄

图 5-7　BX1-300 交流弧焊机

2．直流弧焊机

　　1) 整流式直流弧焊机

　　整流式直流弧焊机结构上相当于在弧焊变压器的基础上接上大功率整流器，把交流电变为直流电，供焊接使用。

　　2) 逆变式直流弧焊机

　　逆变式直流弧焊机简称逆变弧焊机，又称弧焊逆变器，是近年来发展较为迅速的一种弧焊机，且还在不断完善当中。其标准命名以 ZX7 开头，如图 5-8 所示为ZX7-315 型逆变式直流弧焊机。

图 5-8　逆变式直流弧焊机

5.2.3　焊条

　　涂有药皮的供手弧焊用的熔化电极称为电焊条，它由药皮和焊芯两部分组成。

1. 焊条的组成

焊条电弧焊使用的焊条由焊芯(焊条芯)和药皮两部分组成，如图5-9所示。

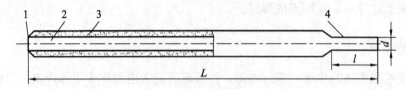

1—引弧端；2—焊芯；3—药皮；4—夹持端；L—焊条长度；l—夹持端长度；d—焊条直径

图 5-9　焊条电弧焊焊条的结构组成示意图

药皮是指涂在焊芯表面的涂料层，具有以下几方面的作用：

(1) 改善焊接工艺性能，使电弧稳定、飞溅少、焊缝成型好、易脱渣和熔敷效率高等。

(2) 机械保护作用，利用药皮熔化放出的气体和形成的熔渣，起机械隔离空气的作用，防止有害气体进入熔池，隔绝了有害气体的影响。

(3) 冶金处理作用，通过熔渣与熔化金属冶金反应，除去有害杂质，如氧、氢、硫、磷和添加有益的合金元素，使焊缝获得合乎要求的力学性能。

2. 焊条的分类和型号

目前，我国电焊条的分类用的是两种标准，即"国家标准"和由机械工业部编制的"统一牌号"，表5-1列出了两种分类方法。

表 5-1　焊条型号和统一牌号的分类

国　　　　标			《焊接材料产品样本》			
型号(按化学成分分类)			统一牌号(按用途分类)			
国家标准编号	名　　称	代号	类别	名　　称	代　　号	
					字母	汉字
GB/T 5117—2012	非合金钢及细晶粒钢焊条(原碳钢焊条)	E	一	结构钢焊条	J	结
GB/T 5118—2012	热强钢焊条(原低合金钢焊条)	E	一	结构钢焊条	J	结
			二	耐热钢焊条	R	热
			三	低温钢焊条	W	温
GB/T 983—2012	不锈钢焊条	E	四	不锈钢焊条	G	铬
					A	奥
GB/T 984—2001	堆焊焊条	ED	五	堆焊焊条	D	堆
GB/T10044—2006	铸铁焊条及焊丝	EZ	六	铸铁焊条	Z	铸
GB/T13814—2008	镍及镍合金焊条	ENi	七	镍及镍合金焊条	Ni	镍
GB/T 3670—1995	铜及铜合金焊条	TCu	八	铜及铜合金焊条	T	铜
GB/T 3669—2001	铝及铝合金焊条	TAl	九	铝及铝合金焊条	L	铝
—	—	—	十	特殊用途焊条	TS	特

3．非合金钢及细晶粒钢焊条(原碳钢焊条)型号的编制方法

根据 GB/T5117—2012，非合金钢及细晶粒钢焊条(原碳钢焊条)的型号是按熔敷金属的抗拉强度、药皮类型、焊接位置和焊接电流种类划分，用 E××××表示，焊条型号的含义如图 5-10 所示。"E"表示焊条；前两位数字表示熔敷金属抗拉强度的最小值，单位是 kgf/mm^2(1 kgf/mm^2 = 9.8 MPa)；第三位数字表示焊条适用的焊接位置，"0"及"1"表示适用于全位置(平、立、仰、横)，"2"表示适用于平焊及平角焊，"4"表示适用于向下立焊；第三、四位数字组合时表示焊接电流种类及药皮类型，如表 5-2 所示。

非合金钢及细晶粒钢焊条(原碳钢焊条)的统一牌号则是按焊缝金属抗拉强度、药皮类型和焊接电源种类等编制的，用 J×××表示，焊条牌号的含义如图 5-11 所示。"J"表示结构钢焊条；前两位数字表示焊缝金属抗拉强度等级；第三位数字表示药皮类型和适用的焊接电源种类，如表 5-2 所示。

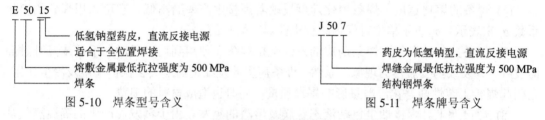

图 5-10　焊条型号含义　　　　　　　图 5-11　焊条牌号含义

表 5-2　焊条牌号中第三位数字的含义

型　号	药皮类型	焊接电源	型　号	药皮类型	焊接电源
J××0	不属已规定的类型	不规定	J××5	纤维素型	交流或直流
J××1	氧化钛型	交流或直流	J××6	低氢型	交流或直流
J××2	氧化钛钙型	交流或直流	J××7	低氢型	直流
J××3	钛铁矿型	交流或直流	Z××8	石墨型	交流或直流
J××4	氧化铁型	交流或直流	L××9	盐基型	直流

按电焊条药皮熔化后形成的熔渣性质不同，可分为两大类：酸性焊条和碱性焊条。

药皮熔化后形成的熔渣以酸性氧化物为主的焊条，称为酸性焊条，常用牌号有 J422(E4303)、J502(E5003)等；熔渣以碱性氧化物为主的焊条，称为碱性焊条，常用的牌号有 J427(E4315)、J507(E5015)等，括号表示国家标准型号。焊条牌号中的"J"表示结构钢焊条，前两位数字"42"、"50"表示焊缝金属抗拉强度等级分别为 420 MPa 和 500 MPa，第三位数字表示药皮类型和焊接电源的种类，"2"表示酸性焊条(钛钙型药皮)，用交流或直流电源均可；"7"表示碱性焊条(低氢钠型药皮)，用直流电源。

4．非合金钢及细晶粒钢焊条(原碳钢焊条)的性能

非合金钢及细晶粒钢焊条(原碳钢焊条)的性能包括冶金性能和工艺性能两部分。

1) 冶金性能

冶金性能反映在焊缝金属的化学成分、力学性能以及抗气孔、抗裂纹的能力。为了获得各项性能良好的焊缝，就必然要求焊条具有良好的冶金性能。

2) 工艺性能

焊条的工艺性能是指焊条在操作中的性能，它包括如下方面：

(1) 焊接电弧的稳定性。焊接电弧的稳定性是指引弧和电弧在焊接过程中保持稳定燃烧(不产生漂移和偏吹等)的程度。电弧稳定性直接影响着焊接过程的连续性及焊接质量。

(2) 焊缝成型。良好的焊缝成型要求表面光滑、波纹细密美观、焊缝的几何形状及尺寸正确。焊缝应圆滑地向母材过渡,余高符合标准,无咬边等缺陷。焊缝表面成型不仅影响美观,更重要的是影响焊接接头的力学性能。

(3) 各种位置焊接的适应性。尽量满足全位置的焊接,即不仅可平焊,也能进行立焊、横焊、仰焊。

(4) 飞溅。焊接过程中由熔滴或熔池中飞出的金属颗粒称飞溅。飞溅不仅弄脏焊缝及其附近的部位,增加清理工作量,而且过多的飞溅还会破坏正常的焊接过程,降低焊条的熔敷效率。

(5) 脱渣性。脱渣性是指焊后从焊缝表面清除渣壳的难易程度。

(6) 焊条的熔化速度。焊条熔化速度反映着焊接生产率的高低,它可以用焊条的熔化系数 α_p 来表示。α_p 表示单位时间内单位电流焊芯熔化的质量。

(7) 焊条药皮的发红。焊条药皮的发红是指焊条在使用到后半段时由于药皮温升过高而发红、开裂或药皮脱落的现象。显然,焊条药皮的发红使药皮失去保护作用及冶金作用。它引起焊接工艺性能恶化,严重影响焊接质量,同时也造成材料的浪费。

(8) 焊接烟尘。焊接烟尘包括液态金属及熔渣的蒸发。由于蒸发而产生的高温蒸气从电弧区被吹出后迅速被氧化和冷凝,变为细小的固态粒子。这些微小的颗粒分散漂浮于空气中,弥散于电弧周围,就形成了焊接烟尘,不仅造成环境污染,更危害焊工的健康。

5.3　焊接接头形式和操作工艺

5.3.1　焊接接头形式

焊接接头是指用焊接方法连接的接头。常用焊接接头的形式有:对接接头、搭接接头、角接接头和 T 形接头等,如图 5-12 所示。接头形式由焊接结构件使用性能来决定。

(a) 对接接头　　　　(b) 搭接接头　　　　(c) 角接接头　　　　(d) T 形接头

图 5-12　常见的焊接接头形式

5.3.2　坡口形式

坡口是指根据设计或工艺需要,在焊件的待焊部位加工成一定形状的沟槽。

对接接头是各种焊接结构中采用最多的一种接头形式。焊件较薄时(≤6 mm),只要在焊件接头处留出一定的间隙,采用单面焊或者双面焊就能保证焊透。焊件较厚时,为保证焊透，获得好的焊缝成型和良好的焊接质量，焊接前应将焊接接头加工成具有一定几何形状的坡口。常见的坡口形式有 I 形坡口、V 形坡口(Y 形坡口)、单边 V 形坡口、X 形坡口(双Y 形或双 V 形坡口)、U 形坡口、单边 U 形坡口、双 U 形坡口、K 形坡口等。常见坡口形式如图 5-13 所示。

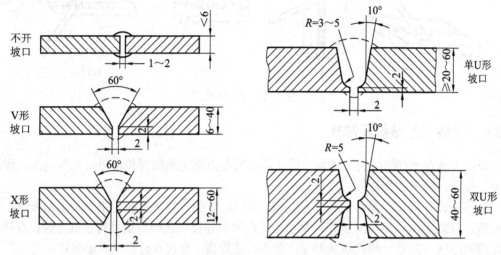

图 5-13 焊条电弧焊几种接头的坡口形式

　　加工坡口时，通常在焊件厚度方向留有直边(钝边)，其作用是为了防止烧穿。接头组装时往往留有间隙，这是为了保证焊透。对接接头施焊时，对 I 形、V 形和 U 形坡口，均可根据实际情况采用单面焊或双面焊，但对 X 形坡口则必须采用双面焊。对接接头 I 形、V 形和 X 形坡口的单面焊及双面焊如图 5-14 所示。焊接较厚的焊件时，为了焊满坡口，应采用多层焊或多层多道焊，如图 5-15 所示。

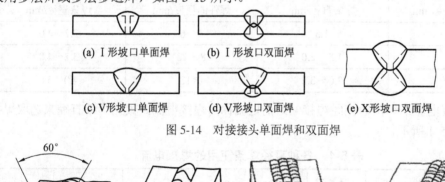

(a) I 形坡口单面焊　　(b) I 形坡口双面焊

(c) V 形坡口单面焊　　(d) V 形坡口双面焊　　(e) X 形坡口双面焊

图 5-14 对接接头单面焊和双面焊

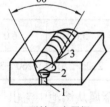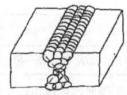

(a) V 形坡口多层焊　(b) X 形坡口多层焊　(c) V 形坡口多层多道焊　(d) X 形坡口多层多道焊

图 5-15 对接接头的多层焊和多层多道焊

5.3.3 焊接位置

熔焊时，焊件接缝所处的空间位置称为焊接位置。它们有平焊、立焊、横焊和仰焊位置等。对接接头的各种焊接位置如图 5-16 所示。平焊操作生产率高、劳动条件好、焊接质量容易保证，因此，焊接时应尽量采用平焊位置。

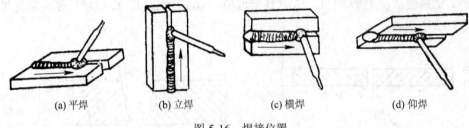

(a) 平焊　　　　　(b) 立焊　　　　　(c) 横焊　　　　　(d) 仰焊

图 5-16　焊接位置

5.3.4　焊接工艺参数及选择

焊接工艺参数(焊接规范)是为了保证焊接质量而选定的如焊接电流、电弧电压、焊接速度、热输入等诸多物理量的总称。

焊条电弧焊的工艺参数，通常包括焊条型号(牌号)、焊条直径、电源种类与极性、焊接电流、电弧电压、焊接速度和焊接层数等内容。焊接工艺参数选择得正确与否，直接影响焊缝的形状、尺寸、焊接质量和生产效率，是焊接工作应该注意的首要问题。

(1) 焊条直径：主要是根据焊件厚度来选择，同时应考虑接头形式、焊接位置、焊接层数等因素。立焊、横焊和仰焊时，应选择比平焊时较大直径的焊条。多层焊时，打底层应选用较小直径的焊条，利于操作与控制熔深；填充层和盖面层选用较大直径的焊条，利于增加熔深和提高效率。焊条的直径选择通常可对照表 5-3 进行选择。

表 5-3　焊条直径的选择与焊件厚度的关系

焊件的厚度/mm	焊条直径/mm	焊件的厚度/mm	焊条直径/mm
≤1.5	1.5	4~6	3.2~4.0
2	1.5~2.0	8~12	3.2~4.0
3	2.0~3.2	≥13	4.0~5.0

(2) 焊接电流：焊接时流经焊接回路的电流称为焊接电流。根据焊条直径来选取焊接电流，如表 5-4 所示。

表 5-4　各种直径焊条使用的焊接电流

焊条直径/mm	1.6	2.0	2.5	3.2	4.0	5.0	6.0
焊接电流/A	25~40	40~65	50~80	80~130	140~200	200~270	260~300

平焊时，可选用较大电流进行焊接；立焊和横焊时，为了避免金属从熔池中流出，电流应比平焊减少 10%~18%；而仰焊则要减少 18%~20%。

(3) 电弧电压：电弧越长，电压越高，过长时，易造成电弧飘摆、燃烧不稳定、飞溅大、焊缝熔深不足、熔宽过大，产生焊接缺陷。因此，应采用短电弧(弧长小于焊条直径)焊接，以保证焊缝质量。

(4) 焊接速度：单位时间内完成的焊缝长度。应参考焊接电流来选用合适的焊接速度。

(5) 焊接层数：焊材厚度不小于 8 mm 时，除需要开坡口、双面焊之外，还需采用多层焊或者多层多道焊，焊接层厚约为 0.8～1.2 倍焊条直径，但不超过 8 mm。如图 5-15 所示，图中数字代表焊接顺序。

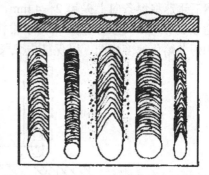

图 5-17 焊接工艺参数对焊缝成型的影响

焊接工艺参数对焊缝成型有着不同的影响，如图 5-17 所示。

(1) 焊接电流和焊接速度都合适，焊缝形状规则，焊波均匀呈椭圆形，边缘过度平滑，外形尺寸合适。

(2) 焊接电流过小，电流吹力不足，熔液与母材不能充分融合，熔深及熔宽偏小，焊缝突出表面，力学性能较差。

(3) 焊接电流过大，焊条熔化速度很快，飞溅严重，熔深和熔宽都增加，易烧穿工件，焊缝成型表面几乎与母材平齐甚至低于母材表面，容易造成过烧现象，焊缝往往在冷却过程中就出现裂纹，应尽量避免。

(4) 焊接速度过慢，焊波呈圆形，熔深、熔宽和余高均增加，薄件焊接时极易烧穿。

(5) 焊接速度过快，焊波变尖，熔深、熔宽和余高均变小，力学性能较差。

5.3.5 焊条电弧焊基本操作技术

1. 清理工件表面

用钢丝刷将待焊件坡口表面、坡口两侧 20～30 mm 范围内的油污、铁锈和水分清理干净。

2. 装配、点固

将钢板水平放置，对齐并留有一定的间隙(间隙大小由板厚而定)。注意防止产生错边，错边的允许值应小于板厚的 10%。

用焊条将钢板沿长度方向两端点固，固定两工件的相对位置，点固后除渣。如工件较长，可每隔 300 mm 左右点固一次。

3. 焊条直径与焊接电流的选择

1) 焊条直径的选择

焊条直径是根据焊件厚度、焊接位置、接头形式、焊接层数等进行选择的。根据焊件的厚度选取焊条的直径，厚度越大，所选焊条直径越粗。

焊接位置不同时，选取焊条直径也不同。立焊、仰焊、横焊时所选焊条直径应比平焊时小一些。

2) 焊接电流的选择

焊接电流一般是根据焊条直径选择焊接电流，如表 5-4 所示。

4. 引弧

引弧就是引燃焊接电弧的过程。引弧时，首先将焊条末端与工件表面接触形成短路，然后迅速将焊条向上提起 2~4 mm，电弧引燃。引弧方法有两种，即敲击法和划擦法，如图 5-18 所示。电弧引燃后，为了维持电弧的稳定燃烧，应不断向下送进焊条。送进速度应和焊条熔化速度相同，以保持电弧长度基本不变。

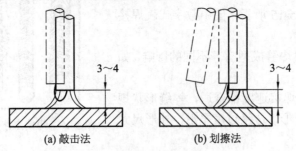

(a) 敲击法　　　　　　　(b) 划擦法

图 5-18　引弧方法

5. 焊接

平焊是手弧焊最基本的操作，初学者进行操作练习时，在选择合适的焊接电流后，应着重注意掌握好焊条的角度，控制电弧长度、焊接速度、运条、收弧等基本操作要领。

(1) 焊条角度：平焊的焊条角度如图 5-19 所示。

(2) 电弧长度：沿焊条中心线均匀地向下送进焊条，保持电弧长度约等于焊条直径。

(3) 焊接速度：均匀地沿焊接方向向前移焊条，使焊接过程中熔池宽度保持基本不变(与所要求的焊缝熔宽一致)。手弧焊的基本动作如图 5-20 所示。

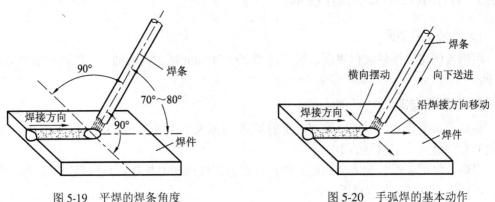

图 5-19　平焊的焊条角度　　　　　　　图 5-20　手弧焊的基本动作

(4) 常用的运条方法如下：

① 直线形运条法：焊接时，焊条不作横向摆动，沿焊接方向作直线移动。

② 直线往复运条法：焊接时，焊条末端沿焊缝的纵向作来回直线形运动，如图 5-21(a) 所示。

③ 锯齿形运条法：焊接时，焊条末端作锯齿形摆动及向前移动，并在两边稍作停留片刻，如图 5-21(b)所示。摆动的目的是为了控制熔化金属的流动和得到必要的焊缝宽度，以获得较好的焊缝成型。

④ 月牙形运条法：焊接时，焊条末端沿焊接方向作月牙形的左右摆动，如图 5-21(c) 所示。

⑤ 三角形运条法：焊接时，焊条末端作连续的三角形运动，并不断向前移动。按摆动

方式的不同，这种运条方法有可分为斜三角形和正三角形两种，如图 5-21(d)和图 5-21(e)所示。

⑥ 圆圈形运条法：焊接时，焊条末端作圆圈形运动并不断前移，如图 5-21(f)所示。

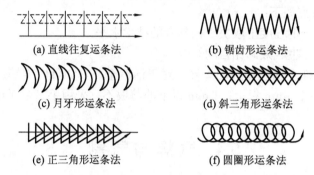

(a) 直线往复运条法　　　　　　(b) 锯齿形运条法

(c) 月牙形运条法　　　　　　(d) 斜三角形运条法

(e) 正三角形运条法　　　　　　(f) 圆圈形运条法

图 5-21　运条方法

(5) 收弧不仅要熄灭电弧，还要将弧坑填满。收弧一般有三种方法：

① 划圈收弧法：焊条至焊缝终点时，作圆圈运动，直到填满弧坑再拉断电弧，如图 5-22(a)所示。此法适用于厚板收弧，用于薄板则有烧穿的危险。

② 反复断弧收弧法：焊条至焊缝终点时，在弧坑上作数次反复熄弧引弧，直到填满弧坑为止，如图 5-22(b)所示。此法适用于薄板和大电流焊接，碱性焊条不宜使用此法，否则易产生气孔。

③ 回焊收弧法：焊条移至焊道收弧处即停止，但不熄弧，此时适当改变焊条角度，如图 5-22(c)所示。焊条由位置 1 转到位置 2，待填满弧坑后再转到位置 3，然后慢慢拉断电弧。此法适用于碱性焊条。

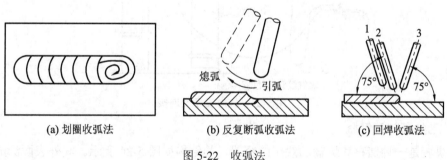

(a) 划圈收弧法　　　　(b) 反复断弧收弧法　　　　(c) 回焊收弧法

图 5-22　收弧法

6. 焊后清理及外观检查

用钢丝刷等工具把焊件表面的渣壳和飞溅物等清理干净；进行焊缝外观检查，对外观缺陷作出判断，并对严重缺陷提出返修的措施

5.3.6　手工电弧焊的优点和缺点

手工电弧焊的优点如下：

(1) 使用的设备简单，购置设备投资少，只需简单的辅助工具。

(2) 不需求气体保护，焊条就能提供填充金属，而且在焊接过程中能够产生保护熔池和焊接处的金属不被氧化的保护气体，同时具有较强的抗风能力。

（3）操作灵活，适应性强，凡是焊条能够到达的地方都能进行手工电弧焊。

（4）应用范围广，适用于大多数工业用金属和合金的焊接。

手工电弧焊的缺点如下：

（1）焊接质量在一定程度上取决于操作者的技术水平。

（2）劳动条件差，生产效率比自动焊低。

（3）不适合于特殊金属和薄板的焊接，对于活泼金属，如钛、锆等达不到焊接质量要求，工件厚度一般在 1.5 mm 以上，1 mm 以下的薄板不宜采用手工电弧焊。

5.4　气焊与气割

5.4.1　气焊设备

气焊运用的设备包括氧气瓶、乙炔瓶(或乙炔发生器)、回火防止器、焊炬和减压器等。它们之间用胶管连接，形成整套系统，如图 5-23 所示。

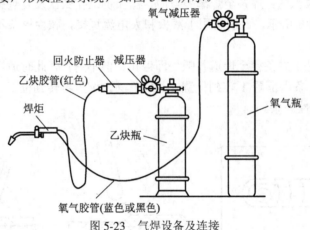

图 5-23　气焊设备及连接

1. 乙炔瓶与氧气瓶

乙炔瓶是一种储存和运输乙炔用的容器，其结构如图 5-24 所示。其外表面涂成白色，并用红漆标上"乙炔"和"火不可近"字样。在乙炔瓶内装有浸满丙酮的多孔性填料，该填料能使乙炔稳定而又安全地储存在瓶内。使用时，溶解在丙酮内的乙炔流出，而丙酮仍留在瓶内，以便溶解再次压入的乙炔。乙炔瓶阀下面的长孔内放着石棉，其作用是帮助乙炔从多孔性填料中分解出来。乙炔瓶的工作压力为 1.5 MPa，一般为 40 L。

氧气瓶是储存和运输氧气的高压容器，如图 5-25 所示，其结构与乙炔瓶类似，外表面涂有天蓝色油漆，并用黑色油漆标有"氧气"字样。氧气瓶内氧气的压力为 15 MPa。放置氧气瓶要平稳可靠，不应与其他气瓶混放在一起；运输时应避免互相撞击；氧气不得靠近气焊工作场地和其他热源(如火炉、暖气片等)；夏天要防止曝晒，冬天阀门冻结时严禁用火烤，应用热水解冻；氧气瓶上严禁沾染油脂。

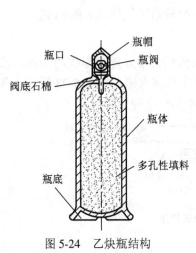

图 5-24　乙炔瓶结构

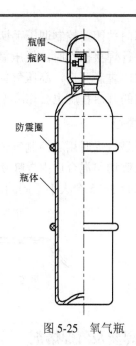

图 5-25　氧气瓶

2. 回火防止器

回火防止器是装在燃料气路上的防止燃气管路或气源回火的保险装置。在气焊或气割时，如果气体压力不正常或焊嘴堵塞，就会发生火焰进入乙炔瓶并产生严重爆炸的后果，所以在乙炔瓶的输出管路上必须装设回火防止器。当回火发生时，燃烧气体产生的高压顶开泄压阀，回火防止器内的微孔阻火管能使火焰扩散的速度迅速趋于零。同时，燃烧气体产生的高压作用于逆止阀并切断气源。

回火防止器能有效地防止气焊操作中由于回火而引起的燃烧、爆炸等事故的发生，是安全生产不可缺少的装置。减压器是将气体高压降为低压的调节装置。气焊时氧气压力通常要求为 0.2～0.4 MPa，但氧气瓶的工作压力却为 15 MPa，因此使用时必须将氧气瓶内输出的气体减压后才能使用。

3. 减压器

减压器不但能降低气体压力，而且还能保证降压后的气体压力稳定不变，同时还能调节输出气体压力的大小。常用氧气减压器的结构如图 5-26 所示。调压时松开调压手柄，阀门弹簧将阀门关闭，减压器不工作，氧气瓶来的高压气体停留在高压室；当拧入调压手柄，调压弹簧受压，减压器开始工作，阀门被顶开，高压气体进入低压室；高压气体进入低压室后气体体积膨胀，使气体压力降低，低压表可显示出低压气体压力。随着高压气体的不断进入，低压室中气体压力的逐渐增加，调压薄膜及调压弹簧使阀门的开启度逐渐减小。当低压室的气体压力达到一定数值时，

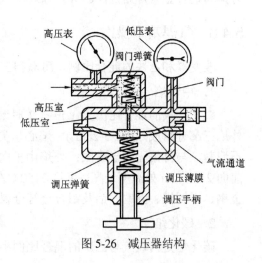

图 5-26　减压器结构

就会将阀门关闭。控制调压手柄的拧入程度，可以改变低压室的气体压力。

在进行焊接操作时，低压氧气从出口通往焊炬，低压室内压力降低，这时调压薄膜上鼓，使阀门重新开启，高压气体进入低压室，以补充输出气体。当输出的气体增多或减少时，阀门的开启程度也会相应增大或减小，自动维持输出气体压力的稳定。

4．焊炬

焊炬是气焊时用于控制气体混合比、流量及火焰大小并进行焊接的工具。乙炔和氧气按一定比例均匀混合后由焊嘴喷出，点火燃烧产生气体火焰，如图 5-27 所示。各种型号的焊炬均配有 3～5 个大小不同的焊嘴，以便焊接不同厚度的焊件。

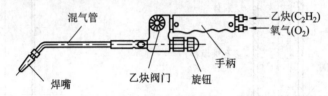

图 5-27　射吸式焊炬

5.4.2　焊丝及气焊熔剂

1．焊丝

气焊的焊丝只作为填充金属，与熔化的母材一起组成焊缝。焊接低碳钢时，常用的焊丝牌号有 H08、H08A 等。焊丝的直径一般为 2～4 mm，气焊时根据焊件厚度来选择。为了保证焊接接头的质量，焊丝直径和焊件厚度不宜相差太大。

2．气焊熔剂

气焊熔剂是气焊时的助溶剂，其作用是保护熔池金属，去除焊接过程中形成的氧化物和增加液态金属的流动性。气焊溶剂主要供气焊铸铁、不锈钢、耐热钢、铜和铝等金属材料时使用，气焊低碳钢时不必使用气焊熔剂。我国气焊熔剂的牌号有 CJ101、CJ201、CJ301 及 CJ401 四种。其中，CJ101 为不锈钢和耐热钢气焊熔剂，CJ201 为铸铁气焊熔剂，CJ301 为铜和铜合金气焊熔剂，CJ401 为铝和铝合金气焊熔剂。

5.4.3　气焊基本操作

改变氧和乙炔的混合比例，可获得三种不同性质的火焰。

1．中性焰

氧和乙炔的混合比例为 1.1～1.2 时燃烧所形成的火焰称为中性焰。它由焰心、内焰和外焰三部分组成(见图 5-28(a))。焰心呈尖锥状，色白明亮，轮廓清楚；内焰呈蓝白色轮廓不清楚，与外焰无明显界限；外焰由里向外逐渐由淡紫色变为橙黄色。中性焰在距离焰心前面 2～4 mm 处温度最高，可达 3150℃左右。中性焰适用于焊接低碳钢、中碳钢普通低合金钢、不锈钢、紫铜、铝及铝合金等金属材料。

2．碳化焰

碳化焰是指氧气与乙炔的混合比例小于 1.2 时燃烧所形成的火焰。由于氧气不足，燃烧不完全，过量的乙炔分解为碳和氢，故碳会渗到熔池中造成焊缝渗碳。碳化焰比中性焰长(见图 5-28(b))，适用于焊接高碳钢、铸铁和硬质合金等材料。

3. 氧化焰

氧与乙炔的混合比例大于 1.2 时燃烧所形成的火焰称为氧化焰。氧化焰比中性焰短，分为焰心和外焰两部分(见图 5-28(c))。由于火焰中有过量的氧，故对熔池金属有强烈的氧化作用，一般气焊不宜采用。只有在气焊黄铜、镀锌铁板时才用轻微氧化焰，以利其氧化性，在熔池表面形成一层氧化物薄膜，以减少低沸点锌的蒸发。

焰心 内焰 外焰

(a) 中性焰　　　　　(b) 碳化焰　　　　　(c) 氧化焰

图 5-28　氧乙炔焰

1) 点火和灭火

点火时，先微开氧气阀门，再打开乙炔阀门，然后将焊嘴靠近明火点燃。开始练习时会出现连续的"放炮"声，其原因是乙炔不纯，这时可放出不纯的乙炔，再重新点火；有时火焰不易点燃，其原因大多是氧气量过大，这时应微开氧气阀门。灭火时，先关闭乙炔阀门，再关闭氧气阀门。

2) 调节火焰

调节火焰包括调节火焰的种类和大小。首先，根据焊件材料确定应采用哪种氧乙炔焰。通常点火后，得到的火焰多为碳化焰，若要调成中性焰，则应逐渐开大氧气阀门，加大氧气的供应量。调成中性焰后，若继续增加氧气，则会得到氧化焰；反之，若增加乙炔或减少氧气，则可得到碳化焰。

火焰的大小根据焊件厚度选定，同时操作者应考虑其技术熟练程度。一般调节时，若要减小火焰，则应先减少氧气，后减少乙炔；若要增大火焰，则应先增加乙炔，后增加氧气。

3) 气焊

气焊时，一般用右手握焊炬，左手拿焊丝，焊炬指向待焊部位，从右向左移动(称为左向焊)。当焊件厚度较大时，可采用右向焊，即焊炬指向焊缝，从左向右移动。气焊操作时的要领主要如下：

(1) 焊嘴的倾斜角度：焊嘴轴线的投影应与焊缝重合。焊嘴与焊缝的夹角 α，在焊接过程中应不断变化(见图 5-29)。开始加热时 α 应大些，以便能够较快地加热焊件，迅速形成熔池；正常焊接时，一般保持在 30°～50° 之间，焊件较厚时，α 应较大；在结尾阶段，为了更好地添满尾部焊坑，避免烧穿，α 应适当地减小。

(2) 加热温度：如前所述，中性焰的最高温度在距焰心 2～4 mm 处(见图 5-30)。用中性焰焊接时，应利用内焰的这部分火焰加热焊件。气焊开始时，应将焊件局部加热到熔化后再加焊丝。要把焊丝端部插入熔池，使其熔化。焊接过程中，要控制熔池温度，避免熔池下榻。

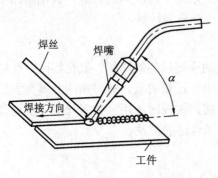

图 5-29 焊炬角度示意图

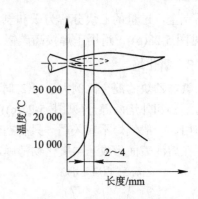

图 5-30 中性焰的温度分布

(3) 焊接速度：气焊时，焊炬沿焊接方向移动的速度(即焊接速度)应保证焊件的熔化并保持熔池具有一定的大小。

5.4.4 气割

气割又称氧气切割，它是利用某些金属在纯氧中燃烧的原理来实现金属切割的方法，其过程如图 5-31 所示。气割开始时，用气体火焰将待切割处附近的金属预热到燃点，然后打开切割氧阀门，纯氧射流使高温金属燃烧生成的金属氧化物被燃烧热熔化，并被氧气流吹掉。金属燃烧产生的热量和预热火焰同时又把邻近的金属预热到燃点，沿切割线以一定速度移动割炬，便形成了切口。

在整个气割过程中，割件金属没有熔化。因此，金属气割过程实质上是金属在纯氧中的燃烧过程。

气割时所需的设备中，除用割炬代替焊炬外，其他设备与气焊时相同。割炬的外形如图 5-32 所示。常规的割炬型号有 G01-30 和 G01-100 等。各种型号的割炬配有几个不同大小的割嘴，用于切割不同厚度的割件。

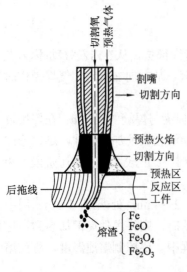

图 5-31 气割过程

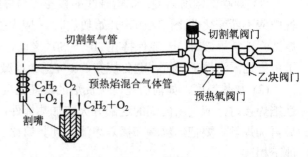

图 5-32 割炬

对金属材料进行气割时，必须具备下列条件：

(1) 金属的燃点必须低于其熔点，这样才能保证金属气割过程是燃烧过程，而不是熔化过程。如低碳钢的燃点约 1350℃，而熔点约为 1550℃，完全满足了气割条件。碳钢中，随着含碳量的增加，燃点升高而熔点降低。含碳量为 0.7% 的碳钢，其燃点比熔点高，所以不能采用气割。

(2) 氧化物的熔点应低于金属本身的熔点，同时流动性要好，否则，气割过程中形成的高熔点金属氧化物会阻碍下层金属与切割射流的接触，使气割发生困难。如铝的熔点(660℃)低于三氧化二铝的熔点(2050℃)，铬的熔点(1550℃)低于三氧化二铬的熔点(1990℃)，所以铝及铝合金、高铬或铬镍钢都不具备气割条件。

金属燃烧时能放出大量的热，而且金属本身的导热性要低，这样才能保证气割处的金属具有足够的预热温度，使气割过程能继续进行。

满足上述条件的金属材料有纯铁、低碳钢、中碳钢和低合金结构钢，而铸铁、不锈钢和铜、铝及其合金不能气割。

5.4.5 气割安全技术

气焊与气割的主要危险是火灾与爆炸，因此，防火、防爆是气焊、气割的主要任务，必须遵守安全操作规程。

(1) 氧气瓶、溶解乙炔气瓶(乙炔瓶)应避免放在受阳光曝晒或受热源直接辐射及受电击的地方。

(2) 氧气瓶、乙炔瓶不应防空，气瓶内必须留有不小于 98～196 kPa 表压的余气。

(3) 氧气瓶、乙炔瓶均应稳固竖立放置，或装在专用的胶轮车上使用。

(4) 气瓶、管道、仪表等连接部位应采用涂抹肥皂水的方法检漏，严禁使用明火检漏。

(5) 乙炔瓶搬运、装卸、使用时都应竖立放稳，严禁在地面上卧放并直接使用。

(6) 使用已经卧放的乙炔瓶，必须直立后静止 20 min，再连接减压器后使用。

(7) 开启乙炔瓶阀时应缓慢，不要超过一转半，一般情况只开启 3/4 转。

(8) 严禁让黏有油脂的手套、棉丝和工具等同氧气瓶、瓶阀、减压器及管路等接触。

(9) 操作时，氧气瓶与乙炔瓶之间距不得少于 3 m，与明火、热源间距不得少于 5 m。

(10) 气焊与气割中使用的氧气胶管为黑色，乙炔胶管为红色，它们不能相互换用，也不能用其他胶管代替。禁止使用回火烧损的胶管。

(11) 乙炔管路中必须接入干式回火防止器。

气焊、气割操作时，点火与熄火的顺序为：气焊点火时先微开氧气阀，后开乙炔阀点火，然后调节到所需火焰大小；气割点火与上同。气焊熄火时先闭乙炔阀，后闭氧气阀。气割熄火时先闭高压氧阀，后闭乙炔阀，最后关闭预热氧阀。

减压器卸载的顺序是：先关闭高压气瓶阀，然后放出减压器内的全部余气，放松压力调节杆使表针降到零点。

焊工在使用焊炬、割炬前应检查焊炬、割炬的气路畅通、射吸能力、气密性等技术性能，并应定期检查维护。

作业完毕，应关闭气路所有阀门，检查并处理好安全隐患后方可离开。

5.5　其他常见焊接方法

5.5.1　埋弧自动焊

埋弧自动焊是电弧在焊剂层下燃烧，利用机械自动控制焊丝送进和电弧移动的一种焊接方法。

1. 焊接过程

埋弧自动焊焊缝形成过程如图 5-33 所示。焊丝 2 端部与焊件 7 之间产生电弧 3 之后，电弧热量使焊丝和焊件熔化形成熔池，并使焊剂 1 熔化和燃烧，产生的气体形成一个封闭的包围电弧和熔池 4 的空腔，隔绝外界空气，保护熔池。电弧向前移动，熔池后部边缘开始冷却凝固形成焊缝 6。熔渣 5 浮在熔池表面，冷却后形成渣壳 8。埋弧自动焊焊接时，引弧、送丝、弧长调节及电弧前移全部由焊机自动完成。

埋弧自动焊机由焊接电源、控制箱和焊车三部分组成。常用的埋弧自动焊机 MZ-1000 如图 5-34 所示。焊接电源可用弧焊变压器，也可用弧焊整流器或直流电焊机。焊接电源输出端的两极分别接到焊件和焊车上的导电嘴。控制箱内装有控制焊接程序和调节焊接工艺参数的各种电器元件，它可控制整个焊接过程自动进行。焊车由机头、控制盘、焊剂漏斗和焊车等部分组成，靠立柱和横梁将各部分连接成整体。焊车载有焊丝、焊剂等，以调定的速度沿焊接方向前进。焊接工艺参数的调节、设备的启动和停止运行，均由控制盘来实现。

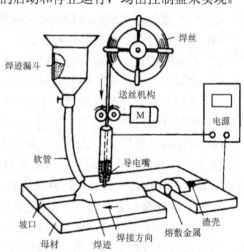

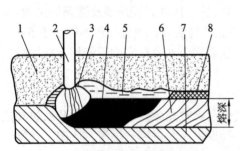

图 5-33　埋弧自动焊焊缝形成过程　　　　　　图 5-34　埋弧自动焊机 MZ-1000

2. 特点

和手工电弧焊相比，埋弧自动焊具有下面几个特点：

(1) 生产率高。埋弧自动焊可以采用比手工电弧焊大 6～8 倍的电流强度进行焊接，电流强度高达 1000 A；自动送进的焊丝每卷长达 1000 m，焊接过程中节省了大量更换焊条的时间。一般情况下，埋弧自动焊的生产率比手工电弧焊高 5～10 倍。

(2) 焊缝质量高。埋弧自动焊焊剂由漏斗大量供给，同时焊接电流强度也较大，因此会形成体积较大的液态熔池(一般为 20 cm³)，在焊缝凝固成固体前熔池中的非金属杂质和气体有充分的时间浮出；另外，焊丝移动速度、倾斜角度及焊接电流等焊接工艺参数由自动焊机自动调整，焊缝平直且质量稳定。

(3) 节约材料。埋弧自动焊电流强度大且热量集中，熔深可达 20～25 mm，因此厚度小于 25 mm 的工件可不开坡口焊接；和焊条相比，焊丝长时间连续送进，没有焊条接头的浪费；充足的焊剂把熔池严密地覆盖起来，大大减小了液态金属的飞溅。

(4) 环境污染少。由于焊剂的严密覆盖，因此埋弧自动焊过程中看不到弧光。这样既可以减少对人眼睛的刺激，又可以减少对周围环境中光电控制设备的影响。另外，自动焊接也大大减少了人的体力劳动量。

由于埋弧自动焊具有上述几个优点，因此已在焊接生产中得到了广泛的应用。埋弧自动焊尤其适合于很长的直线焊缝、大直径环形焊缝及批量生产的厚板工件焊接。但埋弧自动焊也有缺点，如设备价格较高、焊接工艺复杂及焊接准备时间长等。

5.5.2　气体保护焊

气体保护焊是利用外加气体作为电弧介质并保护电弧和熔融金属的电弧焊。常用的气体保护焊有两种：氩弧焊和二氧化碳气体保护焊。它们所使用的保护气体分别为氩气和二氧化碳。

1. 氩弧焊

用氩气作为保护气体的气体保护焊称为氩弧焊。氩气是惰性气体，可保护电极和熔池金属不受空气的影响。即使在高温下，氩气也不与金属发生化学反应，而且氩气也不溶于金属，因此氩弧焊焊缝质量比较高。氩弧焊按所用电极的不同，可分为不熔化极氩弧焊和熔化极氩弧焊两种。

不熔化极氩弧焊如图 5-35(a)所示，它以高熔点的铈钨棒作为电极。焊接时，铈钨棒不熔化，只起导电与产生电弧作用，容易实现机械化和自动化焊接，但电极所能通过的电流有限，因此只适合焊接厚度 6 mm 以下的工件。焊接时，在钨极和焊件之间产生电弧，填充焊丝从一侧送入。在电弧热的作用下，填充金属与焊件熔融在一起，形成金属熔池。

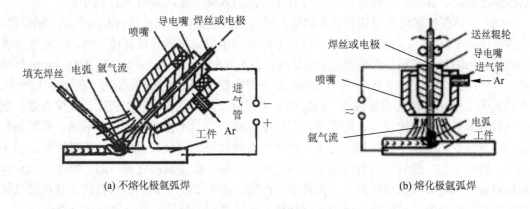

(a) 不熔化极氩弧焊　　　　　　　　　　(b) 熔化极氩弧焊

图 5-35　氩弧焊示意图

从喷嘴流出的氩气在电弧及熔池周围形成连续封闭的气流，起到保护作用。随着电弧前移，熔池金属冷却凝固形成焊缝。

熔化极氩弧焊的焊接过程如图 5-35(b)所示。焊接 3 mm 以下薄件时，常采用弯边接头直接熔合。焊接钢材时，多用直流电源正接，以减少钨极的烧损。焊接铝、镁及其合金时，要用直流反接或交流电源，因为电极间正离子撞击工件熔池表面可使氧化膜破碎，有利于焊件金属熔合和保证焊接质量。图 5-36 为交直流两用 YC-300WP 型氩弧焊机外形图。

初始电流
调节器

气体调节器

储气瓶

电流表

电源指示灯

交直流
转换开关

电源开关

图 5-36　YC-300WP 型氩弧焊机

氩弧焊具有以下特点：由于氩气是惰性气体，它既不与金属发生化学反应使被焊金属和合金元素受到损失，又不溶解于金属形成气孔，因而是一种理想的保护气体，能使焊件获得高质量的焊缝；氩气的导热系数小，且是单原子气体，高温时不分解吸热，电弧热量损失小，所以氩弧一旦引燃，电弧就很稳定；明弧焊接，便于观察熔池，进行控制。因此，它可以进行各种空间位置的焊接，且易于实现自动控制。但其缺点是氩气价格高，所以焊接成本高，而且氩弧焊设备比较复杂、维修较为困难。

目前，氩弧焊主要适用于焊接易氧化的有色金属(如铝、镁、钛及合金)、高强度合金钢以及某些特殊性能钢(如不锈钢、耐热钢)等。

2．二氧化碳气体保护焊

二氧化碳气体保护焊是利用 CO_2 作为保护气体的气体保护焊，简称 CO_2 焊。它用焊丝作电极并兼作填充金属，以自动或半自动方式进行焊接。目前应用较多的是半自动 CO_2 焊，它由焊接电源、焊枪、送丝机构、供气系统和控制系统组成，如图 5-37 所示。

CO_2 气体保护焊可采用旋转式直流电源或整流式电源。供气系统由 CO_2 气瓶、预热器、高压和低压干燥器、减压表、流量计以及电磁阀等组成。按照焊丝直径不同，CO_2 气体保护焊可分为细丝焊和粗丝焊两类。细丝焊丝直径为 0.6～1.2 mm，用于焊接 0.8～4 mm 厚的薄板焊件；粗丝焊丝直径为 1.6～5.0 mm，用于焊接板厚 3～25 mm 的焊件。在实际生产中，直径大于 2 mm 的粗丝采用较少。CO_2 焊与手工电弧焊、埋弧自动焊相比，其优点是：保护气体成本低、电流密度大，电弧热量利用率较高；焊后不需清渣，生产率高；电弧加热集中，焊件受热面积小，焊接变形小；焊缝抗裂性较好，焊接质量较高；明弧焊接，易于控制，操作灵便，适宜于各种空间位置的焊接，且易于实现机械化和自动化焊接。CO_2 焊的缺点是：焊缝表面成型较差、飞溅较多。此外，由于 CO_2 在高温时会分解，使电弧气氛具有强烈的氧化性，导致合金元素氧化烧损，故不能用于焊接有色金属和高合金钢。

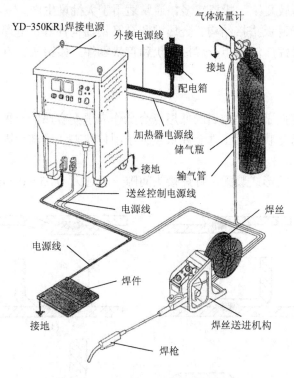

图 5-37　CO_2 气体保护焊系统构成

CO_2 焊通常用于碳钢和低合金钢的焊接。除了适用于焊接结构的生产外，它还适用于耐磨零件的堆焊、铸钢件的补焊等。

5.5.3　电阻焊

焊件组合后，通过电极施加压力，利用电流通过接头的接触面及邻近区域产生的电阻热进行焊接的方法称为电阻焊。

电阻焊的基本形式有点焊、缝焊和对焊三种，如图 5-38 所示。

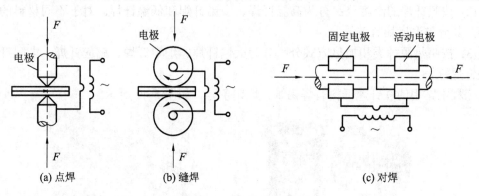

(a) 点焊　　　　　　　　(b) 缝焊　　　　　　　　　　(c) 对焊

图 5-38　电阻焊的基本形式

电阻焊生产率高、不需要填充金属、焊接变形小以及操作简单，易于实现机械化和自动化。电阻焊时，焊接电压很低(几伏)，但焊接电流很大(几千安至几万安)，故要求电源功率大。电阻焊的设备较复杂、投资较多，通常适用于大批量生产。

点焊主要适用于薄板搭接结构、金属网和交叉钢筋构件等；缝焊主要适用于有密封性要求的薄壁容器；对焊广泛应用于焊接杆状和管状零件，如钢轨、刀具、钢筋及管道等。

5.5.4　钎焊

钎焊是采用熔点低于工件金属的低熔点合金作为填充金属的一种焊接方法。焊接时，把填充金属加热到熔化状态而工件金属依然处于固体状态，冷却后固体工件被填充材料连接在一起。

钎焊接头多以搭接形式装配。钎焊接头间隙一般选为 0.05～0.2 mm 为宜，如图 5-39 所示。

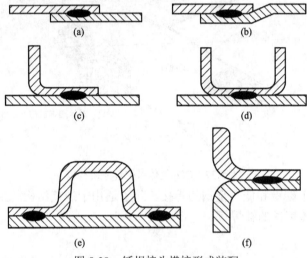

图 5-39　钎焊接头搭接形式装配

钎焊方法主要按下列分类：

(1) 按照钎料的熔点分：钎料的熔点低于 450℃时称为软钎焊；高于 450℃时称为硬钎焊。

(2) 按照钎焊的温度分：分为高温钎焊、中温钎焊和低温钎焊。对于不同材料的钎焊而言，其分类温度均有差异。

(3) 按照热源种类和加热方式分：分为火焰钎焊、炉中钎焊、感应钎焊、电阻钎焊、烙铁钎焊等。

工程上常用的软钎焊钎料有焊锡线、焊锡条等，如图 5-40 所示。

(a) 焊锡线　　　　　　　　　(b) 焊锡条

图 5-40　常用软钎料

铜、银及镍等金属具有较高的强度、较好的导电性和耐腐蚀性，而且熔点也相对较低，因此常被用做硬钎焊的钎料。工程上常用的硬钎焊钎料有铜基钎料、银基钎料、磷铜钎料等，如图 5-41 所示。

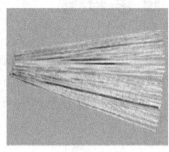

(a) 铜基钎料　　　　　　(b) 银基钎料　　　　　　(c) 磷铜钎料

图 5-41　常用硬钎料

工程上常用的软钎焊设备有普通电烙铁、调温电烙铁及电软钎焊机等，如图 5-42 所示。常用的硬钎焊设备有高频自动钎焊机、银钎焊机及火焰自动钎焊机等，如图 5-43 所示。

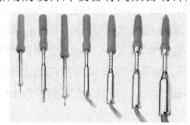

(a) 普通电烙铁　　　　　　(b) 调温电烙铁　　　　　　(c) 电钦钎焊机

图 5-42　常用软钎焊

(a) 高频自动钎焊机　　　　(b) 银钎焊机　　　　(c) 火焰自动钎焊机

图 5-43　常用硬钎焊设备

与其他连接技术相比，钎焊具有如下优点：

(1) 具有很高的生产率，多条接缝可一次完成；

(2) 可完成高精度、复杂零件的连接，对于空间不可达的接缝，可由钎焊方法来完成；

(3) 具有广泛的适用性，不但可钎焊大多数金属，也能实现对某些非金属(如陶瓷、玻璃、石墨及金刚石等)的连接。

其缺点是：钎焊接头的强度比较低；耐热性较差；由于较多地采用了搭接接头，因而增加了母材的消耗量。

钎焊技术在机械加工、汽车和拖拉机、轻工、家电、电工电子、航空航天、原子能、兵器等行业中的应用十分广泛。

5.6　焊 接 检 验

迅速发展的现代焊接技术，已能在很大程度上保证其产品的质量，但由于焊接接头为一性能不均匀体，应力分布又复杂，制造过程中亦做不到绝对的不产生焊接缺陷，更不能排除产品在役运行中出现的新缺陷。因而为获得可靠的焊接结构(件)还必须走第二条途径，即采用和发展合理而先进的焊接检验技术。

5.6.1　常见焊接缺陷

1. 焊接变形

工件焊后一般都会产生变形，如果变形量超过允许值，就会影响使用。焊接变形的几个例子如图 5-44 所示。产生的主要原因是焊件不均匀地局部加热和冷却。因为焊接时，焊件仅在局部区域被加热到高温，离焊缝愈近，温度愈高，膨胀也愈大。但是，加热区域的金属因受到周围温度较低的金属阻止，却不能自由膨胀；而冷却时又由于周围金属的牵制不能自由地收缩。结果这部分加热的金属存在拉应力，而其他部分的金属则存在与之平衡的压应力。当这些应力超过金属的屈服极限时，将产生焊接变形；当超过金属的强度极限时，则会出现裂缝。

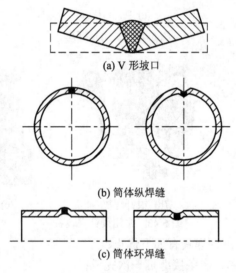

(a) V 形坡口

(b) 筒体纵焊缝

(c) 筒体环焊缝

图 5-44　焊接变形示意图

2. 焊缝的外部缺陷

(1) 焊缝增强过高。如图 5-45 所示，当焊接坡口的角度开得太小或焊接电流过小时，均会出现这种现象。焊件焊缝的危险平面已从 *M-M* 平面过渡到熔合区的 *N-N* 平面，由于应力集中易发生破坏，因此，为提高压力容器的疲劳寿命，要求将焊缝的增强高铲平。

(2) 焊缝过凹。如图 5-46 所示，因焊缝工作截面的减小而使接头处的强度降低。

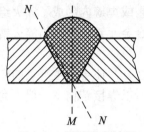

图 5-45 焊缝增高过强

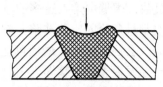

图 5-46 焊缝过凹

(3) 焊缝咬边。在工件上沿焊缝边缘所形成的凹陷叫咬边，如图 5-47 所示。它不仅减少了接头工作截面，而且在咬边处造成严重的应力集中。

(4) 焊瘤。熔化金属流到熔池边缘未熔化的工件上，堆积形成焊瘤，它与工件没有熔合，见图 5-48。焊瘤对静载强度无影响，但会引起应力集中，使动载强度降低。

(5) 烧穿。如图 5-49 所示。烧穿是指部分熔化金属从焊缝反面漏出，甚至烧穿成洞，它使接头强度下降。

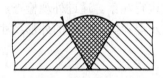

图 5-47 焊缝的咬边

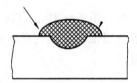

图 5-48 焊瘤

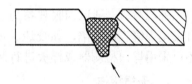

图 5-49 烧穿

以上五种缺陷存在于焊缝的外表，肉眼就能发现，并可及时补焊。如果操作熟练，一般是可以避免的。

3. 焊缝的内部缺陷

(1) 未焊透。未焊透是指工件与焊缝金属或焊缝层间局部未熔合的一种缺陷。未焊透减弱了焊缝工作截面，造成严重的应力集中，大大降低接头强度，它往往成为焊缝开裂的根源。

(2) 夹渣。焊缝中夹有非金属熔渣，即称夹渣。夹渣减少了焊缝工作截面，造成应力集中，会降低焊缝强度和冲击韧性。

(3) 气孔。焊缝金属在高温时，吸收了过多的气体(如 H_2)或由于熔池内部冶金反应产生的气体(如 CO)，在熔池冷却凝固时来不及排出，而在焊缝内部或表面形成孔穴，即为气孔。气孔的存在减少了焊缝有效工作截面，降低接头的机械强度。若有穿透性或连续性气孔存在，会严重影响焊件的密封性。

(4) 裂纹。焊接过程中或焊接以后，在焊接接头区域内所出现的金属局部破裂叫裂纹。裂纹可能产生在焊缝上，也可能产生在焊缝两侧的热影响区。有时产生在金属表面，有时产生在金属内部。通常按照裂纹产生的机理不同，可分为热裂纹和冷裂纹两类。

① 热裂纹。热裂纹是在焊缝金属中由液态到固态的结晶过程中产生的，大多产生在焊缝金属中。其产生原因主要是焊缝中存在低熔点物质(如 FeS，熔点为 1193℃)，它削弱了晶粒间的联系，当受到较大的焊接应力作用时，就容易在晶粒之间引起破裂。焊件及焊条内含 S、Cu 等杂质较多时，就容易产生热裂纹。热裂纹有沿晶界分布的特征。当裂纹贯穿表面与外界相通时，则具有明显的氧化倾向。

② 冷裂纹。冷裂纹是在焊后冷却过程中产生的，大多产生在基体金属或基体金属与焊

缝交界的熔合线上。其产生的主要原因是由于热影响区或焊缝内形成了淬火组织，在高应力作用下，引起晶粒内部的破裂，焊接含碳量较高或合金元素较多的易淬火钢材时，最易产生冷裂纹。焊缝中熔入过多的氢，也会引起冷裂纹。

裂纹是最危险的一种缺陷，它除了减少承载截面之外，还会产生严重的应力集中，在使用中裂纹会逐渐扩大，最后可能导致构件的破坏。所以焊接结构中一般不允许存在这种缺陷，一经发现须铲去重焊。

5.6.2 焊接质量检验

对焊接接头进行必要的检验是保证焊接质量的重要措施。因此，工件焊完后应根据产品技术要求对焊缝进行相应的检验，凡不符合技术要求所允许的缺陷，需及时进行返修。焊接质量的检验包括外观检查、无损探伤和机械性能试验等方面。这些方面是互相补充的，而以无损探伤为主。

1. 外观检查

外观检查一般以肉眼观察为主，有时用 5～20 倍的放大镜进行观察。通过外观检查，可发现焊缝表面缺陷，如咬边、焊瘤、表面裂纹、气孔、夹渣及焊穿等。焊缝的外形尺寸还可采用焊口检测器或样板进行测量。

2. 无损探伤

隐藏在焊缝内部的夹渣、气孔、裂纹等缺陷的检验。目前使用最普遍的是采用 X 射线检验，还有超声波探伤和磁力探伤。X 射线检验是利用 X 射线对焊缝照相，根据底片影像来判断内部有无缺陷、缺陷多少及其类型，再根据产品技术要求评定焊缝是否合格。超声波探伤的基本原理如图 5-50 所示。

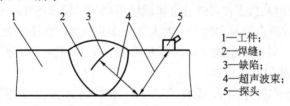

1—工件；
2—焊缝；
3—缺陷；
4—超声波束；
5—探头

图 5-50　超声波探伤原理示意图

超声波束由探头发出，传到金属中，当超声波束传到金属与空气界面时，它就折射而通过焊缝。如果焊缝中有缺陷，超声波束就反射到探头而被接受，这时荧光屏上就出现了反射波。根据这些反射波与正常波比较、鉴别，就可以确定缺陷的大小及位置。超声波探伤比 X 光照相简便得多，因而得到广泛应用。但超声波探伤往往只能凭操作经验作出判断，而且不能留下检验根据。

对于离焊缝表面不深的内部缺陷和表面极微小的裂纹，还可采用磁力探伤。

3. 机械性能试验

无损探伤可以发现焊缝内在的缺陷，但不能说明焊缝热影响区的金属的机械性能如何，因此有时对焊接接头要进行拉力、冲击、弯曲等试验。这些试验由试验板完成。所用试验板最好与圆筒纵缝一起焊成，以保证施工条件一致。然后将试验板进行机械性能试验。实际生产中，一般只对新钢种的焊接接头进行这方面的试验。

4．水压试验和气压试验

对于要求密封性的受压容器，须进行水压试验和(或)进行气压试验，以检查焊缝的密封性和承压能力。其方法是向容器内注入 1.25～1.5 倍工作压力的清水或等于工作压力的气体(多数用空气)，停留一定的时间，然后观察容器内的压力下降情况，并在外部观察有无渗漏现象，根据这些可评定焊缝是否合格。

5.7 焊接安全操作规程

为了避免安全事故的发生，每位训练者在训练前需要很好地学习安全操作规程，掌握安全操作技术。

5.7.1 焊条电弧焊安全操作规程及防护

(1) 进入焊接工作场地前，焊工作业必须穿戴好工作服、绝缘鞋、绝缘手套、防护口罩、面罩，清除焊渣应戴防护眼镜。

(2) 作业前应该检查焊机和工具是否完好、焊接外壳是否接地线，焊机发现漏电以及焊机电源的故障应及时由电工修理，不得私自拆修。

(3) 电焊工除焊接用软线接头可自行拆卸、接线外，其他接线都应由电工负责。

(4) 电源线、电焊软线都不得随地横越交通道路或与气瓶、乙炔瓶、工位金属框架等接触，并须绝缘良好，如已破损，应视其轻重用胶布包好或者调换。

(5) 焊工合上或拉断电源开关时，必须戴手套，面部不要正对开关，防止短路造成电火花烧伤面部。

(6) 在推上开关后或通电时，不得用手触摸电焊机上未经绝缘或已绝缘的导电部分；焊接过程中，如果发生电焊机非导电部分有漏电现象，应立即拉下开关，通知电工检修。

(7) 引弧、施焊、敲渣、打磨过程中，应注意自身和周围工作人员的安全，做到"三不伤害"。

(8) 焊接前，应使工位排烟除尘设备正常运作，吸风臂调整至合适高度，吸风管口对准焊件，工作结束后吸风臂应恢复至待用状态。

(9) 非电焊工作人员不得任意从事焊接工作，不准乱动电焊工具及设备。

(10) 禁止用接地线作为电源传电线路或作其他用途。

(11) 保护气体钢瓶，必须垂直安放，并用安全链接固定好。

(12) 进行气体保护焊前，应该认真检查气瓶、气路、减压表、流量计等是否处于正常状态。

(13) 冬季气阀冻结时，需用不含有油脂的蒸汽或热水暖化，不准用明火烤或敲击。

(14) 使用角磨机时，不能过载，砂轮磨削飞出方向不能站人或对人，操作者要戴好护目镜，严禁带电更换砂轮片。

(15) 在潮湿地点工作，应该站在绝缘物体上；在有限空间、高处作业，易燃烧场所动火作业等，应经过危险作业审批，加强监测、通风、预防、监护等安全措施。

(16) 严禁在带压的容器或管道上焊割，遵守焊割"十不焊"的规定。

(17) 工作室内明火作业必须备有灭火器材，并应有专人监护。

(18) 焊割带电设备必须先切断电源；更换场地移动把线时，应先切断电源。

(19) 检查设备、更换焊丝或钨极，以及工作结束时，应切断焊接设备电源。

(20) 不得手持把线与连接胶管的焊枪爬梯、登高。

(21) 焊接结束以后应切断电源，将气阀关紧，拧上安全罩，检查操作地点，确认无火灾隐患和其他危险以后，方可离开。

5.7.2　气焊、气割安全操作规程

(1) 检查橡胶软管接头、氧气表、减压阀等应坚固牢靠、无泄漏，严禁油脂、泥垢沾染气焊工具、氧气瓶。

气焊、气割安全操作规程

(2) 严禁将氧气瓶、乙炔发生器靠近热源和电闸箱，并不得放在高压线及一切电线下面；切勿在强阳光下暴晒，应置于操作工点的上方处，以免引起爆炸。四周应设围栏，悬挂"严禁烟火"标志，氧气瓶、乙炔发生器与焊、割炬的间距应在 10 m 以上，特殊情况应采取隔离防护措施，其间距不应小于 8 m，同一地点有两个或以上乙炔发生器，其间距不得小于 10 m。

(3) 氧气瓶应集中存放，不准吸烟和明火作业，禁止使用无减压阀的氧气瓶。

(4) 不得将橡胶管放在高温管道和电线上，或将重物或热的物件压在软管上，更不得将软管与电焊用的导线敷设在一起。

(5) 安装减压器时，应先检查氧气瓶阀门接头不得有油腻，并略开氧气瓶阀门吹除污垢，然后安装减压器，人身或面部不得正对氧气瓶阀门出气口；关闭氧气瓶阀门时，须先松开减压器的活门螺丝(不可紧闭)。

(6) 焊、割嘴堵塞，可用通针将嘴通一下，禁止用铁丝通嘴。

(7) 开启氧气瓶阀门时，禁用铁器敲击，应用专门工具，动作要缓慢，不得面对减压器。

(8) 点火前，可先用氧气阀调节阀稍为打开后，再打开乙炔调节阀，用点火枪点火后，即可调节火焰的大小和形状。点燃后的焊炬不能离开手，应先关乙炔阀，再关氧气阀，使火焰熄灭后才准放下焊炬，不准放在地上。严禁用烟头点火。

(9) 氧气瓶压力指针应灵敏正常，瓶内氧气不许用尽，必须预留余压，至少要留 0.1～0.2 MPa 的氧气，拧紧阀门，瓶阀门严禁沾染油脂，瓶壳处应注上"空瓶"标记。

(10) 焊、割作业时，不准将橡胶软管背在背上操作，禁止用焊、割炬的火焰作照明。氧气、乙炔软管需横跨道路和轨道时，应在轨道下面穿过或吊挂出去，以免被车轮碾压损坏。

(11) 发生回火时，应迅速关闭焊、割炬上的调节阀，再关闭调节阀，可使回火很快熄灭。如紧急时(仍不熄火)，可拔掉乙炔软管，再关闭一级氧气阀和乙炔阀门，并采取灭火措施。稍等后再打开氧气调节阀，吹出焊、割炬内的残留余焰和碳质微粒，才能再作焊、割作业。

(12) 如发现焊炬出现爆破声或手感有震动现象，应急速关闭乙炔阀和氧气阀，冷却后再继续作业。

(13) 拧紧氧气瓶嘴安全帽，将氧气瓶和乙炔瓶置放在规定地点，离开作业场地前，应进行卸压。

5.8　实　训　项　目

焊接案例

　　为了能使学生正确使用焊条电弧焊机、选择焊接电流及调整火焰，独立完成焊条电弧焊、气焊平焊操作。实习过程中可根据实际情况选取合适的训练课题进行训练。

一、训练图样

　　I 型坡口平对接双面焊训练图样如图 5-51 所示。

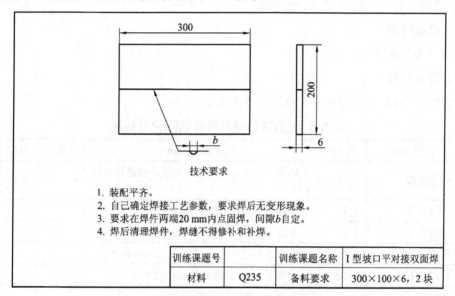

技术要求

1. 装配平齐。
2. 自己确定焊接工艺参数，要求焊后无变形现象。
3. 要求在焊件两端 20 mm 内点固焊，间隙 b 自定。
4. 焊后清理焊件，焊缝不得修补和补焊。

训练课题号		训练课题名称	I 型坡口平对接双面焊
材料	Q235	备料要求	300×100×6，2 块

图 5-51　I 型坡口平对接双面焊训练图样

二、训练要求

1. 训练目的

　　掌握双面焊的操作要领和方法；学会焊条角度、电弧长度和焊接速度来调整焊缝高度和宽度；掌握提高焊缝质量的操作方法。

2. 训练内容

　　焊缝长度 200～300 mm、宽度 8～12 mm、余高 0.5～2 mm，焊缝平直光滑，表面无任何焊接缺陷；平对接双面焊工艺参数的选择与调节，掌握操作要领。

3. 安全文明生产

(1) 能正确执行安全技术操作规程；

(2) 能按文明生产的规定，做到工作场所整洁、工件、工具摆放整齐。

三、操作准备

　　训练工件：Q235，300 mm × 100 mm × 6 mm，2 块。

　　焊接材料：E4303(牌号 J422)。

　　焊接设备：全数字 MIG/MAG/CO_2 焊机(带焊条电弧焊功能)或全数字 TIG 焊机(带焊条

电弧焊功能)。

辅助工具：敲渣锤、面罩及个人劳保用品(如手套、工作服、工作鞋等)。

四、训练步骤

(1) 检查工件是否符合焊接要求。

(2) 开启弧焊设备、调整电流。

(3) 装配及进行定位焊。

(4) 对定位焊点清渣，反变形。

(5) 按照操作要领进行施焊。

(6) 清渣、检查焊缝尺寸及表面质量。

五、训练时间

训练时间为 6 学时。

六、评分标准

I 型坡口平对接双面焊评分标准如表 5-5 所示。

表 5-5　I 型坡口平对接双面焊评分标准

序号	检测项目	分值	技术标准/mm	实测值	得分	备注
1	焊缝成型	15	要求焊缝整齐、美观、光滑，否则每项扣 5 分			
2	焊缝宽度	10	宽 8~12 mm，每超差 1 mm 扣 5 分			
3	焊缝宽窄差	10	允许 1 mm，每超差 1 mm 扣 5 分			
4	焊缝余高	10	余高 0.5~2.0 mm，每超差 1 mm 扣 5 分			
5	焊缝余高差	10	允许 1 mm，每超差 1 mm 扣 5 分			
6	焊件变形	6	允许 1°，每超差 1°扣 3 分			
7	接头成型	6	要求不脱节、不凸高，否则扣 6 分			
8	夹渣	6	无，若有点渣<2 扣 3 分，条渣扣 6 分			
9	气孔	6	无，若有每个气孔扣 2 分			
10	咬边	6	深度<0.5，每长 5 mm 扣 3 分；深度>0.5，每长 5 mm 扣 6 分			
11	烧穿	6	无，若有每处扣 2 分			
12	焊件清洁	4	清洁，否则扣 4 分			
13	安全文明生产	5	服从管理、安全操作、工位整洁，否则扣 5 分			
总　分		100	实训成绩			

复习思考题

1. 填空题

(1) 焊接按照其工艺特点，可以分为_____、_____、_____三大类。

(2) 三种常用的运条方式为_____、_____、_____。

(3) 焊条由_____和_____组成。

(4) 焊接时焊缝的空间位置有_____、_____、横焊和平焊。

(5) 药皮的作用有_____、_____、_____等。

(6) 对接接头的坡口形状有_____、_____、_____。

(7) 焊接电弧由_____、_____及_____共三部分组成。

2．判断题

(1) 焊条接直流弧焊机的负极，称为正接。 （ ）

(2) J507 焊条是碱性焊条。 （ ）

(3) 坡口主要作用是为了保证工件被焊透。 （ ）

(4) 焊条电弧焊时，弧长变长，电弧电压增大。 （ ）

(5) 开启氧气瓶阀门时，禁用铁器敲击，应用专门工具，动作要缓慢，不得面对减压器。 （ ）

(6) 训练中不可以徒手拿焊件，焊接和清渣时要注意遮挡，防止伤人。 （ ）

(7) 气割又称氧气切割，它是利用某些金属在纯氧中燃烧的原理来实现金属切割的方法。 （ ）

(8) 焊条电弧焊过程中熔化母材的热量主要是电阻热。 （ ）

(9) 焊条电弧焊时，焊接区内的氮气主要来源是药皮。 （ ）

(10) 埋弧自动焊机由焊接电源、控制箱和焊接小车三部分组成。 （ ）

3．简答题

(1) 什么是焊接？

(2) 焊条的组成及作用是什么？

(3) 常见的焊接接头形式有哪几种？

(4) 气焊、气割所用的主要设备包括哪些？

(5) 金属材料满足气割的条件是什么？

4．填图题

焊条电弧焊(手弧焊)示意图如图 5-52 所示，试写出图中标号各部分名称。

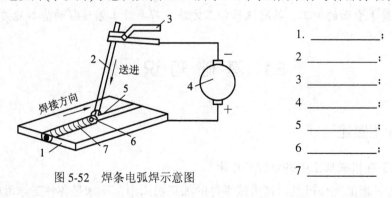

1. _____；
2. _____；
3. _____；
4. _____；
5. _____
6. _____；
7. _____

图 5-52　焊条电弧焊示意图

第6章 车削加工

问题导入

图 6-1 为全国大学生工程训练能力竞赛项目无碳小车中的后轴零件图，通常需在车床上进行加工。那么，怎样才能用普通车床加工出符合要求的零件呢？

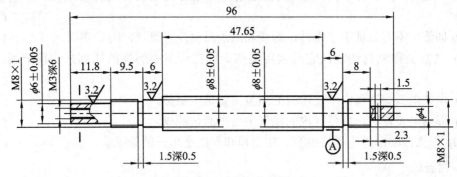

图 6-1　无碳小车后轴

本章主要讲解的是认识普通车床、普通车床的简单操作，以完成简单零件的加工任务。

教学目标

1. 了解机械制造的一般过程、机械零件常用的加工方法、加工工艺及车床的基本原理。
2. 掌握车削加工的基本操作技能。
3. 掌握常用工具、量具的正确使用方法。
4. 对零件简单表面的加工，具有选择加工方法、刀具、工艺过程的基本能力。

6.1　基础知识

6.1.1　车削加工概述

1. 车削加工在机械加工中的地位和作用

机床是制造机器的工作母机。在机械零件的加工机床中，车床是各种工作母机中应用最广泛的一种，它利用主轴的旋转运动和刀具的进给运动实现对零件的车削加工，用以改变毛坯的尺寸和形状等，使之成为零件的加工过程。车工在切削加工中是最常用的一种加工方法，在机械加工中具有重要的地位和作用。

2．车床的加工范围

在机械制造业中，车床应用得相当广泛。车工在车床上能完成的机械加工任务很多，在车床上所使用的刀具主要是车刀，还有钻头、铰刀、丝锥和滚花刀等。就其基本的工作内容而言，可以完成如图 6-2 所示的各种表面的加工。

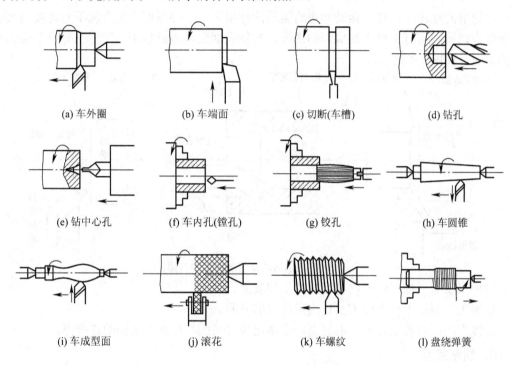

  (a) 车外圈   (b) 车端面   (c) 切断(车槽)   (d) 钻孔

  (e) 钻中心孔 (f) 车内孔(镗孔) (g) 铰孔   (h) 车圆锥

  (i) 车成型面   (j) 滚花   (k) 车螺纹   (l) 盘绕弹簧

图 6-2 普通车床所能加工的典型表面

6.1.2 切削加工的基本概念

1．切削加工的基本运动

在切削加工中，为了切去多余的金属，必须使工件和刀具作相对的工作运动。按照在切削过程中的作用，工作运动可分为主运动和进给运动，如图 6-3 所示。

1) 主运动

主运动是切下金属所必需的最主要运动。其特点是(在几种切削运动中)切削速度最高，消耗功率最大，如车削时工件的旋转运动。

2) 进给运动

进给运动是使新的金属不断投入切削的运动。如车削外圆时车刀作平行于工件轴线的纵向运动。在金属切削中可以有一个或几个进给运

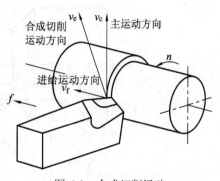

图 6-3 合成切削运动

动，也可以没有进给运动。

3) 合成切削运动

由主运动和进给运动合成的运动称为合成切削运动。刀具切削刃上选定点相对工件的瞬时合成运动方向称为该点的合成切削运动方向，其速度称为合成切削速度。

2．切削时产生的表面

在切削的过程中，在主运动和进给运动的作用下，工件表面上的金属不断地被刀具切除而变为切屑，同时工件上形成新的表面，在新表面的形成过程中，工件上有三个连续变化的表面，如图6-4所示。

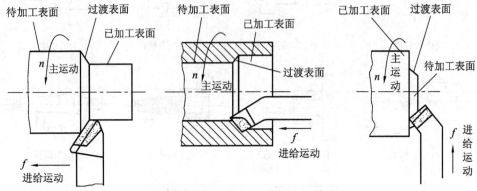

图6-4　切削运动及切削产生的表面

待加工表面：加工时即将被切除的工件表面。

已加工表面：工件上经刀具切削后形成的表面。

过渡表面：刀具正在加工的表面，它是已加工表面与待加工表面的连接面。

3．切削用量

切削用量是指切削速度 v_c、进给量 f(或进给速度 v_f)、背吃刀量 a_p 三者的总称，也称为切削用量三要素，如图 6-5 所示。它是表示主运动和进给运动的最基本物理量，是调整刀具与工件间相对运动速度和相对位置所需的工艺参数，是切削加工前调整机床加工参数的依据，并对加工质量、生产率及加工成本都有很大影响。

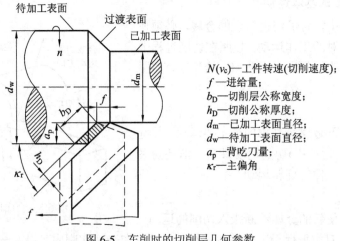

$N(v_c)$—工件转速(切削速度)；
f—进给量；
b_D—切削层公称宽度；
h_D—切削公称厚度；
d_m—已加工表面直径；
d_w—待加工表面直径；
a_p—背吃刀量；
κ_r—主偏角

图6-5　车削时的切削层几何参数

1) 切削速度

刀具切削刃上选定点相对工件主运动的瞬时线速度称为切削速度，用 v_c 表示，单位为 m/s 或 m/min。在实际生产中，往往需要根据工件的直径来确定主轴的转速。

车削时的切削速度由下式来计算：

$$v_c = \frac{\pi d n}{1000} = \frac{dn}{318}$$

式中：v_c——切削速度(m/s 或 m/min)；

　　　d——工件待加工表面直径(mm)；

　　　n——工件转速(r/s 或 r/min)。

由公式可知，切削速度与工件直径和转速的乘积成正比，故不能仅凭转速高就认为是切削速度大。一般根据公式，计算出切削速度，然后再调整转速手柄到相应转速。

例如，加工直径 $d = 200$ mm 的带轮，选取切削速度为 $v_c = 60$ m/min，计算主轴的转速为

$$n = 1000 \times \frac{60}{200} \pi = 96 \, r/\min$$

2) 进给量

工件或刀具每转一周，刀具在进给方向上相对工件的位移量称为每转进给量，简称进给量，用 f 表示，单位为 mm/r。

进给速度：单位时间内刀具在进给运动方向上相对工件的位移量，用 v_f 表示，单位为 mm/s 或 m/min。

当主运动为旋转运动时，进给量 f 与进给速度 v_f 之间的关系为：$v_f = fn$。

3) 背吃刀量(切削深度)

工件已加工表面和待加工表面之间的垂直距离，称为背吃刀量，用 a_p 表示，单位为 mm。

车外圆时背吃刀量 a_p 为

$$a_p = \frac{d_w - d_m}{2}$$

式中：d_w——工件待加工表面的直径(mm)；

　　　d_m——工件已加工表面的直径(mm)。

4．切削用量的选取

1) 切削用量的选用原则

粗车时，应尽量保证较高的金属切除率和必要的刀具耐用度。选择切削用量时应首先选取尽可能大的背吃刀量 a_p，其次根据机床动力和刚性的限制条件，选取尽可能大的进给量 f，最后根据刀具耐用度要求，确定合适的切削速度 v_c。增大背吃刀量 a_p 可使走刀次数减少，增大进给量 f 有利于断屑。

精车时，对加工精度和表面粗糙度要求较高，加工余量不大且较均匀。选择精车的切削用量时，应着重考虑如何保证加工质量，并在此基础上尽量提高生产率。因此，精车时应选用较小(但不能太小)的背吃刀量和进给量，并选用性能高的刀具材料和合理的几何参数，以尽可能提高切削速度。

2) 切削用量的选取方法

(1) 背吃刀量的选择：粗加工时，除留下精加工余量外，一次走刀尽可能切除全部余量，也可分多次走刀。精加工的加工余量一般较小，可一次切除。

(2) 进给速度(进给量)的确定：粗加工时，由于对工件的表面质量没有太高的要求，这时主要根据机床进给机构的强度和刚性、刀杆的强度和刚性、刀具材料、刀杆和工件尺寸以及已选定的背吃刀量等因素来选取进给速度。精加工时，则按表面粗糙度要求、刀具及工件材料等因素来选取进给速度。

进给速度 v_f 可以按公式 $v_f = fn$ 计算，式中 f 表示每转进给量，粗车时一般取 0.3～0.6 mm/r；精车时常取 0.1～0.3 mm/r；切断时常取 0.05～0.2 mm/r。

(3) 切削速度的确定：切削速度 v_c 可根据已经选定的背吃刀量、进给量及刀具耐用度进行选取。实际加工过程中，也可根据生产实践经验和查表的方法来选取。

粗加工或工件材料的加工性能较差时，宜选用较低的切削速度。精加工或刀具材料、工件材料的切削性能较好时，宜选用较高的切削速度。

切削速度 v_c 确定后，可根据刀具或工件直径(d)按公式 $n = \dfrac{1000v_c}{\pi D}$ 来确定主轴转速 n(r/min)。

6.1.3　车床

1. 车床的组成结构及其作用

车床的种类较多，如卧式车床、转塔式六角车床、回轮式六角车床、单柱立式车床、铲齿车床、数控车床、专用车床等。本书以卧式车床为例重点讲解。

普通卧式车床有各种型号，其结构大致相似。以 CDE6150A 型普通车床为例，如图 6-6 所示。

1—床头箱；2—进给箱；3—变速箱；4—前床脚；5—溜板箱；6—刀架；7—尾架；8—丝杠；
9—光杠；10—床身；11—后床脚；12—中滑板；13—方刀架；14—转盘；15—小滑板；16—大滑板

图 6-6　CDE6150A 型普通车床

1) 床头箱

床头箱又称主轴箱，内装主轴和变速机构。变速是通过改变设在床头箱外面的手柄位置，可使主轴获得 12 种不同的转速(11～1400 r/min)。主轴是空心结构，能通过长棒料，棒料能通过主轴孔的最大直径是 29 mm。主轴的右端有外螺纹，用以连接卡盘、拨盘等附件。主轴右端的内表面是莫氏 5 号的锥孔，可插入锥套和顶尖，当采用顶尖并与尾架中的顶尖同时使用安装轴类工件时，其两顶尖之间的最大距离为 750 mm。床头箱的另一重要作用是将运动传给进给箱，并可改变进给方向。

　　2) 进给箱

　　进给箱又称走刀箱，它是进给运动的变速机构，固定在床头箱下部的床身前侧面。变换进给箱外面的手柄位置，可将床头箱内主轴传递下来的运动，转为进给箱输出的光杠或丝杠获得不同的转速，以改变进给量的大小或车削不同螺距的螺纹。

　　3) 变速箱

　　变速箱安装在车床前床脚的内腔中，并由电动机通过联轴器直接驱动变速箱中的齿轮传动轴。

　　4) 溜板箱

　　溜板箱又称拖板，是进给运动的操纵机构。它使光杠或丝杠的旋转运动，通过齿轮和齿条或丝杠和开合螺母，推动车刀作进给运动。溜板箱上有三层滑板，当接通光杠时，可使床鞍带动中滑板、小滑板及刀架沿床身导轨作纵向移动；中滑板可带动小滑板及刀架沿床鞍上的导轨作横向移动。故刀架可作纵向或横向直线进给运动。当接通丝杠并闭合开合螺母时可车削螺纹。溜板箱内设有互锁机构，使光杠、丝杠两者不能同时使用。

　　5) 刀架

　　刀架用来装夹车刀，并可作纵向、横向及斜向运动。刀架是多层结构，它由下列部件组成：

　　大滑板：它与溜板箱牢固相连，可沿床身导轨作纵向移动。

　　中滑板：它装置在大刀架顶面的横向导轨上，可作横向移动。

　　小滑板：它装在转盘上面的燕尾槽内，可作短距离的进给移动。

　　方刀架：它固定在小刀架上，可同时装夹四把车刀。松开锁紧手柄，即可转动方刀架，把所需要的车刀更换到工作位置上。

　　6) 尾架(尾座)

　　尾架用于安装后顶尖，以支持较长工件进行加工，或安装钻头、铰刀等刀具进行孔加工。采用偏移尾架的方法可以车出长工件的锥体。

　　7) 光杠与丝杠

　　光杠和丝杠将进给箱的运动传至溜板箱。光杠用于车削外圆，丝杠用于车削螺纹。

　　8) 床身

　　床身是车床的基础件，用来连接各主要部件并保证各部件在运动时有正确的相对位置。在床身上有供溜板箱和尾架移动用的导轨。

　　9) 前床脚和后床脚

　　前床脚和后床脚是用来支承和连接车床各零部件的基础构件。床脚用垫铁稳定在地基上。车床的变速箱与电机安装在前床脚内腔中，车床的电气控制系统安装在后床脚内腔中。

　　2. 车床的传动关系

　　车床各部分传动关系如图 6-7 所示。

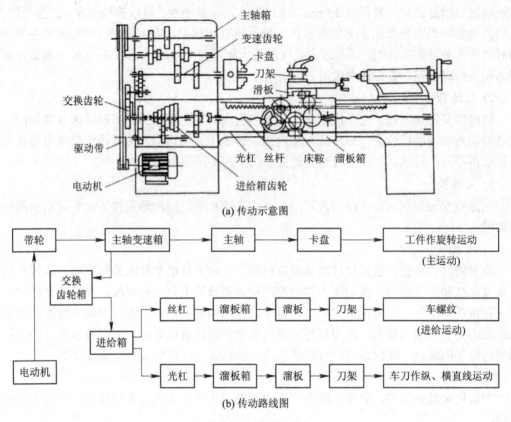

(a) 传动示意图

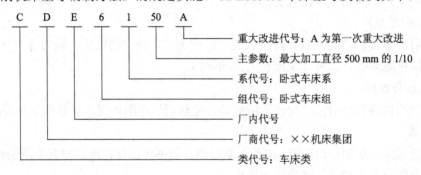

(b) 传动路线图

图 6-7　车床传动路线

3. 车床型号编制

为了简明的表示出机床的名称、主要规格、性能和结构特征，以便对机床有一个清晰的概念，需要对每种机床赋予一定的型号。我国目前实行的机床型号，按 GB/T15375—94《金属切削机床型号编制方法》的规定实施。CDE6150A 车床型号及含义如下：

```
    C  D  E  6  1  50  A
                        └── 重大改进代号：A 为第一次重大改进
                     └────── 主参数：最大加工直径 500 mm 的 1/10
                  └───────── 系代号：卧式车床系
               └──────────── 组代号：卧式车床组
            └─────────────── 厂内代号
         └────────────────── 厂商代号：××机床集团
      └───────────────────── 类代号：车床类
```

6.1.4　刀具、工件的装夹

1. 刀具的装夹

车刀装夹得是否正确，直接影响切削的顺利进行和工件的加工质量。即使刃磨了合理的车刀角度，如果不正确装夹，也会改变车刀工作时的实际角度。装夹车刀时，必须注意以下几点：

(1) 车刀不宜伸出太长，否则切削时刀杆的刚性减弱，容易产生振动，影响工件的表面粗糙度，甚至使车刀损坏。车刀下面的垫片要平整，并应与刀架对齐，而且尽量以少量的厚垫片代替较多的薄垫片，以防止车刀产生振动。

(2) 车刀刀尖应与工件轴线一样高。车刀装得太高，会使车刀的实际后角减小，使车刀后刀面与工件之间的摩擦增大；车刀装得太低，会使车刀的实际前角减小，使切削不顺利。

(3) 装夹车刀时，刀杆中心线应与进给方向垂直，否则会使主偏角和副偏角的数值发生变化。

(4) 车刀至少要用两个螺钉压紧在刀架上，并逐个轮流旋紧。旋紧时不得用力过大而损坏螺钉。

2．工件的装夹

三爪自定心卡盘的构造如图 6-8 所示。三爪自定心卡盘也是用连接盘装夹在车床主轴上的。当扳手方榫插入小锥齿轮 2 的方孔 1 转动时，小锥齿轮 2 就带动大锥齿轮 3 转动。大锥齿轮 3 的背面是一平面螺纹 4，三个卡爪 5 背面的螺纹跟平面螺纹 4 啮合，因此当平面螺纹 4 转动时，就带动三个卡爪 5 同时作向心或离心移动。

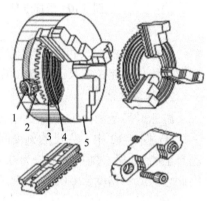

图 6-8　三爪自定心卡盘构造

6.1.5　常用量具及其使用

量具是保证产品质量的常用工具。正确使用量具是保证产品加工精度、提高产品质量的最有效的手段。

1．钢直尺的规格和使用

钢直尺是简单量具，其测量精度一般在 ±0.2 mm 左右，在测量工件的外径和孔径时，必须与卡钳配合使用。钢直尺上刻有公制或英制尺寸，常用的公制钢直尺的长度规格有150、300、800、1000 等四种。如图 6-9 所示为长度规格 150 的钢直尺。

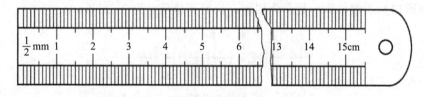

图 6-9　钢直尺

2．游标卡尺的结构和使用

游标卡尺是一种常用的量具，具有结构简单、使用方便、精度中等和测量尺寸范围大等特点，可以用它来测量零件的外径、内径、长度、宽度、厚度、深度和孔距等，应用范围很广，如图 6-10 所示。游标卡尺的使用方法如图 6-11 所示。

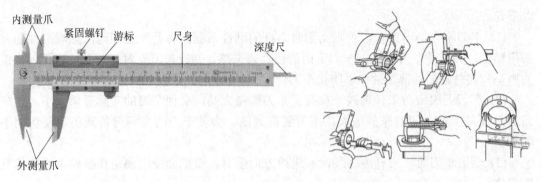

图 6-10　游标卡尺　　　　　　　　　　图 6-11　游标卡尺的使用方法

1) 结构

游标卡尺由主尺和副尺(又称游标)组成。主尺与固定卡脚制成一体；副尺与活动卡脚制成一体，并能在主尺上滑动。游标卡尺有 0.02、0.05、0.1 mm 三种测量精度。

2) 读数方法

游标卡尺是利用主尺刻度间距与副尺刻度间距读数的。

(1) 图 6-12 中，主尺的刻度间距为 1 mm，当两卡脚合并时，主尺上 49 mm 刚好等于副尺上的 50 格，副尺每格长为 0.98 mm。主尺与副尺的刻度间相距为 1 − 0.98 = 0.02 mm，因此它的测量精度为 0.02 mm(副尺上直接用数字刻出)。

图 6-12　游标卡尺的读数示例

(2) 游标卡尺读数分为三个步骤，以图 6-13 所示测量精度为 0.02 mm 的游标卡尺的某一状态为例进行说明。

① 在主尺上读出副尺零线以左的刻度，该值就是最后读数的整数部分。图 6-13 所示为 33 mm。

② 副尺上一定有一条与主尺的刻线对齐，在刻尺上读出该刻线距副尺的格数，将其与刻度间距 0.02 mm 相乘，就得到最后读数的小数部分。图 6-13 所示为 0.24 mm。

③ 将所得到的整数和小数部分相加，就得到总尺寸为 33.24 mm。

图 6-13　测量精度为 0.02 mm 的游标卡尺

3. 外径千分尺

外径千分尺是车削加工时最常用的一种精密测量仪器，其测量精度可以达到 0.01 mm。

1) 外径千分尺的结构

如图 6-14 所示，外径千分尺由测力装置、后盖、微分筒、固定套筒、测微螺杆、固定测点、锁紧装置、护板等结构组成。分尺的规格按测量范围划分，在 500 mm 以内时，每

25 mm 为一挡，如 0～25 mm、25～50 mm 等；在 500～1000 mm 时，每 100 mm 为一挡，如 500～600 mm、600～700 mm 等。

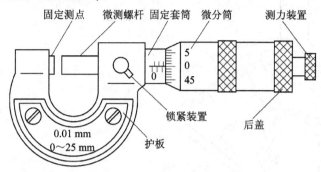

图 6-14 千分尺的结构

2) 外径千分尺的结构和使用

外径千分尺的使用方法如图 6-15 所示。首先，读出固定套管上露出刻线的整毫米及半毫米数。然后，看微分筒哪一刻线与固定套管的基准线对齐，读出不足半毫米的小数部分。最后，将两次读数相加，即为工件的测量尺寸。图 6-16 所示千分尺读数为 5.5 + 0.235 = 5.735 mm。

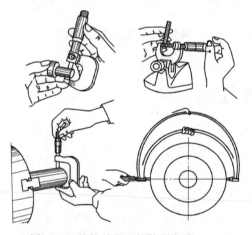

图 6-15 外径千分尺的使用方法

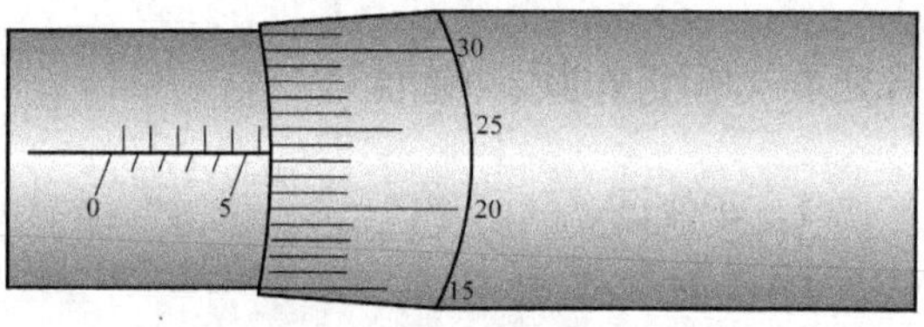

图 6-16 千分尺读数

4. 万能角度尺的结构和使用

1) 万能角度尺的结构

万能角度尺的结构如图 6-17 所示。

2) 万能角度尺的刻线原理与读数方法

以测量精度为 2′ 的万能角度尺为例来介绍刻线原理。如图 6-18 所示，尺身共有 90 个格，每格为 1°，游标上共有 29 个格，其所占的弧长与尺身上 30 个格的弧长相等，即游标上每格所对应的角度为 (29/30)°，尺身每 1 格与游标的每 1 格在角度上相差 2′。

万能角度尺读数时，先读出尺身上位于游标 0 刻度线左侧的整数刻度，然后读出游标上刻度线和尺身刻度线对齐处的数值，把两次的读数相加即为所测角度的数值。图 6-18 中万能角度尺的读数为 16° +6×2′ =16° 12′。

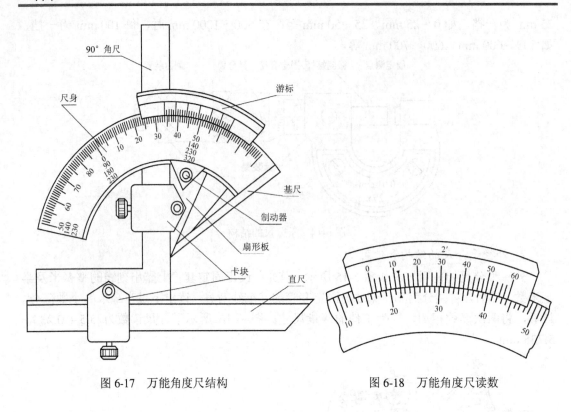

图 6-17　万能角度尺结构　　　　图 6-18　万能角度尺读数

标注：90°角尺、尺身、游标、基尺、制动器、扇形板、卡块、直尺

6.2　车外圆柱面

6.2.1　车削外圆、端面

1. 车外圆

1) 调整车床

车床的调整包括主轴转速和车刀的进给量。主轴的转速是根据切削速度计算选取的。进给量是根据工件加工要求确定。粗车时，一般取 0.2～0.3 mm/r；精车时，随所需要的表面粗糙度而定。

2) 具体操作

(1) 移动床鞍至工件的右端，用中滑板控制进刀深度，摇动小滑板丝杠或床鞍纵向移动车削外圆，一次进给完毕，横向退刀，再纵向移动刀架或床鞍至工件右端，进行第二、第三次进给车削，直至符合图样要求为止。

(2) 在车削外圆时，通常要进行试切削和试测量。其具体方法是：根据工件直径余量的二分之一作横向进刀，当车刀在纵向外圆上进给 2 mm 左右时，纵向快速退刀，然后停车测量(注意横向不要退刀)。然后停车测量，如果已经符合尺寸要求，就可以直接纵向进给进行车削，否则可按上述方法继续进行试切削和试测量，直至达到要求为止。试切步骤如图 6-19 所示。

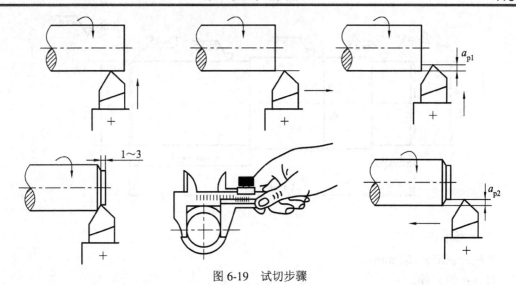

图 6-19　试切步骤

(3) 为了确保外圆的车削长度，通常先采用刻线痕法，后采用测量法进行，即在车削前根据需要的长度，用钢直尺、样板或卡尺及车刀刀尖在工件的表面刻一条线痕，然后根据线痕进行车削，当车削完毕后再用钢直尺或其他工具复测。

2．车端面

1) 端面的车削方法

车端面时，刀具的主刀刃要与端面有一定的夹角。工件伸出卡盘外部分应尽可能短些，车削时用中拖板横向走刀，走刀次数根据加工余量而定，可采用自外向中心走刀，也可以采用自圆中心向外走刀的方法。

2) 车端面的注意事项

车端面时应注意以下几点：

(1) 车刀的刀尖应对准工件中心，以免车出的端面中心留有凸台。

(2) 偏刀车端面，当背吃刀量较大时，容易扎刀。背吃刀量 a_p 的选择：粗车时 a_p =0.2～1 mm，精车时 a_p = 0.05～0.2 mm。

(3) 端面的直径从外到中心是变化的，切削速度也在改变，在计算切削速度时必须按端面的最大直径计算。

(4) 车直径较大的端面，若出现凹心或凸肚，则应检查车刀和方刀架以及大拖板是否锁紧。

3．倒角

当平面、外圆车削完毕时，移动刀架，使车刀的切削刃与工件的外圆成 45°夹角，移动床鞍至工件的外圆和平面的相交处进行倒角。所谓 $1 \times 45°$ 是指倒角在外圆上的轴向距离为 1 mm。

4．技能训练

1) 训练图样

训练图样如图 6-20 所示。

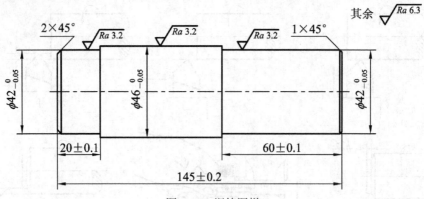

图 6-20　训练图样

2) 材料准备

毛坯：$\phi50 \times 150$ mm。

材料：尼龙棒。

3) 技术要求

(1) 未注公差按 IT14；未注倒角按 $0.5 \times 45°$。

(2) 不得使用砂布和油石等打光加工表面。

(3) 锐边去毛刺。

4) 考核要求

(1) 工时定额：1.5 小时。

(2) 安全文明生产：正确执行国家颁布的安全生产法规或学校自定的有关文明生产规定，做到工作场地整洁，工件、夹具、刀具、量具放置合理、整齐有序。

6.2.2　车槽与切断

在工件表面上车沟槽的方法叫切槽，形状有外槽、内槽和端面槽。外沟槽是在工件的外圆或端面上切削出来的各种形式的槽。内沟槽则是在工件的内孔里面切削出来的各种形式的槽。通过该项目的训练，可以学会内、外沟槽的车削方法。

1. 车槽

1) 车槽方法

(1) 车削精度不高的和宽度较窄的矩形沟槽，可以用刀宽等于槽宽的车槽刀，采用直进法一次进给车出。精度要求较高的沟槽，一般采用二次进给车成。即第一次进给车沟槽时，槽壁两侧留精车余量，第二次进给时用等宽刀修整。

(2) 车削较宽的沟槽，可以采用多次直进法切割，并在槽壁两侧留一定的精车余量，然后根据槽深、槽宽精车至图样尺寸。

(3) 车削较小的圆弧形槽，一般用成型刀车削。较大的圆弧形槽，用双手联动车削，再用样板修整。

(4) 车削较小的梯形槽，一般以成型刀车削完成。较大的梯形槽，通常先车直槽，后用梯形刀直进法或左右切削法完成。

2) 槽的测量

精度要求低的沟槽，一般采用钢直尺和卡钳测量。精度较高的沟槽，底径可用千分尺，槽宽可用样板、游标卡尺、塞规等检查测量。

2．切断

在车削加工中，经常需要把太长的原材料切成一段一段的毛坯，然后再进行加工，也有一些工件在车好以后，再从原材料上切下来，这种加工方法叫切断。

切断方法分为以下两种：

(1) 用直进法切断工件。所谓直进法是指垂直于工件轴线方向切断，这种切断方法切断效率高，但对车床刀具刃磨与装夹有较高的要求，否则容易造成切断刀的折断。

(2) 左右借刀法切断工件。在切削系统(刀具、工件、车床)刚性等不足的情况下可采用左右借刀法切断工件。这种方法是指切断刀在径向进给的同时，车刀在轴线方向反复的往返移动直至工件切断。

3．技能训练

1) 训练图样

训练图样如图 6-21 所示。

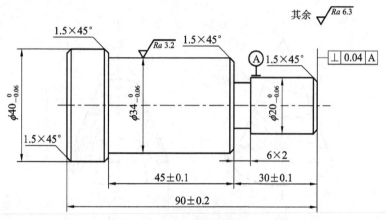

图 6-21　沟槽图样

2) 材料准备

毛坯：$\phi 42 \times 95$ mm。

材料：尼龙棒。

3) 技术要求

(1) 未注公差按 IT14。未注倒角按 0.5×45°。

(2) 不得使用砂布和油石等打光加工表面。

(3) 锐边去毛刺。

4) 考核要求

(1) 工时定额：2 小时。

(2) 安全文明生产：正确执行国家颁布的安全生产法规或学校自定的有关文明生产规定，做到工作场地整洁，工件、夹具、刀具、量具放置合理、整齐有序。

6.3　车 削 锥 体

在车床上有多种方法车削圆锥面。采用不同方法车削圆锥面，对应加工的零件尺寸范围、结构形式、加工精度、使用性能和批量大小有所不同。无论哪一种方法，都是为了使刀具的运动轨迹与零件轴心线成一斜角，从而加工出所需要的圆锥面零件。为了降低生产成本，使用方便，我们把常用的零件圆锥表面按标准尺寸制成标准圆锥表面，即圆锥表面的各部分尺寸按照规定的几个号码来制造，使用时只要号码相同，就能紧密配合和互换。

6.3.1　基本知识

1. 了解表征圆锥体的参数

与轴线成一定角度，且一端相交于轴线的一条直线段 *AB*，围绕着该轴线旋转形成的表面，称为圆锥表面(简称圆锥面)，如图 6-22(a)所示。其斜线称为圆锥母线。如果将圆锥体的尖端截去，则成为一个截锥体，如图 6-22(b)所示。如图 6-22(c)所示为圆锥的各部分名称、代号。

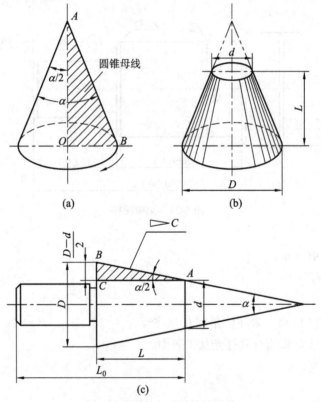

图 6-22　圆锥与圆锥体的计算

图中：*D*——最大圆锥直径，简称大端直径(mm)；

　　　d——最小圆锥直径，简称小端直径(mm)；

α——圆锥角(°)；

α/2——圆锥半角(°)；

L——最大圆锥直径与最小圆锥直径之间的轴向距离，简称工件圆锥部分长(mm)；

C——锥度；

L_0——工件全长(mm)。

圆锥半角(α/2)或锥度(C)、最大圆锥直径(D)、最小圆锥直径(d)、工件圆锥部分长(L)称为圆锥的四个基本参数(量)。这四个量中，只要知道任意三个量，其他一个未知量就可以求出，计算公式为 $\tan\dfrac{\alpha}{2}=\dfrac{D-d}{2L}$ 。

2．熟悉标准圆锥体

为了降低生产成本和使用方便，常用的工具、刀具圆锥都已标准化。标准圆锥已在国际上通用，即不论哪一个国家生产的机床或工具，只要符合标准圆锥都能达到互换性。常用的标准圆锥有下列两种：

(1) 莫氏圆锥。莫氏圆锥是在机器制造业中应用得最广泛的一种，如车床主轴锥孔、顶尖、钻头柄、铰刀柄等都用莫氏圆锥。莫氏圆锥分成 7 个号码，即 0、1、2、3、4、5 和 6 号，最小的是 0 号，最大的是 6 号。它的号数不同，锥度也略不相同。由于锥度不同，所以圆锥角α也略有不同。

(2) 公制圆锥。公制圆锥有 8 个号码，即 4、6、60、100、120、140、160 和 200 号。它的号码就是指大端直径，锥度固定不变，即 K=1∶20。例如 60 号公制圆锥，它的大端直径是 60 mm，锥度 K=1∶20。

6.3.2　车削圆锥

1．车削圆锥的方法

车削圆锥主要有四种方法：转动小滑板法、偏移尾座法、仿形法(靠模法)、宽刃刀车削法。最常用的就是转动小滑板法。

将小滑板转动一个圆锥半角，使车刀移动的方向和圆锥素线的方向平行，即可车出外圆锥，如图 6-23 所示。用转动小滑板法车削圆锥面操作简单，可加工任意锥度的内、外圆锥面。但加工长度受小滑板行程限制，另外需要手动进给，劳动强度大，工件表面质量不高。

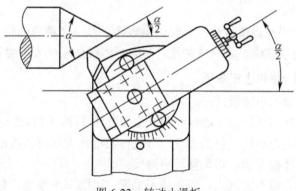

图 6-23　转动小滑板

2．熟悉测量圆锥体的方法

测量圆锥体，不仅要测量它的尺寸精度，还要测量它的角度(锥度)。

1) 角度的检验

使用万能角度尺测量圆锥体的方法如图 6-24 所示。使用时要注意以下几点：

(1) 按工件所要求的角度，调整好万能角度尺的测量范围；

(2) 工件表面要清洁；

(3) 测量时，万能角度尺面应通过中心，并且一个面要跟工件测量基准面吻合，透光检查；读数时，应该固定螺钉，然后离开工件，以免角度值变动。

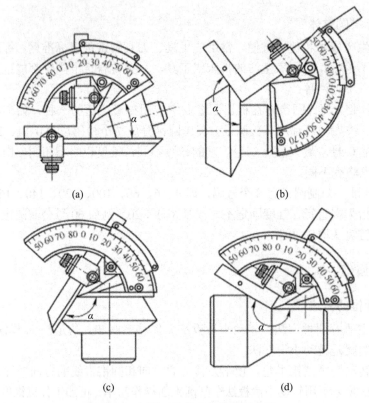

(a)　　　　　　　　　　　　　　　　(b)

(c)　　　　　　　　　　　　　　　　(d)

图 6-24　用万能角度尺的测量方法

2) 圆锥的尺寸检验

圆锥的尺寸一般用圆锥量规检验。圆锥量规除了有一个精确的锥形表面之外，在端面上有一个阶台或有两条刻线。阶台或刻线之间的距离就是圆锥大小端直径的公差范围。

3．容易产生的问题和注意事项

(1) 车削前需要调整小滑板的镶条。

(2) 车刀必须对准工件旋转中心，避免产生双曲线(母线不直)误差。

(3) 车削圆锥体前对圆柱直径的要求，一般按圆锥体大端直径放余量 1 mm 左右。

(4) 应两手握小滑板手柄，均匀移动小滑板。

(5) 车削时，进刀量不宜过大，应先找正锥度，以防车小报废。精车余量为 0.5 mm。

（6）用量角器检查锥度时，测量边应通过工件中心。用套规检查时，工件表面粗糙度要小，涂色要均匀，转动一般在半圈之内，多则易造成误判。

（7）转动小滑板时，应稍大于圆锥半角，然后逐步找正。调整时，只需把紧固的螺母稍松一些，用左手拇指紧贴小滑板转盘与中滑板底盘上，用铜棒轻轻敲小滑板所需找正的方向，凭手指的感觉决定微调量，这样可较快找正锥度。注意要消除中滑板间隙。

（8）当车刀在中途刃磨以后装夹时，必须重新调整，使刀尖严格对准中心。

4．技能训练

1）训练图样

训练图样如图 6-25 所示。

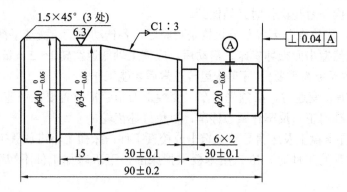

图 6-25　锥体图样

2）材料准备

毛坯：$\phi 42 \times 95$。

材料：尼龙棒。

3）技术要求

（1）未注公差按 IT14。未注倒角按 0.5×45°。

（2）不得使用砂布和油石等打光加工表面。

4）考核要求

（1）工时定额：2 小时。

（2）安全文明生产：正确执行国家颁布的安全生产法规或学校自定的有关文明生产规定，做到工作场地整洁，工件、夹具、刀具、量具放置合理、整齐有序。

6.4　车削加工安全操作规程

车床安全操作规程

6.4.1　安全操作规程

坚持安全、文明生产是保障生产工人和设备的安全，防止工伤和设备事故的根本保证，同时也是工厂科学管理的一项十分重要的手段。它直接影响到人身安全、产品质量和生产效率的提高，影响设备和工、夹、量具的使用寿命以及操作工人技术水平的正常发挥。安全、文明生产的一些具体要求是在长期生产活动中的实践经验和血的教训的总结，要求操作者必须严格执行。

1. 熟悉车床使用安全知识

车床使用安全知识包括文明生产、合理组织工作位置与安全操作技术。

1) 文明生产

文明生产是工厂管理的一项十分重要的内容，它直接影响产品质量的好坏，影响设备和工、夹、量具的使用寿命，影响操作工人技能的发挥。从开始学习基本操作技能时，就要重视培养文明生产的良好习惯。

因此，要求操作者在操作时必须做到：

(1) 开车前，应检查车床各部分机构是否完好，各传动手柄、变速手柄位置是否正确，以防开车时因突然撞击而损坏机床，启动后，应使主轴低速空转 1～2 min，使润滑油散布到各需要之处(冬天更为重要)，等车床运转正常后才能工作。

(2) 工作中需要变速时，必须先停车。变换走刀箱手柄位置要在低速时进行。使用电器开关的车床不准用正、反车作紧急停车，以免打坏齿轮。

(3) 不允许在卡盘上及床身导轨上敲击或校直工件，床面上不准放置工具或工件。

(4) 装夹较重的工件时，应该用木板保护床面，下班时如工件不卸下，应用千斤顶支承。

(5) 车刀磨损后，要及时刃磨，用磨钝的车刀继续切削，不仅会影响产品质量，而且会增加车床负荷，甚至损坏机床。

(6) 车削铸铁、气割下料的工件，导轨上润滑油要擦去，工件上的型砂杂质应清除干净，以免磨损床面导轨。

(7) 使用冷却液时，要在车床导轨上涂上润滑油。冷却泵中的冷却液应定期调换。

(8) 下班前，应清除车床上及车床周围的切屑及冷却液，擦净后按规定在加油部位加上润滑油。

(9) 下班后将大拖板摇至床尾一端，各转动手柄放到空挡位置，关闭电源。

(10) 每件工具应放在固定位置，不可随便乱放。应当根据工具自身的用途来使用。不能用扳手代替榔头，钢尺代替旋凿(起子)等。

(11) 爱护量具，经常保持清洁，用后擦净、涂油，放入盒内并及时放回工具柜。

2) 合理组织工作位置

合理组织工作位置，注意工、夹、量具、图样放置合理，对提高生产效率有很大的帮助。

(1) 工作时所使用的工、夹、量具以及工件，应尽可能靠近和集中在操作者的周围。布置物件时，右手拿的放在右面，左手拿的放在左边；常用的放得近些，不常用的放得远些。物件放置应有固定的位置，使用后要放回原处。

(2) 工具箱的布置要分类，并保持清洁、整齐。要求小心使用的物体放置稳妥，重的东西放下面，轻的放上面。

(3) 图样、操作卡片应放在便于阅读的部位，并注意保持清洁和完整。

(4) 毛坯、半成品和成品应分开，并按次序整齐排列，以便安放或拿取。

(5) 工作位置周围应经常保持整齐清洁。

3) 安全操作技术

操作时必须提高执行纪律的自觉性，遵守规章制度，并严格遵守安全技术要求。

(1) 穿工作服，戴套袖。女工应戴工作帽，头发或辫子应塞入帽内。

(2) 戴防护眼镜，注意头部与工件不能靠得太近。

2．熟悉刀具刃磨安全知识

合理、安全地使用砂轮机对刀具进行刃磨，也是车工必备的基本功之一。安全刃磨刀具应做到以下几点：

(1) 车刀刃磨时，车刀要持稳，不能用力过大，以防打滑伤手。

(2) 车刀高低必须控制在砂轮水平中心，刀头略向上翘，否则会出现后角过大或负后角等弊端。

(3) 车刀刃磨时应作水平的左右移动，以免砂轮表面出现凹坑。

(4) 在平形砂轮上磨刀时，尽可能避免磨砂轮侧面。

(5) 砂轮磨削表面须经常修整，使砂轮没有明显的跳动。对平形砂轮一般可用砂轮刀在砂轮上来回修整。

(6) 磨刀时要戴防护眼镜。

(7) 刃磨硬质合金车刀时，不可把刀头部分放入水中冷却，以防刀片突然冷却而碎裂。刃磨高速工具钢车刀时，应随时用水冷却，以防车刀过热退火，降低硬度。

(8) 在磨刀前，要对砂轮机的防护设施进行检查。如防护罩壳是否齐全；有搁架的砂轮，其搁架与砂轮之间的间隙是否恰当等。

(9) 重新安装砂轮后，要进行检查，经试转后才可使用。

(10) 刃磨结束后，应随手关闭砂轮机电源。

(11) 车刀刃磨练习的重点是掌握车刀刃磨的姿势和刃磨方法。

6.4.2 车床的润滑和维护保养

为保证车床的加工精度，延长车床的使用寿命和提高劳动生产率，必须加强对车床的维护和保养。车床日常维护的内容主要是擦洗和润滑。每天下班后应擦洗机床上的切屑、切削液及杂物，当擦洗干净后加注润滑油。

车床的日常维护、保养要求如下：

(1) 每天工作后，切断电源，对车床各表面、各罩壳、导轨面、丝杠、光杠、各操纵手柄和操纵杆进行擦拭，做到无油污、铁屑，车床外表清洁。

(2) 每周要求保养床身导轨面和中、小滑板导轨面，保持转动部位的清洁、润滑。要求油眼畅通、油标清晰，清洗油绳和护床油毛毡，保持车床外表清洁和工作场地整洁。

1．润滑方法

车床的润滑方法主要有：浇油润滑、溅油润滑、油泵循环润滑、油绳润滑、压注油杯润滑和润滑脂润滑，如图 6-26 所示。

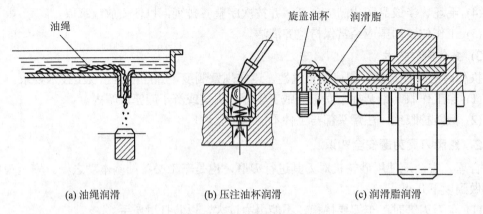

油绳　　　　　　　　　　　　　旋盖油杯　润滑脂

(a) 油绳润滑　　　　　(b) 压注油杯润滑　　　　(c) 润滑脂润滑

图 6-26　车床的润滑方法

2．操作过程

(1) 主轴箱及进给箱采用箱外循环强制润滑。油箱和溜板箱的润滑油在两班制的车间约 50～60 天更换一次。换油时，应先将废油放尽，然后用煤油把箱内冲洗干净后，再注入新机油。注油时应用网过滤，且油面不得低于油标中心线。

(2) 主轴箱内的零件用油泵循环润滑或飞溅润滑。箱内润滑油一般 3 个月换一次。主轴箱体上有一个油标，若发现油标内无油输出，则说明油泵输油系统有故障，应立即停机检查断油的原因，待修复后才能开动车床。

(3) 进给箱内的齿轮和轴承的润滑方式除了用齿轮飞溅润滑外，还用进给箱上部的储油槽通过油绳导油润滑的方式。每班应给该储油槽加一次油。

(4) 刀架和横向丝杠的注油孔用油枪加油。

(5) 交换齿轮轴头有一个塞子需要每班拧动一次，使轴内的 2 号钙基润滑脂供应轴与套之间的润滑。7 天加一次钙基润滑脂。

(6) 尾座套筒和丝杠、螺母的润滑，每班可用油枪加油一次。

(7) 丝杠、光杠及变向杠的轴颈润滑是通过后托架的储油池内的羊毛线引油进行，润滑每班注油一次。

(8) 床身导轨、滑板导轨在每班工作前后都要擦净并用油枪加油。

6.5　实　训　项　目

1．锤杆

零件图如图 6-27 所示。

2．工艺步骤

首先用三爪自定心卡盘夹住圆柱体工件，然后开始加工。

(1) 车端面；

(2) 钻 ϕ 3.5 中心孔；

(3) 车外圆 ϕ 9.7，长度为 15 mm，倒角 1.5×30°；

(4) 车槽 ϕ8.5，在 9.7 mm 处切槽，切槽长度为 14 mm，再切槽，切槽刀宽为 4 mm；

(5) 切槽，保持工件全长度为 181 mm；

(6) 调头，平端面保持总长度为 180 mm，钻 ϕ3.5 中心孔；

(7) 车外圆 ϕ10.5，车外圆卡盘夹 9.7 mm 处，用活顶尖顶住中心孔，倒角 1.5×45°；

(8) 砂布表面抛光；

(9) 滚花断面，滚花总长为 71 mm。

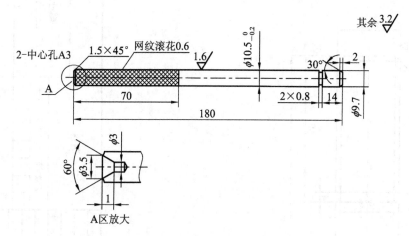

图 6-27　锤杆

思考练习图见图 6-28～图 6-31。

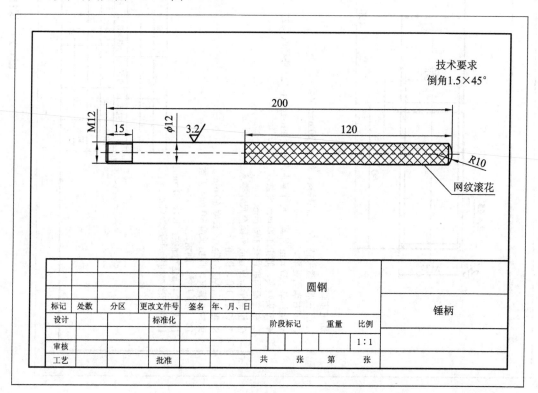

图 6-28　锤柄

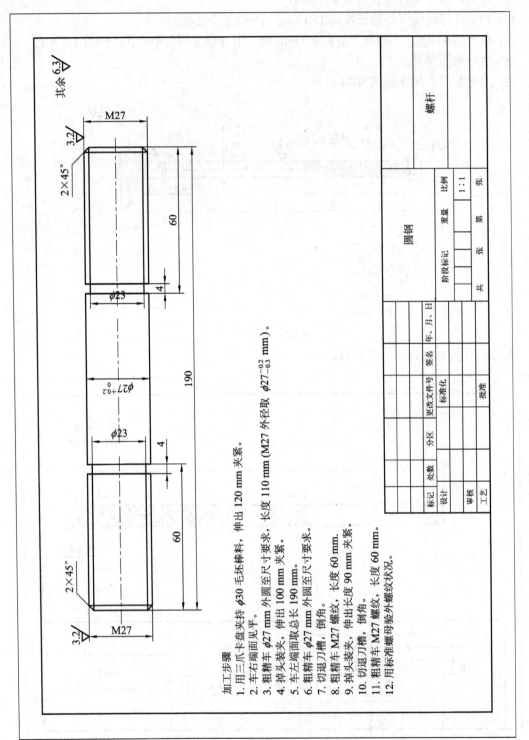

图 6-29　螺杆

加工步骤
1. 用三爪卡盘夹持 φ30 毛坯棒料，伸出 120 mm 夹紧。
2. 车右端面见平。
3. 粗精车 φ27 mm 外圆至尺寸要求，长度 110 mm（M27 外径取 $\phi 27^{-0.2}_{-0.3}$ mm）。
4. 掉头装夹，伸出 100 mm 夹紧。
5. 车左端面取总长 190 mm。
6. 粗精车 φ27 mm 外圆至尺寸要求。
7. 切退刀槽，倒角。
8. 粗精车 M27 螺纹，长度 60 mm.
9. 掉头装夹，伸出长度 90 mm 夹紧。
10. 切退刀槽，倒角。
11. 粗精车 M27 螺纹，长度 60 mm.
12. 用标准螺母验外螺纹状况。

其余 6.3

3.2

M27

2×45°

φ23

4

φ27+0.2 0

190

φ23

4

60

2×45°

3.2

M27

螺杆

圆钢

比例 1:1

阶段标记　重量　第　张

共　张

标记　处数　分区　更改文件号　签名　年，月，日

标准化

批准

设计

审核

工艺

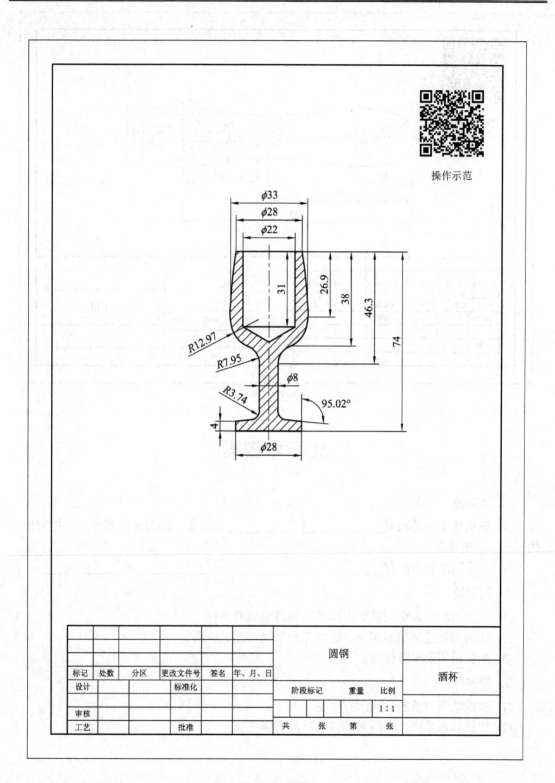

图 6-30 酒杯

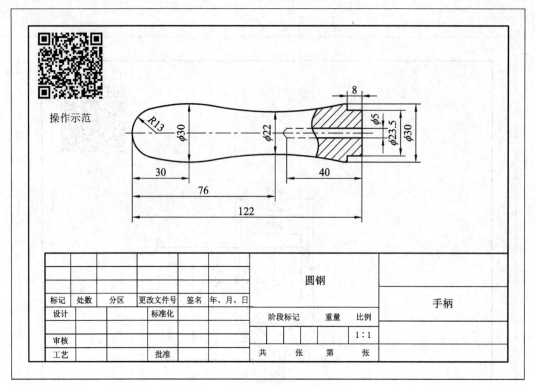

图 6-31　手柄

复习思考题

1. 填空题

(1) 车削加工就是利用_____和_____来改变毛坯的形状和尺寸，把它加工成_____的零件。

(2) 车床润滑的方法有_____、_____、_____、_____。

2. 判断题

(1) 工作运动分为横向进给运动和纵向进给运动两种。　　　　　　　（　　）

(2) 切削用量包括切削深度、进给量和主轴转速三要素。　　　　　　（　　）

(3) 光杠是用来车螺纹的。　　　　　　　　　　　　　　　　　　　（　　）

3. 简答题

(1) 造成切断刀折断的原因有哪些？

(2) 车锥体容易产生的问题和注意事项有哪些？

第7章 钳 工

问题导入

如图 7-1 所示的法半盘,四周的孔是如何做出来的？用到哪些工艺？这就是本章所要学习的钳工基本知识。

教学目标

1. 熟悉钳工工作在机械制造及维修中的作用;
2. 熟悉钳工的基本操作:划线、锯削、锉削;
3. 熟悉攻螺纹、套螺纹、钻孔、扩孔和铰孔的方法;
4. 了解钳工的安全技术。

图 7-1 法兰盘

7.1 基 础 知 识

1. 钳工的定义

以手工操作为主,利用手动工具和手工工具进行切削加工、产品组装、设备修理的工种称为钳工。

2. 钳工的分类

根据加工的范围,钳工可以分为普通钳工、工具钳工、装配钳工、机修钳工等。

钳工的操作方法有划线、锯削、锉削、孔加工(钻孔、扩孔、锪孔、铰孔)、攻螺纹、套螺纹、錾削、刮削和研磨等。

3. 钳工的常用设备

1) 钳工工作台

钳工工作台简称钳台,用于安装台虎钳,进行钳工操作。其用硬质木材或钢材做成。工作台要求平稳、结实,台面高度一般为 800~900 mm,以装上台虎钳后钳口高度恰好与人手肘齐平为宜,上边装有防护网,如图 7-2 所示。

2) 台虎钳

台虎钳是夹持工件的主要工具。錾切、锯割、锉削以及许多其他钳工操作都是在台虎钳上进行的。台虎钳有固定式和回转式两种,如图 7-3 所示为回转式台虎钳。台虎钳的规格用钳口的宽度表示,常用的为 100~150 mm。

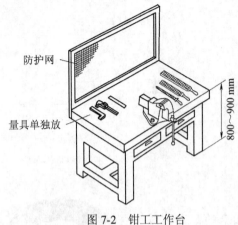

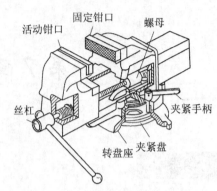

图 7-2　钳工工作台　　　　　　　图 7-3　回转式台虎钳

台虎钳的主体由铸铁制成，分固定和活动两个部分。台虎钳的张开或合拢，是靠活动部分一根螺杆与固定部分内的固定螺母间配合而旋进旋出。台虎钳座用螺栓紧固在钳台上。对于回转式台虎钳，台虎钳底座的连接靠两个锁紧螺钉的紧合，根据需要，松开锁紧螺钉便可旋转台虎钳。

台虎钳的使用注意事项如下：

(1) 工件应夹持在台虎钳钳口的中部，以使钳口受力均匀，图 7-4(a)、(b)所示分别为正确和不正确的工件夹持方式。

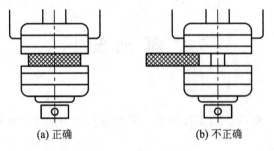

图 7-4　工件夹持方法

(2) 台虎钳夹持工件的力，只能用双手的力扳紧手柄，不能在手柄上加套管子或锤敲击，以免损坏台虎钳内螺杆或螺母螺纹，如图 7-5 所示。

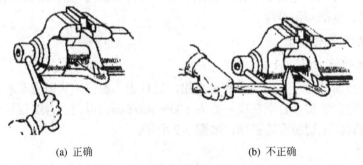

图 7-5　台虎钳的夹紧用力方式

(3) 长工件只可锉夹紧的部分，锉其余部分时，必须移动重夹。

(4) 夹持槽铁时，槽底必须夹到钳口上，为了避免变形用螺钉和螺母撑紧。

(5) 用垫木夹持槽铁最合理，如不用辅助件夹持就会变形。

(6) 夹持圆棒料时，应用 V 形槽垫铁是合理的夹持方法。

(7) 夹持铁管时，应用一对 V 形槽垫铁夹持，否则管子就会夹扁变形，尤其是薄壁管更容易夹扁变形。

(8) 夹持工件的光洁表面时，应垫铜皮加以保护。

(9) 锤击工件可以在砧面上进行，但锤击力不能太大，否则会使虎钳受到损害。

(10) 台虎钳内的螺杆、螺母及滑动面应经常加油润滑。

3) 砂轮机

砂轮机是用来刃磨各种刀具和工具的常用设备。其主要是由基座、砂轮、电动机、托架、防护罩等组成，如图 7-6 所示。

4) 手电钻

手电钻主要用于钻直径为 12 mm 以下的孔，常用于不便使用钻床钻孔的场合。手电钻的电源有单相(220 V、36 V)和三相(380 V)两种。根据用电安全条例，手电钻额定电压只允许 36 V，如图 7-7 所示。

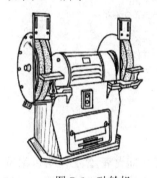

图 7-6 砂轮机

图 7-7 手电钻

5) 钻床

钻床是用于孔加工的一种机械设备，它的规格用可加工孔的最大直径表示。

(1) 台式钻床(Z4012)：适用加工中、小型零件上直径在 13 mm 以下的小孔，如图 7-8 所示。

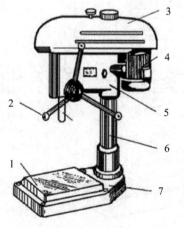

1—工作台；
2—进给手柄；
3—带罩；
4—电动机；
5—主轴架；
6—立柱；
7—机座

图 7-8 台式钻床

(2) 立式钻床(Z525)：简称立钻，它是一种中型钻床，最大钻孔直径有 25 mm、35 mm、40 mm 和 50 mm 等几种，其钻床规格是用最大钻孔直径来表示的，如图 7-9 所示。立钻主要由主轴、主轴变速箱、进给箱、立柱、工作台和机座等组成。进给箱和工作台可沿立柱导轨调整上下位置，以适应加工不同高度的工件。立钻适合于单件小批生产中加工中小型工件。立钻与台钻不同的是主轴转速和进给量的变化范围大，立钻可自动进给，且适于扩孔、锪孔、铰孔和螺纹等加工。

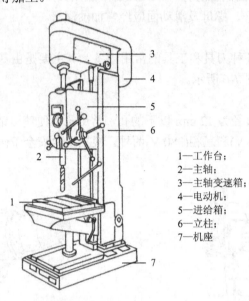

1—工作台；
2—主轴；
3—主轴变速箱；
4—电动机；
5—进给箱；
6—立柱；
7—机座

图 7-9　立式钻床

(3) 摇臂钻床(Z3040)：有一个能绕立柱回转的摇臂，摇臂带着主轴箱可沿立柱垂直移动，同时主轴箱还能在摇臂上作横向移动。由于摇臂钻床结构上的这些特点，操作时能很方便地调整刀具的位置，以对准被加工孔的中心，而不需移动工件来进行加工，如图 7-10 所示。因此，摇臂钻床适用于在一些笨重的大工件以及多孔的工件的加工，它广泛地应用于单件和成批生产中。

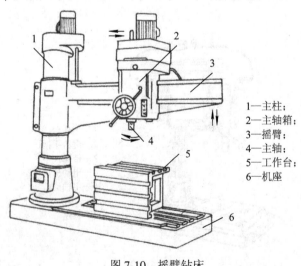

1—主柱；
2—主轴箱；
3—摇臂；
4—主轴；
5—工作台；
6—机座

图 7-10　摇臂钻床

6) 钻头装夹

(1) 直柄麻花钻头用钻夹头进行装夹：旋动钻夹头上的伞齿轮钥匙，使夹爪推出或缩入，实现钻头的夹紧和松开，钻夹头则与主轴相连接(见图 7-11)。

(2) 锥柄麻花钻用变径套(俗称钻套)装夹(见图 7-12)：可根据钻头锥柄莫氏锥体的号数选用相应的变径套，较小直径的钻头不能直接装夹在钻床主轴上，此时可将几个变径套配接起来使用，连接到钻床主轴上。楔铁配合手锤可将变径套从主轴上卸下，将钻头与变径套分离。

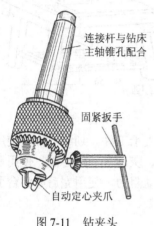

图 7-11　钻夹头

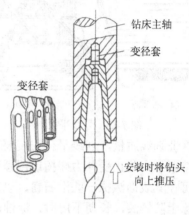

图 7-12　锥柄钻头装夹

7.2　基 本 操 作

7.2.1　划线

划线是根据图纸要求，在毛坯或半成品上划出加工界线的一种操作。划线是作为加工工件或安装工件的依据。

划线分为平面划线和立体划线。平面划线是在一个平面上划线，如图 7-13 所示。立体划线是在工件的几个表面上划线，即在长、宽、高三个方向上划线，如图 7-14 所示。

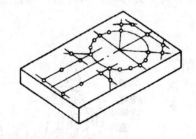

图 7-13　平面划线

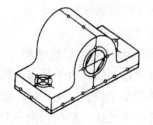

图 7-14　立体划线

划线的精度较低，用划针划线的精度为 0.25～0.5 mm，用高度尺划线的精度为 0.1 mm 左右。故在加工过程中仍需用量具来控制零件的最终尺寸。

1．划线工具及其用途

1) 划线平台

划线平台由划线平板及支承平板的支架组成。划线平板由铸铁制成，是划线的基准工具，如图 7-15 和图 7-16 所示。划线平板的上平面是划线用的基准平面，即是安放工件和划针盘移动的基准面，因此要求上平面非常平直和光整，一般经过精刨、刮削等精加工。

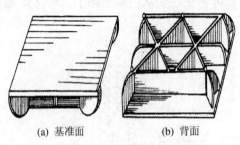

(a) 基准面　　　　　　(b) 背面

图 7-15　划线平板

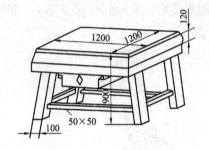

图 7-16　划线平台

为保证划线质量，划线平台安装要牢固，以便稳定地支承工件。划线平台在使用过程中要保持清洁，防止受外力碰撞或用锤敲击；要防止铁屑、灰砂等划伤台面。使用平台划线时，可在其表面涂抹一些滑石粉，以减少划线工具的移动阻力。使用完后应将台面擦干净，并涂上防锈漆，长期不用时，涂油防锈，并用木板护盖。

2) 划针

划针是用来直接在工件上划出加工线的工具。它用工具钢或弹簧钢锻制成细长的针状，经淬火磨尖后使用。划针有直划针和弯头划针两种，如图 7-17 所示。工件上某些部位用直划针划不到的地方，就得用弯头划针进行划线。

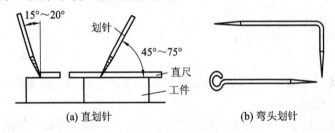

(a) 直划针　　　　　　　(b) 弯头划针

图 7-17　划针

划线时，划针要沿着钢尺、角尺或划线样板等导向工具移动，同时向外倾斜 15°～20°，向移动方向倾斜 45°～75°。

3) 千斤顶

千斤顶用于在划线平板上支承毛坯或不规则工件进行立体划线，由于其高度可以调节，所以便于找正工件的水平位置。使用时，通常用三个千斤顶来支承工件。千斤顶的结构如图 7-18 所示。

4) V 形铁

V 形铁用于支承圆柱形工件，能使轴线平行于划线平板的上平面，便于用划针盘找中心、划中心线，

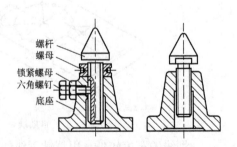

图 7-18　千斤顶的结构

如图 7-19 和图 7-20 所示。V 形铁用铸铁制成，相邻各侧面互相垂直。V 形铁一般成对加工，以保证尺寸相同，便于使用。

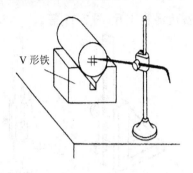

图 7-19 圆形截面找中心

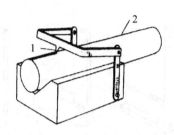

图 7-20 圆柱面上划直线

5) 划规

划规俗称圆规，主要用于划圆或划弧，等分线段或角度以及把直尺上的尺寸移到工件上。划线使用的划规有普通划规、带锁紧装置的划规、弹簧划规、大尺寸划规等，如图 7-21 所示。

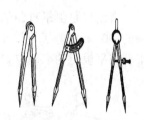

图 7-21 划规

6) 样冲

样冲用来在工件所划的线条的交叉点上打出小而均匀的样冲眼，以便于在所划的线模糊后，仍能找到原线及交点位置。划圆前与钻孔前，应在中心部位上打上中心样冲眼，如图 7-22 和图 7-23 所示。

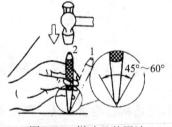

图 7-22 样冲及其用法

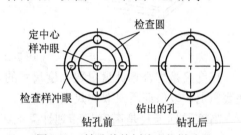

图 7-23 钻孔前的划线和打样冲眼

2．划线步骤

(1) 分析图样，确定要划出的线及划线基准，检查毛坯是否合格；

(2) 清理毛坯上的氧化皮、毛刺等，在划线部位涂一层涂料，铸锻件涂上白浆，已加工表面涂上紫色或绿色，带孔的毛坯用铅块或木块堵孔，以便确定孔的中心位置；

(3) 支承及找正工件，先划出划线基准，再划出其他水平线；

(4) 翻转工件，找正，划出互相垂直的线及其他圆、圆弧、斜线等；

(5) 检查尺寸，打样冲眼。

3．使用划规的事项事项

使用划规应注意以下事项：

(1) 件夹持要稳固，以防工件滑倒或移动；

(2) 在一次支承中，应把需要划出的平行线划全，以免再次支承补划造成误差；

(3) 正确使用划线工具，以免产生误差。

4．量具

划线常用的量具有直角尺(图 7-24)、高度尺和高度游标卡尺(图 7-25)等。

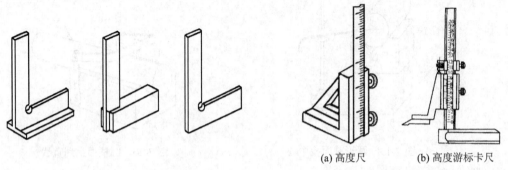

(a) 高度尺　　　(b) 高度游标卡尺

图 7-24　直角尺　　　　　图 7-25　高度尺和高度游标卡尺

直角尺是测量直角的量具。直角尺用中碳钢制成，经精磨或刮研后使两条边夹角呈准确的 90°。它除了可以作垂直度检验外，还可以作为划平行线、垂直线的导向工具及校正工件在平板上的准确位置，如图 7-26 所示。

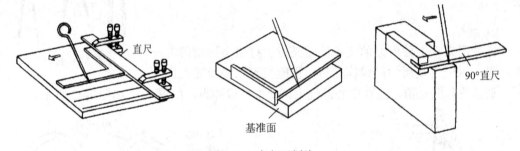

直尺

基准面

90°直尺

图 7-26　直角尺划线

高度尺是配合划针盘量取高度尺寸的量具，它由底座和钢直尺组成，钢直尺垂直固定在底座上，以保证所量取的尺寸准确。

高度游标卡尺是高度尺和划针盘的组合，高度游标卡尺是精密测量工具，精度可达 0.02 mm，适用于半成品(光坯)的划线，不允许用它来划毛坯线。使用时，要防止撞坏硬质合金划线脚。

7.2.2　锯削

手锯由锯弓和锯条两部分组成。

手锯结构简单，使用方便，操作灵活，在钳工工作中使用广泛。但手锯锯削的精度低，工件一般需进一步加工。

1．锯弓及锯条

1) 锯弓

锯弓是用来安装和张紧锯条的，有固定式和可调节式两种，如图 7-27 所示。目前广泛使用的是可调节式锯弓。锯弓两端各有一个夹头，将夹头上的销子插入锯条孔后，旋紧蝶形螺母拉紧锯条。

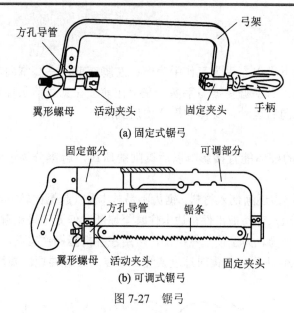

(a) 固定式锯弓

(b) 可调式锯弓

图 7-27 锯弓

2) 锯条

锯条长度是以两端安装孔的中心距表示，常用的为 300 mm。

锯条的锯齿角度是：后角 40°，楔角 50°，前角 0°。

细齿锯条适用于锯硬材料。在锯削管子或薄板时必须用细齿锯条，否则锯齿很容易被钩住甚至发生折断。

手锯是在向前推进时进行切削的。因此，锯条安装时要保证锯齿的方向正确，如果装反了，则锯齿前角变为负值，使切削过程变得困难，不能进行正常的锯削。各种锯削形式如图 7-28 所示。

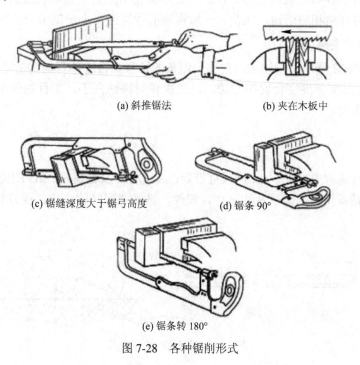

(a) 斜推锯法   (b) 夹在木板中

(c) 锯缝深度大于锯弓高度   (d) 锯条 90°

(e) 锯条转 180°

图 7-28 各种锯削形式

2．锯削方法

1）锯姿

弓箭步，重心向下。以右手为工作手为例；左脚在前，左脚掌向前，右脚在后，两脚距离约为 50～60 cm，右手握住锯弓手柄，左手在前放在锯弓前部控制锯路方向。在锯削过程中随着锯弓由前向后运动，身体的重心由后到前。

2）操作方法

(1) 起锯。起锯的好坏能直接影响以后锯削的质量。起锯分为远起锯和近起锯，如图7-29 所示。

采用远起锯时，锯齿逐渐切入材料，锯齿不易被卡住，起锯比较方便。如果采用近起锯，锯齿由于突然切入较深，容易被工件棱边卡住甚至崩断。但无论采用哪一种起锯法，起锯角都要小，否则起锯不平稳。为了使起锯准确，可用左手拇指挡住锯条，使锯条保持在正确的位置上起锯，如图7-30 所示。起锯时速度要慢，往复的行程要短，施加的压力要适中。

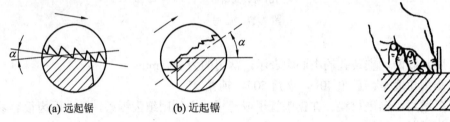

(a) 远起锯　　　(b) 近起锯

图 7-29　锯弓与锯条　　　　　　　　图 7-30　用大拇指挡住锯条起锯

(2) 锯削速度。锯削时速度应以每分钟20～40 次为宜。对于软材料可以快些，对于硬材料就应该慢些。如果速度过快，将引起锯条发热严重，容易磨损。如果速度过慢，则工作效率太低，且不容易把材料锯掉。锯削时要尽量使锯条的全长都利用到，若仅仅集中于局部长度使用寿命将相应缩短。因此，一般锯削的行程应不小于锯条全长的 2/3。

3．锯削的注意事项

(1) 锯条安装在锯弓上时锯齿应向前。锯条的松紧要合适，否则锯削时锯条容易折断。

(2) 工件应尽可能夹在台虎钳左边，以免操作时碰伤左手。工件的伸出部分要短，以防锯削时产生振动。

7.2.3　锉削

锉刀用工具钢制成，经淬火、回火处理后，其硬度可以达到 62～65 HRC。通常用在錾、锯削之后的半精或精加工，以及在零件、部件、机器装配时的修整。锉刀的结构与齿形如图7-31 所示。

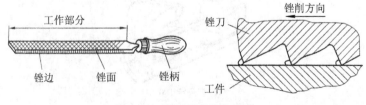

图 7-31　锉刀的结构与齿形

锉刀的规格是以其工作部分的长度来表示的,常用的规格有 100 mm、150 mm、200 mm、250 mm、300 mm、350 mm 等。

锉刀按用途可分为普通锉刀、整形锉刀和特种锉刀三种;根据锉齿的粗细,锉刀又可分为粗齿、中齿、细齿、油光齿四种,各自特点及应用如表 7-1 所示。

表 7-1　锉刀刀齿粗细的划分及特点和应用

锉齿粗细	齿数(10 mm 长度)/个	特 点 和 应 用
粗齿	4～12	齿间大、不易堵塞,适宜粗加工或锉铜、铝等有色金属
中齿	13～23	齿间适中,适于粗锉后加工
细齿	30～40	锉光表面或锉硬金属
油光齿	50～62	精加工时修光表面

1. 怎样正确使用锉刀

(1) 握锉方法。锉刀的握法如图 7-32 所示,使用大的平锉时,应右手握锉柄,左手压在锉刀的另一端上,应保持锉刀水平。使用中型平锉时,因用力较小,用左手的大拇指和食指捏着锉端,引导锉刀水平移动。使用小型锉刀时,左手四个手指压在锉刀的中部。使用整形锉时,只能用右手平握,食指放在锉刀上面,稍加压力。

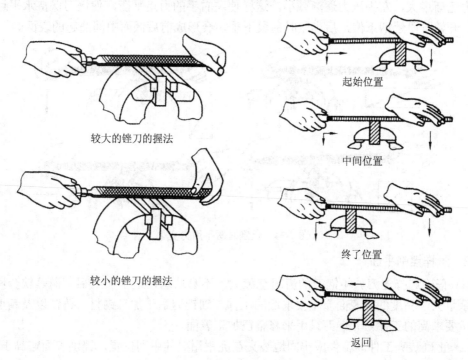

较大的锉刀的握法

较小的锉刀的握法

起始位置

中间位置

终了位置

返回

图 7-32　锉刀的握法

(2) 锉削的姿势和动作。开始锉削时,身体稍向前倾 10°左右,重心落在左脚上,右腿伸直,右肘尽量缩回,准备将锉刀推向前进(图 7-33(a))。当锉刀推至三分之一行程时,身体前倾到 15°左右(图 7-33(b))。锉刀再推进三分之一行程时,身体倾斜到 18°左右(图 7-33(c))。当锉刀继续推进最后三分之一时,身体利用反作用力退回到 15°左右,两臂则继续将锉刀向前推进到头(图 7-33(d))。锉削行程结束时，将锉刀稍微抬起，左腿逐渐伸直，将身体重心后移，顺势将锉刀退回到原始位置。锉削速度控制在每分钟 30～60 次。

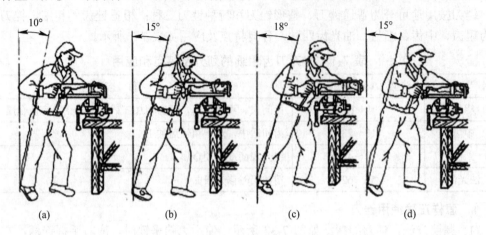

图 7-33　锉削时的姿势

(3) 锉削时左右手压力的变化规律如图 7-34 所示，刚开始往前推锉刀时，即开始位置，左手压力大，右手压力小，两力应逐渐变化，至中间位置时两力相等，再往前推锉时，右手压力逐渐增大，左手压力逐渐减小。这样使左右手的力矩平衡，使锉刀保持水平运动。否则，开始阶段锉柄下偏，后半段时前段下垂，会形成前后低而中间凸起的表面。

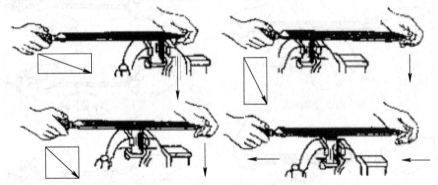

图 7-34　锉削时两手用力变化

2．怎样锉削平面

(1) 正确选择锉刀。粗锉刀的齿间空隙大，不易堵塞，适于加工铝、铜等软金属以及加工余量大、精度低和表面质量要求低的工件。细锉刀适于加工钢材、铸铁以及精度和表面质量要求高的工件。光锉刀只用来修整已加工表面。

(2) 正确装夹工件。工件应牢固地装夹在虎钳钳口的中间位置，锉削表面略高于钳口。夹持已加工表面时，应在钳口处垫以铜片或铝片。

(3) 正确选择和使用锉削方法。锉削平面的方法有顺向锉、交叉锉和推锉三种，如图 7-35 所示。顺向锉一般用于锉平或锉光。交叉锉是先沿一个方向锉一层，然后转 90°左右再锉，其切削效率高，多用于粗加工。当锉削面已基本锉平，可用细锉或油光锉采用推锉法修光。推锉法尤其适用于加工较窄的表面，以及用顺向锉法锉刀前进受到阻碍的情况。

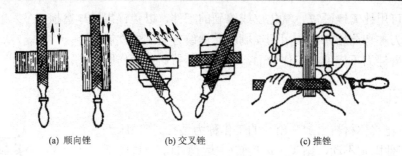

(a) 顺向锉　　　　　　(b) 交叉锉　　　　　(c) 推锉

图 7-35　平面锉削方法

(4) 锉削平面的检查。尺寸可用钢板尺和卡尺检查，直线度、平面度以及垂直度可用刀口形直尺、直角尺等采用透光法进行检查。检查方法如图 7-36 和图 7-37 所示。

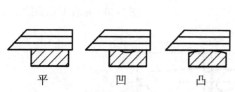

平　　　　凹　　　　凸

图 7-36　刀口形直尺检查平直度

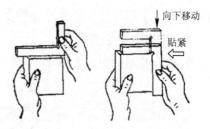

图 7-37　直角尺检查平直度和垂直度

3．怎样锉削圆弧

(1) 锉削外圆弧时可选用平锉，粗加工时可横着圆弧锉(见图 7-38(a))。采用顺向锉削法，精加工时则要顺着圆弧锉(见图 7-38(b))，称为滚锉法。此时，锉刀的动作是前进运动和绕工件中心的转动。

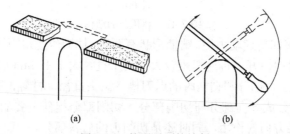

(a)　　　　　　　　(b)

图 7-38　外圆弧面的锉削

(2) 锉削内圆弧面可选用半圆锉或圆锉。锉削内圆弧面时，锉刀要同时完成三个动作：前进运动、向左或向右移动、绕锉刀中心线转动，如图 7-39 所示。

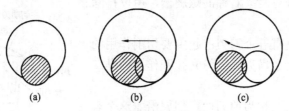

(a)　　　　　　(b)　　　　　　(c)

图 7-39　内圆弧面的锉削

4．锉削注意事项

(1) 不要使用无手柄锉刀，以免刺伤手心；

(2) 锉削时不应用手触摸锉削表面，以免再锉时打滑；

(3) 不可用锉刀锉硬皮、氧化皮或淬硬的工件，以免锉齿过早磨损；

(4) 锉刀被切屑堵塞，应用钢丝刷顺着锉纹方向刷去铁屑；

(5) 放置锉刀不应伸出工作台面，以免碰落摔断或砸伤脚面。

7.2.4　钻孔

用钻头在实体材料上加工出孔的工作称为钻孔。在钻床上钻孔时，工件固定不动，钻头一边旋转(主运动 1)，一边向下移动(进给运动 2)，如图 7-40 所示。

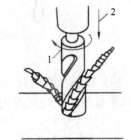

钻孔的尺寸公差等级较低，为 IT10～IT11；表面粗糙度 Ra 值为 50～12.5 μm。麻花钻是钻孔的主要刀具。麻花钻用高速钢制成，工作部分经热处理淬硬至 72～75 HRC。

1. 标准麻花钻组成

图 7-40　钻孔时钻头的运动

标准麻花钻的组成如图 7-41 所示。

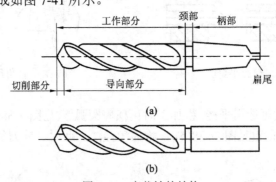

图 7-41　麻花钻的结构

(1) 钻柄：供装夹和传递动力用。钻柄形状有两种：柱柄传递扭矩较小，用于直径 13 mm 以下的钻头；锥柄对中性好，传递扭矩较大，用于直径大于 13 mm 的钻头。

(2) 颈部：磨削工作部分和钻柄时的退刀槽。钻头直径、材料、商标一般刻印在颈部。

(3) 工作部分：分成导向部分与切削部分。切削部分担任主要的切削工作，导向部分在钻孔时起引导钻头方向的作用，同时还是切削刃的后备部分。

(4) 导向部分：依靠两条狭长的螺旋形的高出齿背约 0.5～1 mm 的棱边(刃带)起导向作用。它的直径前大后小，略有倒锥度。倒锥量为(0.03～0.12)mm/100 mm，减少钻头与孔壁间的摩擦。导向部分有两条对称的螺旋槽，用以排除切屑和输送切削液。

切削部分主要是有五个刀刃：起主要切削作用的是二条主切削刃和一条横刃；起修光孔壁作用的是二条棱刃。

麻花钻螺旋槽表面称为前刀面，切屑沿着这个表面流出。切削部分顶端两曲面称为主后刀面，前刀面与后刀面的交线称为主切削刃，两主后刀面的交线称为横刃，如图 7-42 所示。

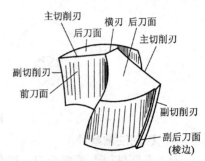

图 7-42　麻花钻刀刃

2．钻孔的操作

(1) 零件的装夹：钻孔时零件的夹持方法与零件生产批量及孔的加工要求有关。生产批量较大或精度要求较高时，零件一般是用钻模来装夹的，单件小批生产或加工要求较低时，零件经划线确定孔中心位置后，多数装夹在通用夹具或工作台上钻孔。常用的附件有手虎钳、平口虎钳、V 形铁和压板螺钉等，这些工具的使用和零件形状及孔径大小有关。

(2) 钻头的装夹 ：钻头的装夹方法按其柄部的形状不同而异。锥柄钻头可以直接装入钻床主轴锥孔内，较小的钻头可用过渡套筒安装，如图 7-43(a)所示。直柄钻头用钻夹头安装，如图 7-43(b)所示。钻夹头(或过渡套筒)的拆卸方法是将楔铁插入钻床主轴侧边的扁孔内，左手握住钻夹头，右手用锤子敲击楔铁卸下钻夹头，如图 7-43(c)所示。

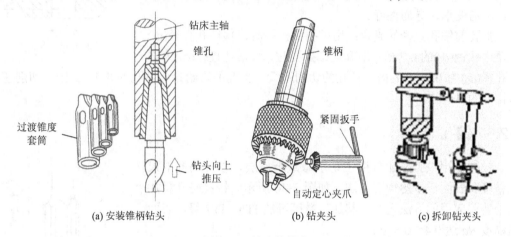

(a) 安装锥柄钻头　　　(b) 钻夹头　　　(c) 拆卸钻夹头

图 7-43　钻头的装夹

(3) 在立钻或台钻孔时，工件通常用平口钳安装，如图 7-44(a)所示，较大的工件可用压板、螺钉直接安装在工作台上，如图 7-44(b)所示。夹紧前先按划线标志的孔位进行找正，压板应垫平，以免工件移动。

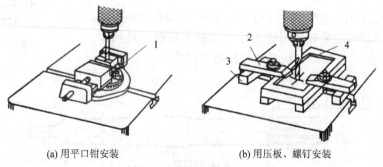

(a) 用平口钳安装　　　(b) 用压板、螺钉安装

1—垫铁；2—压板；3—垫块；4—工件

图 7-44　钻孔时工件的安装

钻孔开始时要用较大的力向下进给，以免钻头在工件表面上来回晃动而不能切入。用麻花钻较深的孔时，要经常退出钻头以排出切屑和进冷却，否则可能使切屑堵塞在孔内卡断钻头或由于过热而增加钻头的磨损。为降低钻削温度、提高耐用度，钻孔时要加切削液。当孔直径大于 30 mm 时，很难一次钻出，应先钻出一个直径较小的孔，然后用另一个钻头将孔扩大到所要求的直径。

7.2.5　扩孔

扩孔是指扩大已加工出的孔(铸出、锻出或钻出的孔)，如图 7-45 所示。它可以校正孔的轴线偏差，并使其获得正确的几何形状和较小的表面粗糙度，其加工精度一般为 IT9～IT10 级，表面粗糙度 Ra 为 3.2～6.3 μm。扩孔的加工余量一般为 0.2～4 mm。

扩孔时可用钻头扩孔，但当孔精度要求较高时常用扩孔钻。扩孔钻的形状与钻头相似。不同的是扩孔钻有 3～4 个切削刃，且没有横刃，其顶端是平的，螺旋槽较浅，故钻芯粗实、刚性好，不易变形，导向性好。

扩孔前钻孔直径的确定：用扩孔钻扩孔时，预钻孔直径(d_1)为要求孔径(d_0)的 0.9 倍；用麻花钻扩孔时，预钻孔直径(d_1)为要求孔径(d_0)的 0.5～0.7 倍。扩孔的切削用量：扩孔的进给量为钻孔的 1.5～2 倍，切削速度为钻孔的 0.5 倍。

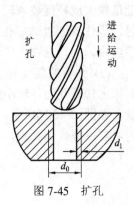

图 7-45　扩孔

7.2.6　铰孔

铰孔是用铰刀从工件壁上切除微量金属层，以提高孔的尺寸精度和表面质量的加工方法，如图 7-46 所示。铰孔是孔精加工中普遍应用的方法之一，其加工精度可达 IT6～IT7 级，表面粗糙度 Ra 达 0.4～0.8 μm。

铰孔时铰刀不能倒转，否则会卡在孔壁和切削刃之间，而使孔壁划伤或切削刃崩裂。常用适当的冷却液来降低刀具和工件的温度，防止产生切屑瘤，并减少切屑细末黏附在铰刀和孔壁上，从而提高孔的质量。

铰孔按使用方法分为手用铰刀和机用铰刀两种，如图 7-47 所示，手用铰刀的顶角较机用铰刀小，其柄为直柄，机用铰刀为锥柄。铰刀的工作部分有切削部分和修光部分。

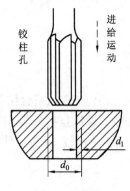

图 7-46　铰孔

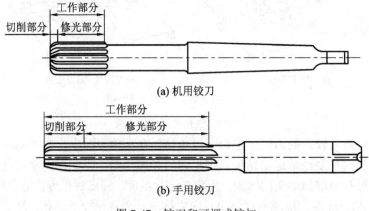

(a) 机用铰刀

(b) 手用铰刀

图 7-47　铰刀和可调式铰杠

7.2.7 锪孔

用锪钻加工锥形或柱形沉孔的加工方法称为锪孔。锪孔一般在钻床上进行。锥形埋头螺钉的沉孔可用 90° 锥锪钻加工，如图 7-48(a)所示。柱形埋头螺钉的沉孔可用圆柱形锪钻加工，如图 7-48(b)所示，圆柱形锪钻下端的导向柱可保证沉孔与小孔的同轴度。柱形沉孔的另一个简便的加工方法是将麻花钻的两个主切削刃磨成与轴线垂直的两个平刃，中部具有很小的钻尖，先以钻尖定心加工沉孔，如图 7-48(c)所示，再以沉孔底部的锥坑定位，用麻花钻钻小孔，如图 7-48(d)所示。此方法具有简单、费用低的优点。

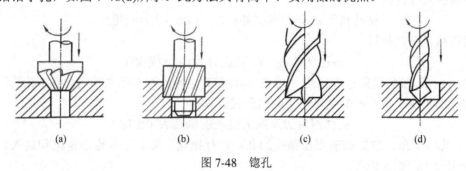

(a)   (b)   (c)   (d)

图 7-48 锪孔

7.2.8 攻螺纹和套螺纹

用丝锥在圆孔的内表面上加工内螺纹称为攻螺纹，如图 7-49 所示。

用板牙在圆杆的外表面加工外螺纹称为套螺纹，如图 7-50 所示。

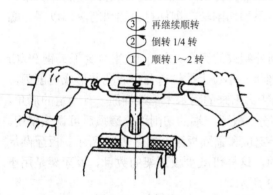

③ 再继续顺转
② 倒转 1/4 转
① 顺转 1~2 转

图 7-49 攻螺纹

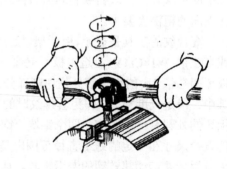

图 7-50 套螺纹

攻螺纹的工具有刀具丝锥和铰杠。丝锥常用高碳优质工具钢或高速钢制造，手用丝锥一般用 T12A 或 9SiCr 制造。它由切削部分、校准部分和柄部组成，如图 7-51 所示。切削部分磨出锥角，以便将切削负荷分配在几个刀齿上，校准部分有完整的齿形，用于校准已切出的螺纹，并引导丝锥沿轴向运动。柄部有方榫，便于装在铰手内传递扭矩。丝锥切削部分和校准部分一般沿轴向开有 3~4 条容屑槽以容纳

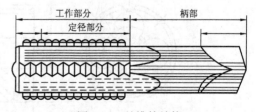

工作部分   柄部
定径部分

图 7-51 丝锥的结构

切屑，并形成切削刃和前角切削部分的锥面上铲磨出后角。为了减少丝锥的校准部分对零件材料的摩擦和挤压，它的外径、中径均有倒锥度。

1．攻螺纹前钻底孔直径和深度的确定

(1) 底孔直径的确定：丝锥在攻螺纹的过程中，切削刃在切削金属的同时还有挤压金属的作用，因而造成金属凸起并向牙尖流动的现象，所以攻螺纹前，钻削的孔径(即底孔)应大于螺纹内径。

底孔的直径可按下面的公式计算：

对铸铁及脆性材料：

$$\text{钻孔直径 } d_0 = d \text{ (螺纹外径)} - (1.05 - 1.1)p \text{ (螺距)}$$

对钢料及韧性材料：

$$\text{钻孔直径 } d_0 = d \text{ (螺纹外径)} - p \text{ (螺距)}$$

(2) 钻孔深度的确定：攻盲孔(不通孔)的螺纹时，因丝锥不能攻到底，所以孔的深度要大于螺纹的长度。盲孔的深度可按下面的公式计算：

$$\text{孔的深度 } H = \text{所需螺纹的深度 } H + 0.7d$$

(3) 孔口倒角：攻螺纹前要在钻孔的孔口进行倒角，以利于丝锥的定位和切入。倒角的深度应大于螺纹的螺距。

2．攻螺纹的方法

双手转动铰手，并轴向加压力，当丝锥切入零件 1～2 牙时，用 90° 角尺检查丝锥是否歪斜，如丝锥歪斜，要纠正后再往下攻。当丝锥位置与螺纹底孔端面垂直后，轴向就不再加压力。两手均匀用力，为避免切屑堵塞，要经常倒转 1/2～1/4 圈，以达到断屑。头锥、二锥应依次攻入。攻铸铁材料螺纹时加煤油而不加切削液，钢件材料加切削液，以保证螺孔表面的粗糙度要求。

套螺纹的工具是板牙、板牙架。板牙是切削外螺纹的刃具。板牙一般用合金工具钢 9SiCr 或高速钢 W18Cr4V 制造。板牙就像一个圆螺母，不过上面钻有几个屑孔并形成切削刃。板牙两端带 2ϕ 的锥角部分是切削部分。它是铲磨出来的阿基米德螺旋面，有一定的后角。其中一段是校准部分，作为套螺纹时的导向部分。板牙一端的切削部分磨损后可调头使用。板牙的外圆有一条深槽和四个锥坑，锥坑用于定位和紧固板牙，如图 7-52 所示。板牙圆周的直径尺寸在一定的螺纹直径范围内是一样的，这样可减少板牙架的数目。板牙架是用于夹持板牙并带动其转动的专用工具，如图 7-53 所示。

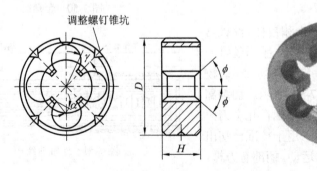

图 7-52　板牙的结构

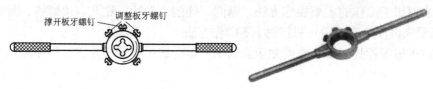

图 7-53 板牙架

3. 套螺纹前圆杆直径的确定和倒角

1) 圆杆直径的确定

与攻螺纹过程相同，套螺纹时有切削作用和挤压金属的作用。故套螺纹前必须检查圆杆直径。圆杆直径应稍小于螺纹的公称尺寸。

圆杆直径可按下面的公式计算：

$$圆杆直径 \, d = d \,(螺纹外径) - 0.13p \,(螺距)$$

2) 圆杆端部的倒角

套螺纹前圆杆端部应倒角，使板牙容易对准工件中心，同时也容易切入。倒角长度应大于一个螺距，斜角为 $15° \sim 20°$。

套螺纹方法：将板牙套在圆杆头部倒角处，并保持板牙与圆杆垂直，右手握住铰手的中间部分，加适当压力，左手将铰手的手柄顺时针方向转动，在板牙切入螺纹圆坯 $2 \sim 3$ 牙时，应检查板牙是否歪斜，若发现歪斜，应纠正后再套，当板牙位置正确后，再往下套就不再施加压力。套螺纹和攻螺纹一样，应经常倒转以切断切屑。套螺纹应加切削液，以保证螺纹的表面粗糙度要求。

7.3 钳工安全操作规程

钳工安全操作规程

钳工安全操作规程如下：

(1) 学生进行钳工实训前必须学习安全操作制度，并以适当方式进行必要的安全考核。

(2) 进入实训室实训必须穿戴好学校规定的劳保服装、工作鞋、工作帽等，长发学生必须将头发戴进工作帽中，不准穿拖鞋、短裤或裙子进入实训室。

(3) 操作时必须精力集中，不准与别人闲谈。

(4) 实训室内不得阅读书刊，不得玩手机，不准吃零食。

(5) 不准在实训室内追逐、打闹、喧哗。

(6) 注意五讲四美，文明生产，下班时应收拾清理好工具、量具、设备，打扫工作场地，保持工作环境整洁卫生。

7.4 实 训 项 目

1. 训练的目的和要求

通过制作方锤头的工艺过程，了解钳工的工艺特点和应用；

(1) 掌握钳工工作的主要操作方法：锯削、锉削、划线、钻孔、攻螺纹、套螺纹等，并掌握课堂未讲授的砂纸抛光和打钢字等操作方法。

(2) 对机械零件加工质量专业知识的认识。学会选用各种操作方法所使用的工、夹、量具。

2．训练方法

(1) 由指导教师讲解和示范钳工加工的主要操作方法，并讲授相关的理论知识。

(2) 实习车间内具有必备的设备以及工、夹、量具等。

(3) 在工作现场指导教师指导学员独立操作。

(4) 训练制作完成后，向指导教师交方锤头进行检验，并完成工程训练报告。

3．训练件考核评分

(1) 制作进度：学员独立操作(不含热处理)20～24 课时。

(2) 由指导教师对学员交验的小锤给予考评，考评采分内容如下：

① 图样一(见图 7-54)中的三个尺寸公差、六个形位公差及其他未注公差尺寸和表面粗糙度。

② 图样二(见图 7-55)中的圆杆上的螺纹是否歪斜、牙型是否完整。

③ 学员出勤情况。

④ 安全操作规程和文明生产要求执行情况。

⑤ 工程训练报告完成情况。

4．训练件图样

1) 方锤

按照图 7-54 所示进行实际加工。

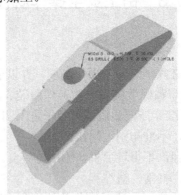

图 7-54　方锤

2) 锤柄

按照图 7-55 所示进行实际加工。

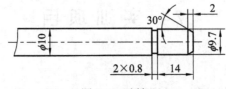

图 7-55　锤柄

5．方锤头制作工艺过程

方锤头制作工艺过程见表 7-2。

表 7-2 方锤制作工艺过程

序号	工 艺 步 骤	刀 具
1	划线、锯单件材料	手锯
2	锉 16×16 四平面及一端面	平锉刀、方锉刀
3	划线，粗锉 $R3$ 圆弧	圆锉刀
4	划线，锯斜面	手锯
5	修锉斜面及 $R3$	平锉刀、圆锉刀
6	锉 1.5×45°、0.5×45° 倒角、$R2$ 过渡圆弧、$R2$ 圆弧	平锉刀、圆锉刀
7	钻孔 $\phi8.5$	$\phi8.5$ 钻头
8	攻 M10×1.5 螺纹	M10×1.5 丝锥
9	修光各表面	圆锉刀、方锉刀
10	抛光	砂布
11	打编号	钢印

1) 方锤头毛培及材料

直径 $\phi25$ mm×长度 180 mm，材料：45 号钢轧制。

2) 锤柄状态

45 号钢轧制经车削加工(详见锤柄零件工作图)。

锯割下料，下料长度：185 mm。

3) 训练件方锤制作步骤

(1) 锯割前可先进行划线或直接用钢板尺抵住锯条，确认锯条与端面距离为 85 mm 后，即可开始锯割。

(2) 锉 16×16 四平面及一端面：

① 将锉削的第一个面确认为 A 面(基准面)并命名为 [1] 面。为使方锤外形表面纹理美观，可用方锉刀进行修整，使锉削纹理沿 85 mm 长度方向分布，锉削平面宽度为 18 mm 左右，如图 7-56 所示。用透光法检查，最终使 [1] 面平面度达到 0.10 mm 的要求。

图 7-56 锉削出基准面 A 面([1]面)

② 锉削 [1] 面相邻的一个面，如 [2] 面，宽度为 17～17.5 mm 左右。再锉削 [1] 面相邻的另一个面 [3] 面。均用方锉刀进行修整，使锉削纹理方向与 [1] 面一致。用直角尺采用透光法检查，最终使 [2]、[3] 面与 [1] 面的垂直度达到 0.15 mm 的要求；[2]、[3] 两平面用游标卡尺检查，

其尺寸达到(16±0.25)mm 的要求。

③ 锉削 4 面，锉削纹理方向与 1 面一致。用游标卡尺检查 4 面与 1 面的平行度达到 0.25 mm，与 1 面的尺寸为(16±0.25)mm。

④ 锉削方锤头一端面，用直角尺采用透光法检查该面与其相邻的四个面的垂直度均匀一致即可。

注意事项：

① 锉削过程中要经常进行检查，防止平面度、垂直度、尺寸产生超差现象。

② 初次使用锉刀锉削平面时，极易产生平面中间部分凸起的现象，可使用方锉刀采用顺向锉削法和推锉法或两种方法交替变换来修光凸起的平面。

③ 初次锉削加工方锤严格采用上面推荐的锉削顺序锉削 16×16 四平面，如图 7-57 所示。

④ 考虑为下步砂光留余量，尺寸公差靠向上偏差。

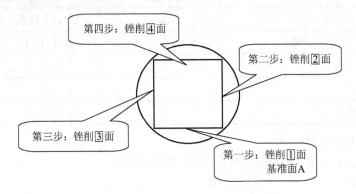

图 7-57　16×16 四平面锉削顺序

(3) 划线、粗锉 R3 圆弧：

① 调整划线高度尺至 45 mm。

② 将锉好的端面靠向划线平台，左手拇指压住方锤，使 1 面贴紧划线方箱，右手操纵划线高度尺，在 4 面上划出距端面 45 mm 的线，如图 7-58 所示。

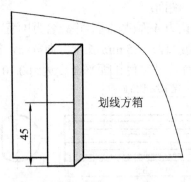

图 7-58　划 45 mm 线

③ 使用 200 mm 圆锉刀，以划出的线做参考，锉出 R4 圆弧。深度 2.5～2.8 mm，如图 7-59 所示。

④ 注意事项：锉 R3 圆弧时，要保证位置的准确性，R3 圆弧的边贴在线上但不能过线，如图 7-59 所示。

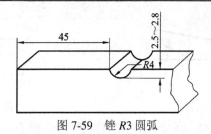
图 7-59 锉 R3 圆弧

(4) 划线、锯斜面：

① 划线的步骤如下：

• 在划线平台上使用划线方箱和划线高度尺，以 ①面和端面为基准，在 ②面和 ③面上分别划出 4 mm、80 mm 线，在交点处打样冲眼。

• 将方锤半成品装夹在台虎钳上，使用钢板尺和划针，过 4 mm、80 mm 线交点且与 R4 圆弧相切。用同样的办法在另一面上划出斜面线，如图 7-60 所示。

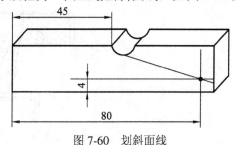
图 7-60 划斜面线

② 锯斜面的步骤如下：

• 方锤半成品与钳口大约成 10°左右装夹，如图 7-61 所示。调整台虎钳回转底座到便于锯削操作的位置。以斜面线作参考进行锯割，并使锯口呈一直角三角形，直角边分别为 30~35 mm 和 4~6 mm。将方锤半成品翻转 180°装夹按同样办法进行锯割另一面，如图 7-62 所示，完成两个引导缝的锯削。

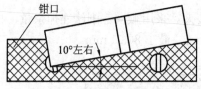
图 7-61 锯削引导缝的装夹

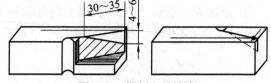
图 7-62 锯削出引导缝

• 将方锤半成品上的斜面线与钳口成 90°进行装夹，如图 7-63 所示。用直角尺找正后，将锯条导入引导缝即可进行锯割。锯口尽可能靠近斜面线，同时还要保留斜面线，为下步修光锉斜留余量。

(5) 修锉斜面及 R3：

① 锉修 R3。200 mm 圆锉刀的前端直径大约 5~6 mm，锉修时锉削行要短，用力要轻，可按图 7-64 所示的装夹方式锉削。

② 修锉斜面。修锉斜面装夹时，斜面与钳口保持平行。要求锉削的平面与 R3 圆弧圆滑过渡，同时控制锤尖处 4 mm 尺寸不要太大，也不要太小(图 7-65)。利用推锉法修整纹理方向与其他各面一致。

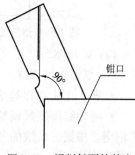
图 7-63 锯削斜面的装夹

图 7-64　锉修 R3 装夹方式

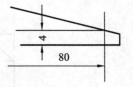

图 7-65　锤尖尺寸

(6) 锉 1.5×45°、0.5×45° 倒角、R2 过渡圆弧、R2 圆弧。

① 锉 1.5×45° 倒角及 R2 过渡圆弧的步骤如下：

• 以锤头端面为基准在四个面上划出 20 mm 倒角尺寸界限，如图 7-66 所示。

• 将锤头按图 7-67 所示的形式进行装夹，锉 1.5×45° 倒角及 R2 过渡圆弧。把锉刀端平即可锉出很对称的倒角。在没有小圆锉刀的情况下，可利用方锉刀的楞边轻轻修锉出 R2 过渡圆弧。

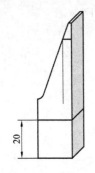

图 7-66　划倒角尺寸

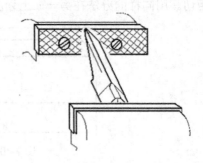

图 7-67　锉 1.5×45° 倒角装夹形式界限

• 倒角尺寸不能靠划线来控制，测量倒角面宽度在 2.0～2.1 mm 就可以了，如图 7-68 所示。用同样的办法修锉出其余三个 1.5×45° 倒角及 R2 过渡圆弧。

② 修锉 0.5×45° 倒角。将锤头与钳口成 45° 装夹，如图 7-69 所示，其余与锉 1.5×4° 倒角步骤相同。

③ 修锉 R2 圆弧。倒角装夹形式将锤尖向上垂直装夹。采用顺向锉削法锉掉余量，再用滚锉法修锉 R2 圆弧，并使方锤长度尺寸最大 80.40 mm、最小 80.21 mm。

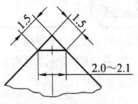

图 7-68　倒角尺寸测量

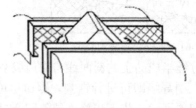

图 7-69　锉 0.5×45° 倒角

(7) 钻孔 ϕ8.5。

① 划钻孔位置线：

• 在 1 面上，以锤头端面为基准划 35 mm 线。

• 将划线高度尺调整在 7.5～8.5 mm。分别以 2 面和 3 面为基准划两条线并与 35 mm 线相交，根据三条线的分布确定出中心的位置，并打上样冲眼。划出直径 9 mm 的加工圆，如图 7-70 所示。

② 装夹、找正并钻孔选台式钻床、机用平口钳、8.5 mm 麻花钻头。装夹时锤头 ⒈ 面与平口钳的上平面保持齐平，用手触摸，沿长度方向手感没有差异即可进行钻孔，如图 7-71 所示。

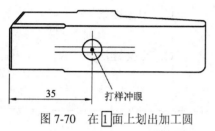

图 7-70　在 ⒈ 面上划出加工圆

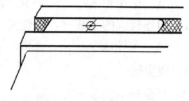

图 7-71　用钳口上平面找正

(8) 攻 M10×1.5 螺纹。

(9) 修光各表面。各锐边修钝，用细纹锉刀修锉各表面，为下步砂光作好垫底，达到纹理整齐一致，外形美观。

(10) 抛光。选用较粗一些的砂布可提高抛光的工作效率。最终抛光纹理方向要与修锉纹理方向保持一致。

(11) 打编号。选用 4# 钢字、阿拉伯数字。一个字符一次打成，第二次补打时往往出现"双眼皮"现象。编号内容：学年+专业代号+班级代号+学号，使编号具有唯一可追踪性。编号要打在方锤的非工作表面、显而易见的位置，并符合一般人的阅读习惯。

(12) 套螺纹。套螺纹装夹时可在钳口处垫上旧砂布，防止圆杆夹伤。

(13) 热处理。该项内容热加工实习课另行安排。

复习思考题

1．判断题

(1) 锯削时的起锯角一般为 45° 左右。　　　　　　　　　　　　　　　　　　　(　　)

(2) 交叉锉一般用于修光。　　　　　　　　　　　　　　　　　　　　　　　(　　)

(3) 推锉一般用于粗锉大平面。　　　　　　　　　　　　　　　　　　　　　(　　)

(4) 锉削铜等软金属，一般选用粗齿锉。　　　　　　　　　　　　　　　　　(　　)

(5) 精加工锉削平键端部半圆弧面，应用滚锉法。　　　　　　　　　　　　　(　　)

(6) 直径较小，精度要求较高，粗糙度较小的孔可以用钻、扩、铰的方法加工。(　　)

2．选择题

(1) 安装手锯时，锯齿应(　　)。

　　A．向前　　　　　　　　　　　　　B．向后

(2) 用麻花钻头钻孔时，浇注机油其主要作用是(　　)。

　　A．润滑　　　　　　　　　　　　　B．冷却钻头切削刃

(3) 对 M10 不通的螺孔进行手动攻螺纹时，一般需用(　　)个丝锥。

　　A．一个　　　　　　　　　　　　　B．二个

(4) 下列加工工作(　　)属于钳工的工作范围。

　　　A．工件锉削　　　　　　　　　B．手动攻螺纹

　　　C．轴上加工键槽　　　　　　　D．工件划线

(5) 锯削铜、铝及厚工件，应选用(　　)。

　　　A．细齿锯条　　　　　B．粗齿锯条　　　　　C．中齿锯条

(6) 粗锉较大的平面时，应使用(　　)。

　　　A．推锉法　　　　　　B．滚锉法　　　　　　C．交叉锉法

3．填空题

(1) 平面锉削的基本方法有＿＿＿＿＿＿、＿＿＿＿＿＿＿、＿＿＿＿＿＿。要把工件锉平的关键是＿＿＿＿＿＿＿＿＿＿＿＿＿＿＿＿＿＿＿＿＿＿＿＿＿。

(2) 钻床分为＿＿＿＿＿钻床、＿＿＿＿＿钻床、＿＿＿＿＿钻床三种。

(3) 钻孔的主运动是＿＿＿＿＿＿＿＿＿＿＿，进给运动是＿＿＿＿＿＿＿＿＿＿＿。

(4) 孔加工方法中有钻孔、扩孔，还有＿＿＿＿＿＿、＿＿＿＿＿＿。

(5) 麻花钻头的装夹方法，按柄部的不同，直柄钻头用＿＿＿＿＿＿装夹，大的锥柄钻头则采用＿＿＿＿＿＿＿＿装夹。

(6) 要用钳工方法套出一个 M6×1 的螺杆，所用的刀具叫＿＿＿＿＿＿，套螺纹前圆杆的直径应为 ϕ ＿＿＿＿＿＿。

(7) 要用钳工方法在铸铁上攻出一个 M6×1 的螺孔，所用的刀具有：(1) ϕ＿＿＿＿的麻花钻头；(2) M6×1 的＿＿＿＿＿＿，M6 的丝锥一套有＿＿＿＿＿支。

(8) 我们实习的台式钻床型号是＿＿＿＿＿＿，它可钻孔的最大直径为＿＿＿＿＿＿。

(9) 我们实习的立式钻床型号是＿＿＿＿＿＿，它可钻孔的最大直径为＿＿＿＿＿＿。

(10) 我们实习时所用的划线高度尺测量爪是用合金做成的，除了有测量的功能之外，还可以用于＿＿＿＿＿＿。

(11) 钻孔时，装夹工件的主要方法有＿＿＿＿＿＿、＿＿＿＿＿＿、＿＿＿＿＿＿、＿＿＿＿＿＿。

(12) 锯条的选择应保证至少有三个以上的锯齿同时锯削，并且保证齿沟内要有足够的容屑空间，锯厚工件时要用＿＿＿＿＿锯条，锯薄工件时要用＿＿＿＿＿锯条。

4．操作题

(1) 工件上螺孔如图 7-72 所示，螺孔的结构应做哪些修改？画图表示(可在原图上修改)。

(2) 锉削图 7-73 中的方孔，可选用什么类型的锉刀，什么锉削方法？

　　　　图 7-72　螺孔　　　　　　　　　　　　图 7-73　方孔

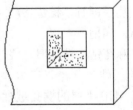

第8章 铣削加工

问题导入

如图 8-1 所示，为了得到表面光洁和尺寸精度较高的产品，机械零件常采用铣削加工方法获得。下面主要介绍常用的铣削加工。

图 8-1 机械零件

教学目标

1. 掌握普通铣床组成部分及其操作机构；
2. 掌握常用铣刀的组成和刀具的安装；
3. 掌握铣削工件的安装；
4. 能够进行平面和连接面的铣削；
5. 能够进行台阶、直角沟槽的铣削。

8.1 铣 削

8.1.1 概念

美国人惠特尼于 1818 年创制了卧式铣床；为了铣削麻花钻头的螺旋槽，美国人布朗最早于 1862 年创制了第一台万能铣床，这是升降台铣床的雏形；1884 年前后又出现了龙门铣床；20 世纪 20 年代出现了半自动铣床，工作台利用挡块可完成"进给—快速"或"快速—进给"的自动转换。

铣床(Milling Machine)主要指用铣刀对工件多种表面进行加工的机床。通常铣刀以旋转运动为主运动，工件和铣刀的移动为进给运动。它可以加工平面、沟槽，也可以加工各种曲面、齿轮等。

铣床是一种用途广泛的机床，在铣床上可以加工平面(水平面、垂直面)、沟槽(键槽、T形槽、燕尾槽等)、分齿零件(齿轮、花键轴、链轮)、螺旋形表面(螺纹、螺旋槽)及各种曲面。此外，还可用于对回转体表面、内孔加工及进行切断工作等。铣床在工作时，工件装在工作台上或分度头等附件上，铣刀旋转为主运动，辅以工作台或铣头的进给运动，工件即可获得所需的加工表面。由于是多刃断续切削，因而铣床的生产率较高。简单来说，铣床可以对工件进行铣削、钻削和镗孔加工的机床。

铣床分为卧式铣床、立式铣床、龙门铣床、数控铣床和工具铣床等各类。

1. 卧式铣床

卧式铣床的特点是主轴是水平的，如图 8-2 所示。

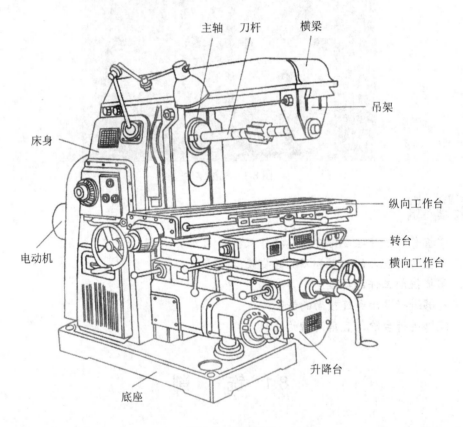

图 8-2　卧式铣床

2. 立式铣床

立式铣床的主轴与工作台相互垂直，铣头与床身连成整体，主轴刚性好，如图 8-3 所示。

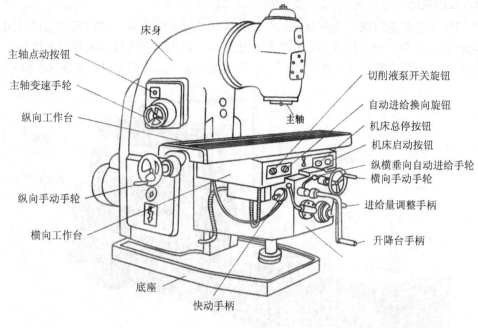

主轴点动按钮
主轴变速手轮
纵向工作台
纵向手动手轮
横向工作台
底座
快动手柄
床身
主轴
切削液泵开关旋钮
自动进给换向旋钮
机床总停按钮
机床启动按钮
纵横垂向自动进给手轮
横向手动手轮
进给量调整手柄
升降台手柄

图 8-3 立式铣床

3．数控铣床

数控铣床又称 CNC(Computer Numerical Control)铣床。英文意思是用电子计数字化信号控制的铣床。数控铣床是在一般铣床的基础上发展起来的一种自动加工设备，两者的加工工艺基本相同，结构也有些相似。数控铣床又分为不带刀库和带刀库两大类。其中带刀库的数控铣床又称为加工中心，如图 8-4 所示。

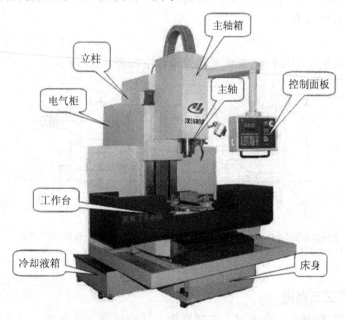

立柱
电气柜
工作台
冷却液箱
主轴箱
主轴
控制面板
床身

图 8-4 数控铣床

4. 龙门铣床

龙门铣床简称龙门铣，是具有门式框架和卧式长床身的铣床。龙门铣床上可以用多把铣刀同时加工表面，加工精度和生产效率都比较高，适用于在成批和大量生产中加工大型工件的平面和斜面。数控龙门铣床还可加工空间曲面和一些特型零件，如图 8-5 所示。

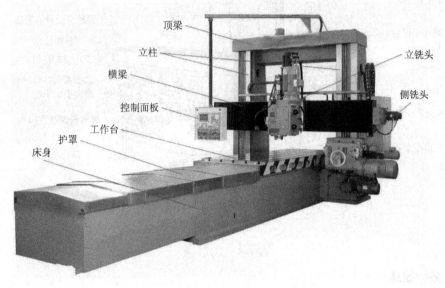

图 8-5 龙门铣床

5. 铣床及其主要附件

1) 铣刀

铣床上常用的铣刀有圆柱铣刀、三面刃铣刀、锯片铣刀、角度铣刀、成型铣刀、立铣刀、端铣刀、键槽铣刀等。

2) 平口钳

平口钳适合装夹小型零件，如装夹轴类零件，如图 8-6 所示。

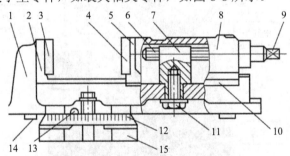

1—虎钳体；2—固定钳口；3、4—钳口铁；5—活动钳口；6—丝杠；7—螺母；8—活动座；9—方头；
10—压板；11—紧固螺钉；12—回转底盘；13—钳座零线；14—定位键；15—底座

图 8-6 平口钳

6. 铣床加工工艺范围

铣床加工工艺范围有：铣平面、铣螺旋槽、铣台阶面、铣键槽、铣直槽、铣 T 形槽、铣 V 形槽、铣燕尾槽、铣齿槽、铣成型面、切断，如图 8-7 所示。

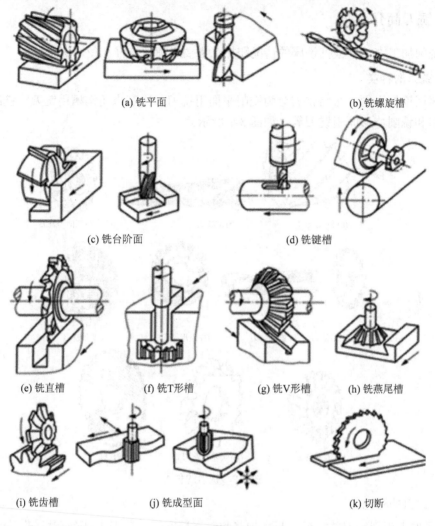

(a) 铣平面　　　　　　　　　　　　　　　　(b) 铣螺旋槽

(c) 铣台阶面　　　　　　　　　　　(d) 铣键槽

(e) 铣直槽　　　　(f) 铣T形槽　　　　(g) 铣V形槽　　　(h) 铣燕尾槽

(i) 铣齿槽　　　　(j) 铣成型面　　　　　　　(k) 切断

图 8-7　铣削范围

7. 顺铣与逆铣

铣削有顺铣与逆铣两种方式。铣刀对工件的作用力在进给方向上的分力与工件进给方向相同的铣削方式，称为顺铣；铣刀对工件的作用力在进给方向上的分力与工件进给方向相反的铣削方式，称为逆铣。用圆柱形铣刀周铣平面时的铣削方式，如图 8-8 所示。

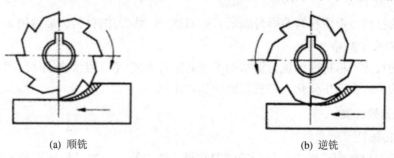

(a) 顺铣　　　　　　　　　　　　　　(b) 逆铣

图 8-8　顺铣与逆铣

8.1.2　铣刀简介

在铣削加工中，应根据铣床的情况和加工需要合理地选择和使用铣刀。

1. 铣刀的种类

按照用途的不同，可将铣刀分为铣削平面用铣刀、铣削直角沟槽用铣刀、铣削特种沟槽用铣刀和铣削特形面用铣刀等，如图 8-9 所示。

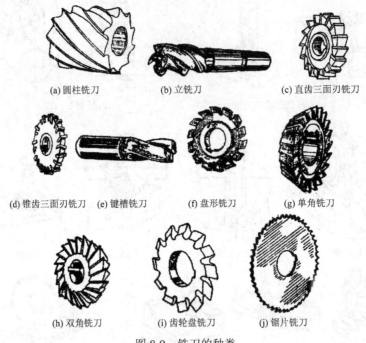

(a) 圆柱铣刀　　　(b) 立铣刀　　　(c) 直齿三面刃铣刀

(d) 锥齿三面刃铣刀　(e) 键槽铣刀　(f) 盘形铣刀　(g) 单角铣刀

(h) 双角铣刀　　(i) 齿轮盘铣刀　　(j) 锯片铣刀

图 8-9　铣刀的种类

2. 铣刀的标记

为了便于识别铣刀的材料、尺寸规格和制造厂家等，铣刀上都刻有标记，标记的内容主要有：

1) 制造厂家商标

我国制造铣刀的厂家很多，如哈尔滨量具刃具厂、上海工具厂和成都量具刃具厂等，各制造厂都将自己的注册商标标注在其产品上。

2) 铣刀材料

铣刀的材料一般用材料的牌号表示。如 HSS 表示铣刀的材料为高速钢。

3) 铣刀尺寸规格

铣刀的尺寸规格标注因铣刀形状的不同而略有不同。铣刀上的标注尺寸均为基本尺寸，在使用和刃磨后会产生变化，在使用时应加以注意。

3. 铣刀的种类

1) 带孔铣刀

带孔铣刀包括圆柱铣刀，三面刃铣刀和锯片铣刀等，一般以外圆直径×宽度×内孔直径来表示尺寸规格。例如，三面刃铣刀上标有 80×12×28，表示该铣刀的外圆直径为 80 mm，宽度为 12 mm，内孔直径为 28 mm。

2) 指状铣刀

指状铣刀包括立铣刀和键槽铣刀等，尺寸规格一般只标注外圆直径。如锥柄立铣刀上标有 ϕ18，则表示该立铣刀的外圆直径是 18 mm。

3) 盘形铣刀

角度铣刀和半圆铣刀等盘形铣刀，一般以外圆直径×宽度×内孔直径×角度(或圆弧半径)表示。例如，角度铣刀的外圆直径为 80 mm，宽度为 22 mm，内孔直径为 28 mm，角度为 60°，则标记为 80×22×28×60°。同样道理，在半圆铣刀的末尾标有 8R，则表示铣刀圆弧半径为 8 mm。

8.1.3 铣削基础知识

在铣床上用铣刀进行切削加工的方法叫铣铣削时，铣削是铣刀作旋转的主运动，工件作进给运动。铣床可以用来加工平面、斜面、垂直面、各种沟槽、键槽、齿轮的齿形、螺旋沟和各种成型表面，还可以进行切断、钻孔、铰孔和镗孔等。铣床加工的精度一般为 IT9～IT8，表面粗糙度值一般为 Ra 6.3～1.6 μm。

铣削时工件与铣刀的相对运动，它包括主运动和进给运动。

1. 主运动

主运动是形成机床切削速度或消耗主要动力的运动。铣削运动中，铣刀的旋转运动称为主运动。

2. 进给运动

进给运动是使工件切削层材料相继投入切削，从而加工出完整表面所需要的运动。进给运动包括断续进给和连续进给。

(1) 断续进给(吃刀)：控制刀刃切入被切削层深度的进给运动。

(2) 连续进给(走刀)：沿着所要形成的工件表面的进给运动。

铣削运动中，工件的移动或转动、铣刀的移动等都是进给运动。另外，进给运动按运动方向可分为纵向进给、横向进给和垂直进给三种。

8.1.4 铣削用量

铣削用量是衡量铣削运动大小的参数。它包括四要因素即铣削速度 v_c、进给量 f、铣削深度 a_p 和铣削宽度 a_e。铣削时合理地选择铣削用量，对保证零件的加工精度与加工表面质量、提高生产效率和延长铣刀的使用寿命、降低生产成本，都有着密切的关系。

1. 铣削速度 v_c

铣削速度是铣刀切削处最大直径点的线速度。

$$v_c = \frac{\pi dn}{1000}$$

式中，v_c——铣削速度，m/min；

d——铣刀直径，mm；

n——铣刀每分钟转速，r/min。

铣削时，根据工件的材料、铣刀切削部分材料、加工阶段的性质等因素，来确定铣削速度，然后根据所用铣刀的直径，按公式计算并确定铣床主轴的转速。当计算出的转速数值与铣床转速盘 8 种转速不一致时，可按下列原则选择转速：接近原则；中间值时，取小原则。

2．进给量 f

进给量是指刀具在进给运动方向上相对工件的位移量。

铣削进给量有三种表示方法：

(1) 进给速度 v_f (mm/min)是指工件对铣刀的每分钟进给量，即每分钟工件沿进给方向移动的距离。

(2) 每转进给量 f (mm/r)是指铣刀每转一圈工件对铣刀的进给量，即铣刀每转一圈工件沿进给方向移动的距离。

(3) 每齿进给量 a_f (mm/z)是指铣刀每转过一个刀齿时工件对铣刀的进给量，即铣刀每转过一个刀齿，工件沿进给方向移动的距离。

它们三者之间的关系式为

$$v_c = f \times n = a_f \times z \times n$$

式中：n——铣刀每分钟转数，r/min；

z——铣刀齿数。

3．铣削深度 a_p (被吃刀量)

铣削深度是沿着铣刀轴线方向上测量的切削层尺寸，见图 8-10(a)。切削层是指工件上正被刀刃切削的那层金属。

4．铣削宽度 a_e (侧吃刀量)

铣削宽度是指垂直铣刀轴线方向上测量的切削层尺寸，见图 8-10(b)。

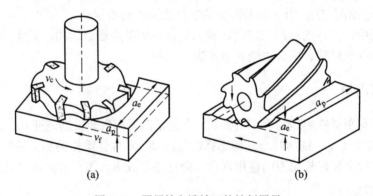

(a)　　　　　　　　　　　　(b)

图 8-10　圆周铣和端铣刀的铣削用量

8.1.5　铣削用量的选择

合理地选择铣削用量，对充分利用机床和铣刀的资源、保证零件的加工精度和表面质量、获得更高的生产效率和低的加工成本，都有着重要的实际意义。

1. 铣削用量顺序的选择

在铣削过程中，增大吃刀量、铣削速度和进给量，都能提高生产效率。但是，影响刀具寿命最显著的因素是铣刀速度，其次是进给量，吃刀量影响最小。所以为了保证必要的铣刀寿命，应当优先采用较大的吃刀量，其次是选择较大的进给量，最后才是选择适宜的铣削速度。

2. 吃刀量的选择

在铣削过程中，一般是根据工件切削层的尺寸来选择铣刀的。例如，用端铣刀铣削平面时，铣刀直径一般应选择大于工件的铣削宽度。当用圆柱铣刀铣削平面时，铣刀长度一般应选择大于工件的铣削深度。当铣削余量不大时，应尽量一次进给铣去全部余量。只有当工件的加工精度要求较高时，才分粗、精铣加工。

3. 难铣削材料的种类

当被铣削加工材料的硬度和强度很大，特别是高温硬度和高温强度很大，材料内部含有硬质点且塑性特别好，加工硬化严重或者材料导热性很差时，这些材料都属于难铣削材料。

生产中常用的难铣削材料有高强度合金钢、高锰钢、不锈钢、高温合金、钛合金、冷硬铸铁以及玻璃钢和陶瓷等。

4. 解决难铣削材料铣削加工问题的途径

解决难铣削材料铣削加工问题的途径有以下几种：

(1) 合理选择刀具材料。目前常用的刀具材料有耐高温、硬度高、强度大、抗磨损能力强和加工工艺性好的超硬高速钢和硬质合金，必要时可采用人造聚晶金刚石、立方氮化硼和陶瓷刀具。

(2) 对工件材料进行相应的热处理，调整材料的强度和硬度，以改善材料的可加工性，尽可能使材料在最适宜的组织状态下进行铣削。

(3) 提高工艺系统的强度和刚度，提高铣床的功率，并要求工件的安装(定位和夹紧)可靠，在铣削过程中要求均匀的机械进给，切忌手动进给和中途停顿。

(4) 刀具表面应该仔细研磨，达到尽可能小的表面粗糙度，以减小摩擦和黏结，减小因冲击造成的崩刀。

(5) 合理选择刀具几何参数和铣削用量，提高刀齿强度和改善散热条件。

(6) 对断屑、卷屑、排屑和容屑给予足够的重视，以提高刀具寿命和加工质量。

(7) 合理选择切削液，切削液供给要充足，不能中断。

(8) 采用特种加工。

8.2　铣床安全操作规程

铣床的安全操作规程

铣床的安全操作规程如下：

(1) 操作者必须熟悉本机床的结构、性能、操作系统、传动系统、防护装置、润滑部位、电气等基本知识、使用方法。

(2) 上机操作前按规定穿戴好劳动防护用品，女工必须将头发压入工作帽内，高速切削时戴好防护眼镜，加工铸件时戴好口罩。严禁戴手套、围围巾、穿围裙操作。

(3) 开车前检查各手柄位置、各传动部位和防护罩、限位装置、刀盘是否牢固可靠、切削液是否符合要求，电气保护接零可靠等。

(4) 检查和加油后，操作者开车主轴低速空转 3～5 分钟，检查机床运行有无异常声响，各部位润滑情况，润滑油位情况，操纵手柄是否灵活，连锁机构是否正常可靠，手柄、手轮牙嵌式离合器是否正常。

(5) 加工操作时精神要集中，严禁和他人谈话。严禁自动走刀时离岗；不准开车变速；不准超规范使用；不准随意拆除机械限位；不准在导轨上放置物品；不准私装多余装置；离开机床时必须停车，时间长时应关闭电源。

(6) 装夹铣刀时，工作台面应垫木板。检查刀具锥柄应锥度正确、清洁无毛刺，装夹时用力应均匀，装夹牢固可靠，并随时检查有无松动。

(7) 装夹工件时，工件必须紧固可靠。

(8) 工作时操作者必须站在铣刀切削方向侧面，防止刀具、工件、切屑崩溅伤人。切屑飞溅时，机床周围应设挡屑板。

(9) 快速进退刀时，必须注意手柄、手轮有无误动和工作台面运动情况。对刀时必须手摇进刀。正在走刀时不准停车。铣深槽时要停车退刀。自动走刀时，应根据工件和铣刀的材料，选择适当的进刀量和转速。

(10) 测量工件时，必须先停车，将工件退离刀具较远的地方，再测量工件。

(11) 加工时严禁用手清理切屑，一定要用专用工具。加工时切屑堆积过多时，应及时停车清理。严禁用压缩空气清理切屑。

(12) 切削液冷却流量应调整合适，冷却部位应合理，不准加工时产生飞溅。变质切削液应及时清理收集后，送单位定点收集处，严禁随意倾倒。

(13) 机床发生故障或有异常声响时，应及时停车检查和处理。无法处理时，及时报维修人员处理，处理后填写设备日常维修记录和停机台时记录。所有电气故障严禁操作者处理。

(14) 加工结束或下班时，应按班末设备保养要求，清理切屑，清理毛毡垫，彻底擦拭设备，导轨、工作台和外露有精度部位涂油保养。填写设备运转台时记录。

8.3 实 训 项 目

1. 实训项目

项目名称：铣削垫板。

实训内容：

(1) 机床的特点和加工范围；

(2) 机床型号、组成以及各部分作用；

(3) 切削用量三要素与切削用量的选择；

(4) 常用刀具材料、分类、选用以及工件和刀具的安装方法。

2. 训练图样及评分标准

训练图样及评分标准见图 8-11 和表 8-1。

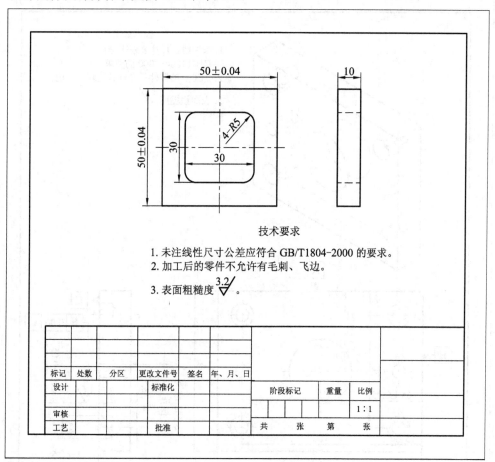

技术要求

1. 未注线性尺寸公差应符合 GB/T1804-2000 的要求。
2. 加工后的零件不允许有毛刺、飞边。
3. 表面粗糙度 $\sqrt{\frac{3.2}{}}$ 。

标记	处数	分区	更改文件号	签名	年、月、日				
设计			标准化			阶段标记	重量	比例	
审核								1∶1	
工艺			批准			共　　张　　第　　张			

图 8-11　训练图样

表 8-1　评 分 标 准

考核项目	考核内容及要求	分值	评分标准	检测结果	扣分	得分	备注
铣削垫板	尺寸 50±0.04 (mm)(2 处)	40	每处 20 分,误差 0.05 mm～0.1 mm 内扣 2 分,误差超过 0.1 mm 不得分				
	尺寸 30(mm)(2 处)	10	每处 5 分,误差在 0.05 mm～0.1 mm 内扣 2 分,误差超过 0.1 mm 不得分				
	R5 圆角 (mm)(4 处)	20	酌情扣分				
	尺寸 10(mm)	10	酌情扣分				
	工艺合理	10	酌情扣分				
	安全文明生产	10	酌情扣分				

思考练习图见图 8-12。

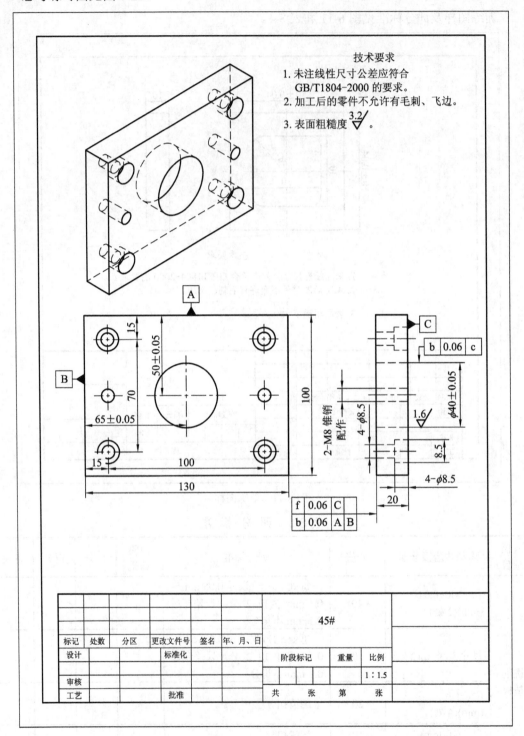

图 8-12　思考练习图

复习思考题

1. 判断题

(1) 进入实习场地必须穿戴工作服，操作时不准戴手套，女同学必须戴上工作帽。
（　　）

(2) 在主轴运转过程中，进行变换主轴转速时，主轴转速变化不应过大。　（　　）

(3) 立式铣床的主要特征是主轴与工作台平行。　（　　）

(4) 铣削过程中的运动分为主运动和进给运动。　（　　）

(5) 在铣床上，铣刀的进给运动为主运动。　（　　）

(6) 走刀运动是间歇性的。　（　　）

(7) 铣削速度是指铣床工作台走动的快慢程度。　（　　）

(8) 在粗铣平面后，若发现两端厚薄不一致，则应把尺寸薄的一端垫高些。（　　）

(9) 铣削加工是在铣床上利用铣刀旋转对工件进行切削加工的方法。　（　　）

(10) 铣床主轴的转速越高，则铣削速度越大。　（　　）

2. 填空题

(1) X5032 型铣床，是_____式铣床。其主要特征是_____。

(2) 工作台手动最大行程(纵向/横向/垂向)分别是_____、_____和_____。

(3) 铣削速度计算公式是_____。

(4) 铣刀切削部分的材料应具备的性能有_____、_____、_____和_____。

(5) 铣床的主运动是指_____。

(6) 铣床的进给运动是指_____。

(7) 铣床可以用来加工_____、_____、_____、_____、_____和_____。

(8) 铣削方式可分为_____和_____两种方式。

(9) 测量工件及检查刀具时，必须在机床_____时进行。工作台面上_____放置工具、刀具、量具，以免损伤床面及发生事故。

(10) 变换切削速度时，必须在机床_____后进行。

3. 填图题

注明图 8-13 中所示的立式铣床各部分名称。

①_____；　②_____；　③_____；　④_____；

⑤_____；　⑥_____；　⑦_____；　⑧_____；

⑨_____；　⑩_____；　⑪_____；　⑫_____

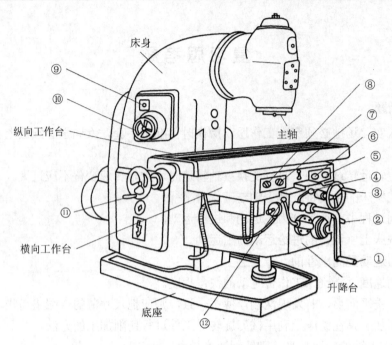

床身

⑨

⑩

纵向工作台

⑪

横向工作台

底座

⑫

⑧

⑦

⑥

⑤

④

③

②

①

主轴

升降台

图 8-13 立式铣床

4．简答题

(1) 实习使用的铣床型号是什么？解释该型号的含义。

(2) 铣床的主运动是什么？进给运动是什么？

(3) 铣床的主要附件有几种？各起什么作用？

(4) 端铣时，顺、逆铣的特点是什么？

第9章 刨削加工

如图 9-1 所示，为了得到如燕尾槽 V 形槽等产品结构，在粗加工时多采用刨削加工工艺方法获得。下面主要介绍常用的刨削加工。

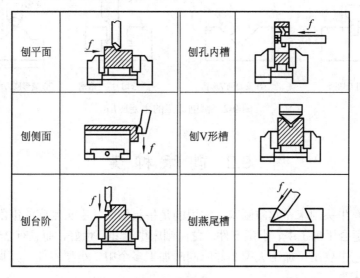

图 9-1　刨削加工

1. 了解普通刨床的种类、组成及其作用、简单操作；
2. 了解刨削加工所用刀具及其使用方法；
3. 掌握刨削的加工范围、特点及工件的安装。

9.1　刨　　削

刨削加工是在刨床上利用刨刀对工件进行切削加工。刨削主要用于加工各种平面(水平面、垂直面和斜面)、各种沟槽(直槽、T 形槽、V 形槽、燕尾槽等)和成型面等，如图 9-2 所示。刨削加工的尺寸精度一般为 IT9～IT8，表面粗糙度 Ra 值为 6.3～1.6 μm。刨削加工生产率一般较低，是不连续的切削过程，刀具切入、切出时切削力有突变，将引起冲击和振动，限制了切削速度的提高。此外，单刃刨刀实际参加切削的长度有限，一个表面往往要经过多次行程才能加工出来，刨刀返回行程时不进行工作。但对于狭长表面的加工，进行多刀、多件加工，其生产率可高于其他加工方法。刨削加工通用性好、适应性强，刨床结构较简单，调整和操作方便；刨刀形状简单，和车刀相似，制造、刃磨和安装都较方便；刨削时一般不需加切削液。

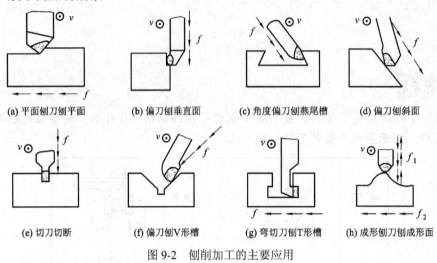

(a) 平面刨刀刨平面　　(b) 偏刀刨垂直面　　(c) 角度偏刀刨燕尾槽　　(d) 偏刀刨斜面

(e) 切刀切断　　(f) 偏刀刨V形槽　　(g) 弯切刀刨T形槽　　(h) 成形刨刀刨成形面

图 9-2　刨削加工的主要应用

9.2　刨床种类

刨床主要有牛头刨床和龙门刨床，常用的是牛头刨床。牛头刨床的刨削长度一般不超过 1000 mm，适合于加工中、小型零件。龙门刨床由于其刚性好，而且有 2～4 个刀架可同时工作，因此它主要用于加工大型零件或同时加工多个中、小型零件，其加工精度和生产率均比牛头刨床高。

9.2.1　牛头刨床

在牛头刨床上加工时，刨刀的纵向往复直线运动为主运动，工件随工作台作横向间歇进给运动，如图 9-3 所示。

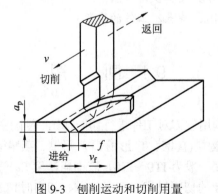

图 9-3　刨削运动和切削用量

1. 牛头刨床的组成

如图 9-4 所示为 B6063 型牛头刨床的组成。型号 B6063 中，B 为机床类别代号，表示刨床，读作"刨"；6 和 0 分别为机床组别和系别代号，表示牛头刨床；63 为主参数最大刨削长度的 1/10，即最大刨削长度为 630 mm。

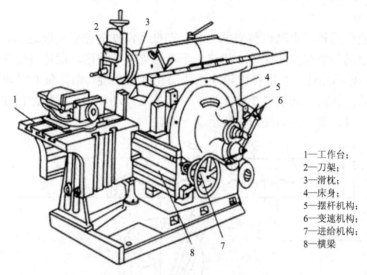

1—工作台；
2—刀架；
3—滑枕；
4—床身；
5—摆杆机构；
6—变速机构；
7—进给机构；
8—横梁

图 9-4　B6063 型牛头刨床组成

B6063 型牛头刨床主要由以下几部分组成：

(1) 床身：用以支撑和连接刨床各部件。其顶面水平导轨供滑枕带动刀架进行往复直线运动，侧面的垂直导轨供横梁带动工作台升降。床身内部有主运动变速机构和摆杆机构。

(2) 滑枕：用以带动刀架沿床身水平导轨作往复直线运动。滑枕往复直线运动的快慢、行程的长度和位置，均可根据加工需要调整。

(3) 刀架：用以夹持刨刀，其结构如图 9-5 所示。当转动刀架手柄 5 时，滑板 4 带着刨刀沿刻度转盘 7 上的导轨上、下移动，以调整背吃刀量或加工垂直面时作进给运动。松开转盘 7 上的螺母，将转盘扳转一定角度，可使刀架斜向进给，以加工斜面。刀座 3 装在滑板 4 上。抬刀板 2 可绕刀座上的销轴 8 向上抬起，以使刨刀在返回行程时离开零件已加工表面，以减少刀具与零件的摩擦。

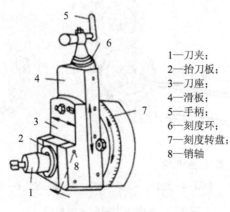

1—刀夹；
2—抬刀板；
3—刀座；
4—滑板；
5—手柄；
6—刻度环；
7—刻度转盘；
8—销轴

图 9-5　刀架

(4) 工作台：用以安装零件，可随横梁作上下调整，也可沿横梁导轨作水平移动或间歇进给运动。

2. 牛头刨床的传动系统

B6063 型牛头刨床的传动系统主要包括摆杆机构和棘轮机构。

1) 摆杆机构

摆杆机构的作用是将电动机传来的旋转运动变为滑枕的往复直线运动，结构如图 9-6 所示。摆杆 7 上端与滑枕内的螺母 2 相连，下端与支架 5 相连。摆杆齿轮 3 上的偏心滑块 6 与摆杆 7 上的导槽相连。当摆杆齿轮 3 由小齿轮 4 带动旋转时，偏心滑块就在摆杆 7 的导槽内上下滑动，从而带动摆杆 7 绕支架 5 中心左右摆动，于是滑枕便作往复直线运动。摆杆齿轮转动一周，滑枕带动刨刀往复运动一次。

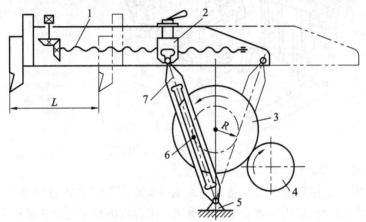

1—丝杠；2—螺母；3—摆杆齿轮；4—小齿轮；5—支架；6—偏心滑块；7—摆杆

图 9-6 摆杆机构

2) 棘轮机构

棘轮机构的作用是使工作台在滑枕完成回程与刨刀再次切入零件之前的瞬间，作间歇横向进给，横向进给机构的结构如图 9-7(a) 所示，棘轮机构的结构如图 9-7(b) 所示。

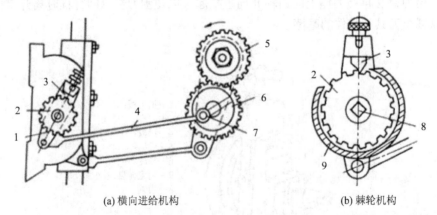

(a) 横向进给机构　　　　　　　　　(b) 棘轮机构

1—棘爪架；2—棘轮；3—棘爪；4—连杆；5、6—齿轮；7—偏心销；8—横向丝杠；9—棘轮罩

图 9-7 牛头刨床横向进给机构

齿轮 5 与摆杆齿轮为一体，摆杆齿轮逆时针旋转时，齿轮 5 带动齿轮 6 转动，使连杆 4 带动棘爪 3 逆时针摆动。棘爪 3 逆时针摆动时，其上的垂直面拨动棘轮 2 转过若干齿，使横向丝杠 8 转过相应的角度，从而实现工作台的横向进给。而当棘轮顺时针摆动时，由于棘爪后面为一斜面，只能从棘轮齿顶滑过，不能拨动棘轮，所以工作台静止不动，这样就实现了工作台的横向间歇进给。

3．牛头刨床的调整

1) 滑枕行程长度、起始位置、速度的调整

刨削时，滑枕行程的长度一般应比零件刨削表面的长度大 30～40 mm，滑枕的行程长度调整方法是改变摆杆齿轮上偏心滑块的偏心距离，其偏心距越大，摆杆摆动的角度就越大，滑枕的行程长度也就越长；反之，则越短。松开滑枕内的锁紧手柄，转动丝杠，即可改变滑枕行程的起始点，使滑枕移到所需要的位置。调整滑枕速度时，必须在停车之后进行，否则将打坏齿轮，可以通过变速机构来改变变速齿轮的位置，使牛头刨床获得不同的转速。

2) 工作台横向进给量的大小、方向调整

工作台的进给运动既要满足间歇运动的要求，又要与滑枕的工作行程协调一致，即在刨刀返回行程将结束时，工作台连同零件一起横向移动一个进给量。牛头刨床的进给运动是由棘轮机构实现的。

如图 9-7(b)所示，棘爪架空套在横梁丝杠轴上，棘轮用键与丝杠轴相连。工作台横向进给量的大小，可通过改变棘轮罩的位置，从而改变棘爪每次拨过棘轮的有效齿数来调整。棘爪拨过棘轮的齿数较多时，进给量大；反之则小。此外，还可通过改变偏心销 7 的偏心距来调整，偏心距小，棘爪架摆动的角度就小，棘爪拨过的棘轮齿数少，进给量就小；反之，进给量则大。

若将棘爪提起后转动 180°，则可使工作台反向进给。当把棘爪提起后转动 90° 时，棘轮便与棘爪脱离接触，此时可手动进给。

4．刨削用量的选择

1) 刨削用量

刨削用量是指在刨削过程中的切削深度、进给量和切削速度的总称。

2) 进给量

刨刀或工件每往复一次，刨刀和工件在进给运动方向的相对位移，称为进给量(mm/往复行程)。往复行程长度用 mm 表示。

3) 刨削速度

进行切削加工时，刀具切削刃上的某一点相对于待加工表面在主运动方向上的瞬时速度称为切削速度。其在龙门刨床上指工作台(工件)移动的速度，在牛头刨床或插床上是指滑枕(刀具)移动的速度，单位用 m/min 表示。

在采用曲柄摇杆机构传动的牛头刨床上，工件行程的速度是变化的。其平均切削速度可按下列公式近似计算：

$$u = 0.0017nl \tag{9-1}$$

式中：u——滑枕工作行程平均速度(m/min)；

　　　n——滑枕往复行程次数每分(min^{-1})；

　　　l——滑枕行程长度(μm)。

9.2.2　龙门刨床

龙门刨床因有一个"龙门"式的框架而得名。与牛头刨床不同的是，在龙门刨床上加工时，零件随工作台的往复直线运动为主运动，进给运动是垂直刀架沿横梁上的水平移动和侧刀架在立柱上的垂直移动。

龙门刨床适用于刨削大型零件，零件长度可达几米、十几米、甚至几十米。也可在工作台上同时装夹几个中、小型零件，用几把刀具同时加工，故生产率较高。龙门刨床特别适于加工各种水平面、垂直面及各种平面组合的导轨面、T 形槽等。龙门刨床的外形如图9-8 所示。

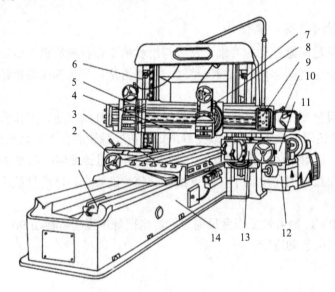

1—液压安全器；
2—左侧刀架进给箱；
3—工作台；
4—横梁；
5—左垂直刀架；
6—左立柱；
7—右立柱；
8—右垂直刀架；
9—悬挂按钮站；
10—垂直刀架进给箱；
11—右侧刀架进给箱；
12—工作台减速箱；
13—右侧刀架；
14—床身

图 9-8　龙门刨床外形图

龙门刨床的主要特点是：自动化程度高，各主要运动的操纵都集中在机床的悬挂按钮站和电气柜的操纵台上，操作十分方便；工作台的工作行程和空回行程可在不停车的情况下实现无级变速；横梁可沿立柱上下移动，以适应不同高度零件的加工；所有刀架都有自动抬刀装置，并可单独或同时进行自动或手动进给，垂直刀架还可转动一定的角度，用来加工斜面。

9.2.3　插床

插床实际上是一种立式的刨床，结构原理与牛头刨床属于同一类型。其外形及组成部分如图 9-9 所示。插削时，滑枕带动插刀在垂直方向上作上下直线往复运动为主运动；工件装夹在工作台上，随工作台可以实现纵向、横向及圆周进给运动。

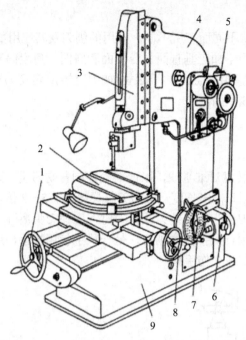

1—工作台纵向移动手轮；
2—工作台；
3—滑枕；
4—床身；
5—变速箱；
6—进给箱；
7—分度盘；
8—工作台横向移动手轮；
9—底座

图 9-9　插床外形图

插床主要用于加工工件的内表面，如方孔、长方孔、各种多边形孔和孔内键槽等，有时候也用于加工成型内外表面。在插床上加工孔内表面时，刀具要穿入工件的孔内进行插削，因此工件的加工部分必须先有一个足够大的孔，才能进行插削加工。

插床加工范围较广，加工费用也比较低，但其生产率不高，对工人的技术要求较高，因此，插床一般适用于工具、模具、修理或试制车间等进行单件或小批量生产。

9.3　刨刀及其安装

9.3.1　刨刀

1．刨刀的结构特点

刨刀的几何形状与车刀相似，但刀杆的截面积比车刀大 1.25～1.5 倍，以承受较大的冲击力。刨刀的前角比车刀稍小，刃倾角取较大的负值，以增加刀头的强度。刨刀的一个显著特点是刨刀的刀头往往做成弯头，如图 9-10 所示为弯、直头刨刀示意图。做成弯头的目的是为了当刀具碰到零件表面上的硬点时，刀头能绕 O 点向后上方弹起，使切削刃离开零件表面，不会啃入零件已加工表面或损坏切削刃，因此，弯头刨刀比直头刨刀应用得更广泛。

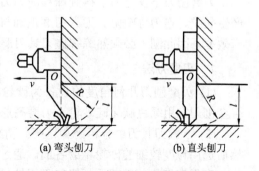

(a) 弯头刨刀　　　　(b) 直头刨刀

图 9-10　弯头刨刀和直头刨刀

2．刨刀的种类及其应用

刨刀的形状和种类依加工表面形状不同而有所不同。常用的刨刀及其应用如图 9-2 所示。平面刨刀用以加工水平面；偏刀用于加工垂直面、台阶面和斜面；角度偏刀用以加工燕尾槽；切刀用以切断或刨沟槽；内孔刀用以加工内孔表面(如内键槽)；弯切刀用以加工 T 形槽及侧面上的槽；成型刀用以加工成型面。

9.3.2　刨刀的安装

如图 9-11 所示，安装刨刀时，将转盘对准零线，以便准确控制背吃刀量，刀头不要伸出太长，以免产生振动和折断。直头刨刀伸出长度一般为刀杆厚度的 1.5～2 倍，弯头刨刀伸出长度可稍长些，以弯曲部分不碰刀座为宜。装刀或卸刀时，应使刀尖离开零件表面，以防损坏刀具或者擦伤零件表面，必须一只手扶住刨刀，另一只手使用扳手，用力方向自上而下，否则容易将抬刀板掀起，碰伤或夹伤手指。

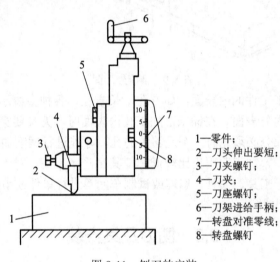

1—零件；
2—刀头伸出要短；
3—刀夹螺钉；
4—刀夹；
5—刀座螺钉；
6—刀架进给手柄；
7—转盘对准零线；
8—转盘螺钉

图 9-11　刨刀的安装

9.3.3　刨刀的刃磨

刃磨刨刀不仅是为了得到锋利的刀刃和正确的刀具几何角度，而且要保证在刃磨中不产生裂纹、崩刃等缺陷。刀具刃磨正确与否，将直接影响刀具的切削性能、加工质量和生产效率。因此刨工必须熟练掌握刀具刃磨技术。

1．刃磨方法

(1) 刃磨刨刀几何角度的设备为砂轮机，用手工刃磨时必须合理选用砂轮，刃磨硬质合金刨刀宜用绿色碳化硅砂轮，刃磨高速钢刨刀宜用氧化铝砂轮。

(2) 一般刀具刃磨分粗磨和精磨。精磨时，先将刨刀各面刃粗磨到需要的形状和高度，然后选用粒度较细的砂轮精磨各面。通过精磨使刨刀的前刀面、后刀面和副后刀面的表面粗糙度得到细化，刀刃更加锋利而无缺口。刨刀精磨后，还须用油石加油研磨刨刀的前刀面与后刀面，以提高刨刀的使用寿命，使被切面的粗糙度得到细化。

(3) 刃磨砂轮应经过仔细平衡，保证砂轮没有径向跳动，否则刃磨时会发生冲击而产生崩刃现象。

(4) 刃磨时要尽量减小砂轮与刨刀的接触面；磨削中要均匀转动；砂轮旋转方向应由刃口向刀体方向，以免受热产生裂纹、崩刃。

2．刃磨刀具时的注意事项

(1) 磨刀前要检查砂轮有无裂纹，不可敲打砂轮，应有防护罩。

(2) 磨刀时不要站在砂轮的正前面，尽可能站在砂轮的侧面以防砂轮碎裂飞出伤人。

(3) 刃磨时应尽量使用砂轮的正面磨刀。只有磨卷屑槽时，才用砂轮的棱边。

(4) 磨刀时刀具应左右移动，不可常停在一个位置上，否则砂轮磨损不均匀，会出现凹凸不平现象，影响刃磨质量。

(5) 刃磨时，不要用手拿棉纱(回丝)裹刀，以免发生危险。

(6) 磨刀时，注意防止刀头过热，不要太用力把刀具压在砂轮上。刃磨高速钢时，注意及时沾水冷却，以免刀头温度高而退火变软；刃磨硬质合金时，不能沾水，否则容易使刀片产生碎裂。

(7) 手拿刨刀刃磨时，应使刀具正确靠在砂轮托板上，并随时注意调节托板的位置，使托板靠近砂轮，以防止刀具扎入托板与砂轮的夹缝之间造成事故。

(8) 为了防止切屑飞入眼中，磨刀时要戴上防护镜，或在砂轮前装上挡镜。

9.3.4　工件的安装

在刨床上零件的安装方法视零件的形状和尺寸而定。常用的有平口虎钳安装、工作台安装和专用夹具安装等，装夹零件方法与铣削相同，可参照铣床中零件的安装及铣床附件所述内容。

工件装夹在工作台上的平口虎钳内。工件较大时，可直接装在工作台上用压板和 T 形螺钉压紧。注意压板和螺钉螺母不要高于加工面以免与刨刀碰撞。另外，夹紧要牢固，夹紧力要均匀，薄形工件要防止变形。

9.4　刨削的基本操作

9.4.1　刨平面

1．刨水平面

刨削水平面的顺序如下：

(1) 正确安装刀具和零件。

(2) 调整工作台的高度，使刀尖轻微接触零件表面。

(3) 调整滑枕的行程长度和起始位置。

(4) 根据零件材料、形状、尺寸等要求，合理选择切削用量。

(5) 试切。先用手动试切，进给 1～1.5 mm 后停车，测量尺寸，根据测得结果调整背吃刀量，再自动进给进行刨削。当零件表面粗糙度 Ra 值低于 6.3 μm 时，应先粗刨，再精刨。精刨时，背吃刀量和进给量应小些，切削速度应适当高些。此外，在刨刀返回行程时，用手掀起刀座上的抬刀板，使刀具离开已加工表面，以保证零件表面质量。

(6) 检验。零件刨削完工后，停车检验，尺寸和加工精度合格后即可卸下。

2. 刨垂直面

刨垂直面的方法如图 9-12 所示。此时采用偏刀，并使刀具的伸出长度大于整个刨削面的高度。刀架转盘应对准零线，以使刨刀沿垂直方向移动。刀座必须偏转 10°～15°，以使刨刀在返回行程时离开零件表面，减少刀具的磨损，避免零件已加工表面被划伤。刨垂直面和斜面的加工方法一般在不能或不便于进行水平面刨削时才使用。

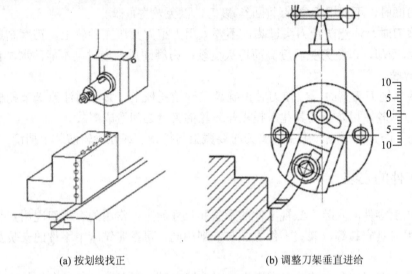

(a) 按划线找正　　　　　　　　　　(b) 调整刀架垂直进给

图 9-12　刨垂直面

3. 刨斜面

1) 斜面的种类

与水平面倾斜成一定角度的平面叫做斜面。刨削平面与水平面间的夹角大于 90° 叫做外斜面(见图 9-13(a))；刨削平面与水平面间的夹角小于 90° 叫做内斜面(见图 9-13(b))；工件的两端厚度不一致，且倾斜角较小的工件，叫做斜度工件(见图 9-13(c))。

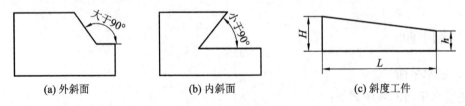

(a) 外斜面　　　　　　　　(b) 内斜面　　　　　　　　(c) 斜度工件

图 9-13　斜面的形式

2) 斜面的用途和加工要求

斜面通常用于零件的滑动配合部分，如刨床滑枕、刀架拖板和镶条等。因此，对斜面的加工精度要求比较高，表面粗糙度要求较小。

3) 斜度的计算

斜度工件通常用斜度表示，所谓斜度就是指工件的大端尺寸和小端尺寸之差与其长度之比。斜度是无名数，常写成分数或比的形式(例如 1/50 或 1∶50)。斜度及其计算方法如下：

$$S = \frac{H - h}{L} \tag{9-2}$$

式中：S——斜度；

　　　　H——工件大端尺寸(mm)；

　　　　h——工件小端尺寸(mm)；

　　　　L——工件长度(mm)。

例 1　有一工件的大端尺寸 H 为 30 mm，小端尺寸 h 为 20 mm，长度 L 为 500 mm，求斜度 S 的大小。

解

$$S = \frac{H - h}{L} = \frac{30 - 20}{500} = \frac{1}{50}$$

例 2　已知一工件的斜度 S 为 1∶50，大端尺寸 H 为 17 mm，长度 L 为 250 mm，问刨削时小端尺寸 h 应控制为多少？

解

$$h = H - LS = 17 - 250 \times \frac{1}{50} = 17 - 5 = 12 \ (mm)$$

刨削斜面工件时，一般需要知道斜角的大小，但图样上往往不注明角度。因此，当要扳转刀架、制造斜垫铁或改装夹具时，就要把斜度化成角度。例如图 9-14(a)中，斜度 1∶50 表示工件每隔 50 mm 高度，大小端的尺寸相差 1 mm。设 β 为工件倾斜的斜角，则

$$\tan \beta = \frac{1}{50} = 0.02$$

在三角函数表内查得 $\beta = 1°9'$，若用斜角 $1°9'$ 的斜垫置于工件底面，使工件斜面成水平位置，则可以用水平走刀以刨水平面的方法刨出斜面来。若用倾斜刀架法刨削，计算出 β 的角度，则 β 角也就是刀架应扳转的角度。

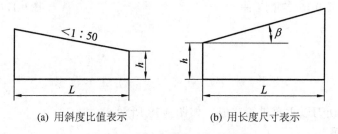

　　　(a) 用斜度比值表示　　　　　　　(b) 用长度尺寸表示

图 9-14　斜度与角度之间的转换

4) 斜面的刨削方法

刨斜面与刨垂直面基本相同，只是刀架转盘必须按零件所需加工的斜面扳转一定角度，以使刨刀沿斜面方向移动。如图 9-15 所示，采用偏刀或样板刀，转动刀架手柄进给，可以刨削外斜面和内斜面。

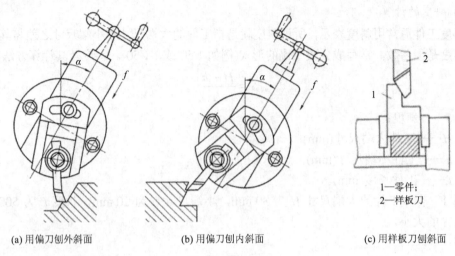

(a) 用偏刀刨外斜面　　　　(b) 用偏刀刨内斜面　　　　(c) 用样板刀刨斜面

1—零件；
2—样板刀

图 9-15　刨斜面

加工图 9-16 所示的工件，应先将互相垂直的几个平面刨好，然后划出斜面线，最后刨斜面。工件上划线的目的是便于校正工件的水平性，斜面线时应考虑刨削时的刀架向右扳转，因为刀架向右扳转时操作比较方便。

刨外斜面时，可用改磨后的普通平面刨刀；刨内斜面时，可采用一种与偏刀相似的角度刨刀，但刀尖角应小于被加工工件的角度。为了改善表面粗糙度和刨刀的强度，可在主副切削刃近刀尖 1～1.5 mm 处，磨出与工件相同或稍小一点的角度，如图 9-17 所示。刨削斜面有很多种方法，应根据工件的形状、加工要求选用。

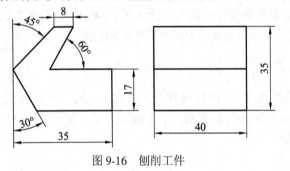

图 9-16　刨削工件　　　　　　　　　图 9-17　角度刨刀

9.4.2　刨沟槽

1．刨直槽

刨直槽时用切刀以垂直进给完成，如图 9-18 所示。

2．刨 V 形槽

先按刨平面的方法把 V 形槽粗刨出大致形状，如图 9-19(a) 所示；然后用切刀刨 V 形槽底的直角槽，如图 9-19(b) 所示；再按刨斜面的方法用偏刀刨 V 形槽的两斜面，如图 9-19(c) 所示；最后用样板刀精刨至图样要求的尺寸精度和表面粗糙度，如图 9-19(d) 所示。

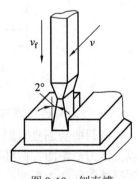

图 9-18　刨直槽

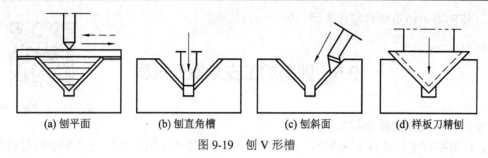

|(a) 刨平面|(b) 刨直角槽|(c) 刨斜面|(d) 样板刀精刨|

图 9-19 刨 V 形槽

3．刨 T 形槽

刨 T 形槽时，应先在零件端面和上平面划出加工线，如图 9-20 所示。

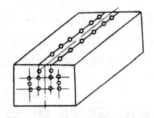

图 9-20 T 形槽零件划线图

4．刨燕尾槽

燕尾形零件是带燕尾槽和燕尾块零件的统称。燕尾槽和燕尾块是相互配合使用的，通常用来控制机构的直线运动。例如，刨床的床身、滑枕、刀架和拖板等都是由燕尾形零件组成的。用在机床上起导向作用的燕尾部分，称为燕尾导轨。

与刨 T 形槽相似，应先在零件端面和上平面划出加工线，如图 9-21 所示。但刨侧面时须用角度偏刀，如图 9-22 所示，刀架转盘要扳转一定角度。

图 9-21 燕尾槽的划线

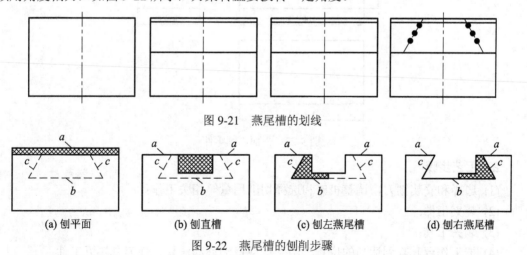

|(a) 刨平面|(b) 刨直槽|(c) 刨左燕尾槽|(d) 刨右燕尾槽|

图 9-22 燕尾槽的刨削步骤

9.4.3 刨成型面

在刨床上刨削成型面，通常是先在零件的侧面划线，然后根据划线分别移动刨刀作垂直进给和移动工作台作水平进给，从而加工出成型面，如图 9-2(h)所示。也可用成型刨刀加工，使刨刀刃口形状与零件表面一致，一次成型。

9.5　刨削加工安全操作规程

刨削加工安全操作规程

刨削加工安全操作规程如下：

(1) 粗刨时工件必须装夹牢靠，定位要合理，工件要压紧，在切削过程中随时检查，以防工件松动；

(2) 刨削前必须看清图纸工艺要求，刨削时要及时测量工件尺寸和精度要求，以保证加工质量；

(3) 刀具安装合理、夹持牢固，发现刨刀磨损时应及时刃磨；

(4) 合理选择切削用量，首先考虑吃刀深度，其次是走刀量，最后取合理的切削速度；

(5) 精刨时应力求消除或减少工件的弹性变形，以保证工件的质量。

9.6　实 训 项 目

1. 平面刨削

加工零件图如图 9-23 所示。

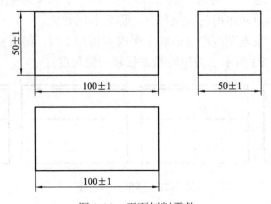

图 9-23　平面刨削零件

2. 工艺步骤

(1) 选择和安装刨刀，调整机床和选择切削用量等相关工作；

(2) 装夹工件；

(3) 装夹工具；

(4) 把工作台升降到适当的位置，用手动或机动移动滑枕，使刀具接近工件；

(5) 移动刀架，把刨刀调整到选好的切削深度上，转动工作台，移动刀架进行对刀。

(6) 开动机床，手动走刀，使工件接近刨刀，开始试切；

(7) 手动走刀 0.5～1 mm，停车测量尺寸，刨削完毕后，先停车检查各部尺寸表及表面粗糙度、相对位置，合格后再卸下工件。

复习思考题

1．填空题

(1) 刨削主要用于加工_____、_____和_____等。刨削加工的尺寸精度一般为_____，表面粗糙度 Ra 值为_____。刨削长度一般不超过 1000 mm，适合于加工中、小型零件的是_____刨床；主要用于加工大型零件或同时加工多个中、小型零件，生产率较高的是_____刨床。

(2) 牛头刨床的主运动是_____，通过_____机构实现；进给运动是_____，由_____机构实现。

(3) 牛头刨床滑枕的行程长度调整方法是_____；工作台横向进给量的大小，可通过_____，从而改变_____每次拨过_____来调整。

(4) 龙门刨床的主运动是_____，进给运动是_____。

(5) 插床的主运动是_____，进给运动有三种，即_____、_____和_____。插床主要用于加工_____，如_____、_____、_____和_____等。

(6) 刨刀刀杆的截面积通常比车刀大_____倍，目的是_____，刨刀的前角比车刀_____。刨刀的一个显著特点是_____。

(7) 刨床通常采用_____、_____或_____装夹工件。

(8) 刨削平面与水平面间的夹角大于 90°叫_____；刨削平面与水平面间的夹角小于 90°叫_____。

(9) 刨斜面时_____必须按零件所需加工的斜面扳转一定角度，以使_____沿斜面方向移动。

(10) 刨直槽时用_____以_____进给完成。

(11) 燕尾形零件是_____和_____的统称。用在机床上起导向作用的燕尾部分，称为_____。

2．从给定的符号中选择合适的符号标出下列各工艺简图中的主运动(v_c)和进给运动(f)。

符　号	运　动	符　号	运　动
↷	旋转	→	连续直线
↦	间歇直线	⇄	往复直线
⊙　⊗	垂直于底面的直线	⊙　⊗	垂直于底面的往复直线

例：牛头刨刨平面。

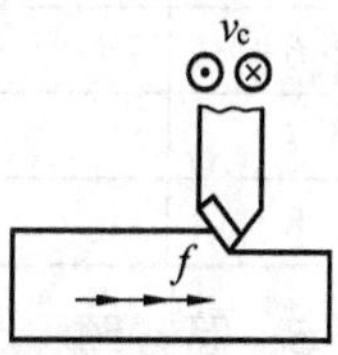

(1) 牛头刨刨斜面   (2) 牛头刨刨 T 形槽   (3) 龙门刨刨垂直面

3. 判断题

(1) 插削加工孔内表面时，工件的加工部分必须先有一个足够大的孔。   ( )

(2) 常用偏刀加燕尾槽。   ( )

(3) 刃磨硬质合金刨刀宜用氧化铝砂轮。   ( )

(4) 斜度工件是指两端厚度不一致，且倾斜角较小的工件。   ( )

4. 填图题

根据图 9-24 所示写出刨床各组成部分的名称，并简要说明其作用。

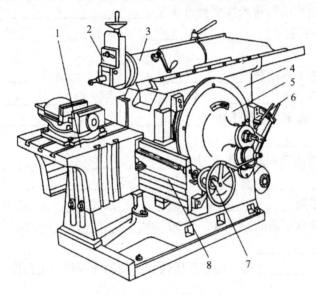

图 9-24 习题图示

组成部分	名 称	作 用
1		
2		
3		
4		
5		
6		
7		
8		

5. 简答题

请写出你实习所用的牛头刨床型号及其最后两位数字代表的含义。

第10章　特种加工技术

问题导入

如图 10-1 所示，为了能够更加直观地观察特殊产品的内部结构，随着科学技术的发展，3D 打印已经涉猎各行各业，正是这种全新的加工技术改变了传统制造业。本章详细介绍类似的特种加工和新工艺加工方案。

图 10-1　3D 打印药品分子三维结构图

教学目标

1. 了解线切割、电火花、激光切割、3D 打印的基本原理、加工特点与应用范围。
2. 熟悉特种加工的工艺及加工分析，对加工有更加深入的了解。
3. 了解并掌握各种特种加工设备的安全操作规程。

10.1　概　　述

特种加工是相对于传统切削加工而言的，特种加工是指利用电、磁、声、光等能量去除工件待加工表面上的多余材料，使这成为符合设计要求的零件的加工过程。在生产中常用的特种加工方法有电火花加工、电解加工、激光加工、超声波加工、电子束加工、离子束加工等。随着特种加工的迅速发展，解决了大量传统切削加工难以实现或无法实现的加工问题，在机械、电子、航空航天及国防工业中得到了广泛应用。

10.2 电火花线切割

10.2.1 数控线切割加工原理

电火花线切割加工(Wire cut Electrical Discharge Machining，WEDM)是在电火花加工基础上于 20 世纪 50 年代末在苏联发展起来的一种新工艺，使用线状电极(钼丝或铜丝)靠火花放电对工件进行切割，故称电火花线切割。它已获得广泛的应用，目前国内外的线割机床都采用数字控制，数控线切割机床已占电加工机床的 60% 以上。

1．电火花线切割加工的基本原理

电火花线切割加工的基本原理如图 10-2 所示。被切割的工件作为工件电极。电极丝接脉冲电源的负极，工件接脉冲电源的正极。当发送来一个电脉冲时，在电极丝和工件之间就可能产生一次火花放电，在放电通道中瞬时可达 5000℃ 以上高温使工件局部金属熔化，甚至有少量气化，高温也使电极和工件之间的工作液部分产生汽化，这些汽化后的工作液和金属蒸汽瞬间膨胀，并具有爆炸特性。靠这种热膨胀和局部微爆炸，抛出熔化和汽化了的金属材料而实现对工件材料进行电蚀切割加工。

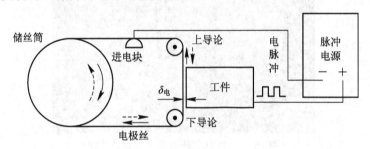

图 10-2　电火花线切割加工原理

2．电火花线切割的主要特点

(1) 不需要制造成型电极，用简单的电极丝即可对工件进行加工。可切割各种高硬度、高强度、高韧性和高脆性的导电材料，如淬火钢、硬质合金等。

(2) 由于电极丝比较细，可以加工微细异性孔、窄缝和复杂形状的工件。

(3) 能加工各种冲模、凸轮、样板等外形复杂的精密零件，尺寸精度可达 0.02～0.01 mm，表面粗糙度 Ra 值可达 1.6 μm。还可切割带斜度的模具或工件。

(4) 由于切缝很窄，切割时只对工件进行"套料"加工，故余料还可以利用。

(5) 自动化程度高，操作方便，劳动强度低。

(6) 加工周期短，成本低。

3．切割的应用范围

(1) 应用最广泛的是加工各类模具，如冲模、铝型材挤压模、塑料模具及粉末冶金模具等，如图 10-3、图 10-4 所示。

(2) 加工二维直纹曲面的零件(需配有数控回转工作台)，如图 10-5 所示。

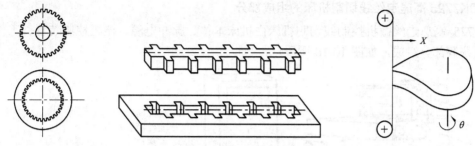

图 10-3　齿轮模具　　　　　　　图 10-4　窄长冲模　　　　　图 10-5　加工平面凸轮零件

(3) 加工三维直纹曲面零件(需配有数控回转工作台)，如图 10-6～图 10-9 所示。

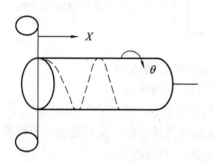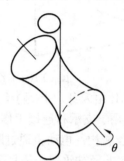

图 10-6　加工螺旋面　　　　　　　　　　　　图 10-7　加工双曲面

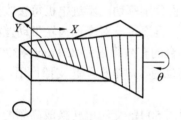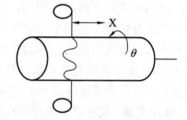

图 10-8　加工扭转锥台　　　　　　　　　　图 10-9　加工回转端面曲线

(4) 各种导电材料和半导材料以及稀有、贵重金属的切断。

(5) 加工微细槽、任意曲线窄缝。

10.2.2　数控电火花线切割机床的型号及组成部分

1. 线切割机床的型号

线切割机床按电极丝运动的线速度，可分高速走丝和低速走丝两种。电极丝运动速度在 7～10 m/s 范围内的高速走丝，低于 0.2 m/s 的为低速走丝。例如 DK7725e 机床为高速走丝线切割机床，DK7632 机床为低速走丝线切割机床，我国常采用高速走丝线切割机床。

DK7725 机床型号的含义如表 10-1 所示。

表 10-1　DK7725 机床型号含义

D	K	7	7	25
机床类别代号	机床特性代号	组别代号	型别代号	基本参数代号
(电加工机床)	(数控)	(电火花加工床)	(高速走丝线切割机床)	(工作台横向行程为 250 mm)

2．DK7725 高速走丝线切割机床的组成部分

DK7725 高速走丝微机控制线切割机床由机床本体、脉冲电源、微机控制装置、工作液循环系统等部分组成，如图 10-10 所示。

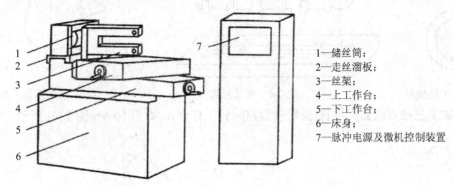

图 10-10　DK7725 高速走丝线切割机床结构简图

1—储丝筒；
2—走丝溜板；
3—丝架；
4—上工作台；
5—下工作台；
6—床身；
7—脉冲电源及微机控制装置

(1) 机床本体由床身、走(运)丝机构、工作台和丝架等组成。

① 床身：用于支承和连接工作台、运丝机构等部件和工作液循环系统。

② 走(运)丝机构：电动机通过联轴节带动储丝筒交替作正、反向运动，钼丝整齐地排列在储丝筒上，并经过丝架作往复高速移动(线速度为 9 mm/s 左右)。

③ 工作台：用于安装并带动工件在水平面内作 X、Y 两个方向的移动。工作台分上、下两层，分别与 X、Y 向丝杠相连，由两个步进电机分别驱动。步进电机每接收到计算机发出的一个脉冲信号，其输出轴就旋转一个步距角，再通过一对变速齿轮带动丝杠转动，从而使工作台在相应的方向上移动 0.001 mm。工作台的有效行程为 250 mm × 320 mm。

④ 丝架：主要功用是在电极丝按给定线速度运动时，对电极丝起支撑作用，并使电极丝工作部分与工作台平面保持一定的几何角度。

(2) 脉冲电源：又称高频电源，其作用是把普通的 50 Hz 交流电转换成高频的单向脉冲电压，加工中供工给火花放电的能量。电极丝接脉冲电源负极，工件接正极。

(3) 微机控制装置：主要功用是轨迹控制。其控制精度为 ±0.001 mm，机床切割的精度为 ±0.01 mm。

(4) 工作液循环系统：由工作液泵、工作液箱和循环导管组成。工作液起绝缘、排屑、冷却的作用。每次脉冲放电后，工件与电极丝(钼丝)之间必须迅速恢复绝缘状态，否则脉冲放电就会转变为稳定持续的电弧放电，影响加工质量。在加工过程中，工作液可把加工过程中产生的金属微颗粒迅速从电极之间冲走，使加工顺利进行，工作液还可冷却受热的电极丝和工件，防止烧丝和工件变形。

10.2.3　线切割加工程序的编写方法

数控线切割机床的控制系统是根据人的"命令"控制机床进行加工的。所以必须先将要进行线切割加工的图形，用线切割控制系统所能接受的"语言"编写"命令"，输入控制系统(控制器)。这种"命令"就是线切割程序，编写这种"命令"的工作叫做编程。

编程方法分为手工编程和计算机辅助编程。手工编程是线切割工作的一项基本功，它

能使我们比较清楚地了解编程所需要进行的各种计算和编程的原理与过程。但手工编程的计算工作比较繁杂，费时间，因此，近年来由于微机的飞速发展，线切割编程大都采用微机编程。微机有很强的计算功能，大大减轻编程的劳动强度，并大幅度地较少编程所需时间。

1．手工编程

1) 3B 程序格式

线切割程序格式有 3B、ISO 代码两种，3B 程序格式如表 10-2 表所示。

表 10-2 3B 程序格式

B	X	B	Y	B	J	G	Z
分隔符	X 轴坐标值	分隔符	Y 轴坐标值	分隔符	计数长度	计数长度	加工指令

(1) 平面坐标系和坐标值 X、Y 的确定。

平面坐标系是这样规定的：面对机床工作台，工作台平面为坐标平面，左右方向为 X 轴，且向右为正；前后方向为 Y 轴，且向前为正。

坐标系的原点随程序段的不同而变化：加工直线时，以该直线的起点建立工件坐标系的原点，X、Y 取终点的坐标值，单位为μm(坐标值的负号不写)；加工圆弧时，以圆弧的圆心建立工件坐标系的原点，X、Y 取圆弧的起点坐标值，单位为μm(坐标值的负号不写)。

(2) 计数方向 G 的确定。

不管是加工直线还是圆弧，计数方向均按终点的位置来确定。具体确定的原则如下：

加工直线时计数方向取与直线终点走向较平行那个坐标轴。例如图 10-11 中，加工直线 OA，计数方向取 X 轴，记作 Gx；加工 OB，计数方向取 Y 轴，记作 Gy；加工 OC，计数方向取向 X 轴、Y 轴均可，记作 Gx 或 Gy。

加工圆弧时，同样，终点走向较平行于何轴，则计数方向取该轴。例如在图 10-12 中，加工圆弧 AB，计数方向应取 X 轴，记作 Gx；加工圆弧 MN，计数方向应取 Y 轴，记作 Gy；加工圆弧 PQ，计数方向取 X 轴、Y 轴均可，记作 Gx 或 Gy。

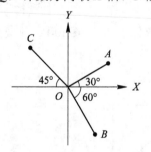

图 10-11 直线计数方向的确定

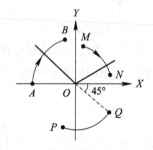

图 10-12 圆弧计数方向的确定

(3) 计数长度的确定。

计数长度是在计数方向的基础上确定的，是被加工的直线或圆弧在计数方向的坐标轴上投影的绝对值总和，单位为μm。例如，在图 10-13 中，加工直线 OA，计数方向为 X 轴，计数长度为 OB，数值等于终点 A 的 X 坐标值。在图 10-14 中，加工半径为 0.5 mm 的圆弧 MN，计数方向为 X 轴，计数长度为 500 μm ×3 = 1500 μm，即圆弧 MN 三段 90° 圆弧在 X 轴上投影的绝对值总和，而不是 500 μm × 2 = 1000 μm。

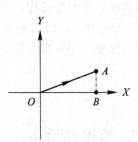

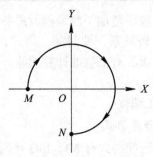

图 10-13　直线计数长度的确定　　　　图 10-14　圆弧计数长度的确定

(4) 加工指令 Z 的确定。

加工直线时有四种加工指令：L1、L2、L3、L4。如图 10-15 所示，当直线处于第Ⅰ象限(包括 X 轴而不包括 Y 轴)时，加工指令记作 L1；当处于第Ⅱ象限(包括 Y 轴而不包括 X 轴)时，记作 L2，；L3、L4 依此类推。

加工顺圆弧时由四种加工指令：SR1、SR2、SR3、SR4。如图 10-16 所示，当圆弧的起点顺时针第一步进入第Ⅰ象限时，加工指令记作 SR1(简称顺圆 1)；当起点顺时针第一步进入第Ⅱ象限时，记作 SR2(简称顺圆 2)；SR3、SR4 依此类推。

加工逆圆弧时也有四种加工指令：NR1、NR2、NR3、NR4。如图 10-17 所示，当圆弧的起点逆时针第一步进入第Ⅰ象限时，加工指令记作 NR1(简称逆圆 1)；当起点逆时针第一步进入第Ⅱ象限时，记作 NR2(简称逆圆 2)；NR3、NR4 依此类推。

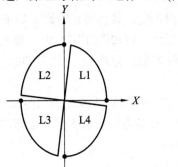
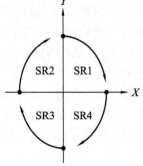
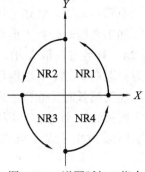

图 10-15　直线加工指令　　　图 10-16　顺圆弧加工指令　　　图 10-17　逆圆弧加工指令

2) 3B 程序格式手工编程方法

下面以图 10-18 所示样板零件为例，介绍编程方法。

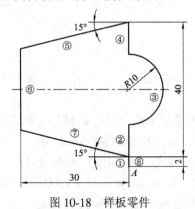

图 10-18　样板零件

(1) 确定加工路线：起点为 *A*，加工路线按照图中所标的①、②、③、…、⑧进行，共分八个程序段。其中①为切入程序段，⑧为切出程序段。

(2) 计算坐标值：按照坐标系和坐标 *X*、*Y* 的规定，分别计算①~⑧程序段的坐标值。

(3) 填写程序单：按程序标准格式逐段填写 B X B Y B J G Z，见下表。

图 10-18 所示样板的图形，按程序 ①(切入)、②、…、⑦、⑧(切出)进行切割，编制的 3B 程序见表 10-3。

表 10-3 样板图形代码

P	B	X	B	Y	B	J	G	Z
1	B	0	B		B		GY	L2
2	B	0	B		B		GY	L2
3	B	0	B		B		GX	NR4
4	B	0	B		B		GY	L2
5	B	30000	B		B		GX	L3
6	B	0	B		B		GY	L4
7	B	30000	B		B		GX	L4
8	B	0	B		B		GY	L4

3) ISO 代码的手工编程方法

(1) ISO 代码程序段的格式。

对线切割加工而言，加工一段直线和圆弧的 ISO 代码程序段，其普遍格式为 N××××G××X××××××Y××××××I××××××J××××××，其中各个符号的具体含义如表 10-4 表示。

表 10-4 ISO 代码程序段的格式

符 号	意 义
N	程序段号
xxxx	1~4 位数序号
G	准备功能
xx	各种不同的功能
X	直线或圆弧终点 *X* 坐标值
xxxxxx	以μm 为单位，最多为 6 位数
Y	直线或圆弧终点 *Y* 坐标值
xxxxxx	以μm 为单位，最多为 6 位数
I	圆弧的圆心对圆弧起点的 *X* 坐标值
xxxxxx	以μm 为单位，最多为 6 位数
J	圆弧的圆心对圆弧起点的 *Y* 坐标值
xxxxxx	以μm 为单位，最多为 6 位数
M00	程序停止
M01	选择停止
M02	程序结束

准备功能 G 之后的 2 位数表示各种不同功能，具体如表 10-5 所示。

表 10-5 G 代码功能说明

准备功能字	意　义
G00	表示点定位，即快速移动到某给定点
G01	表示直线(斜线)插补
G02	表示顺圆插补
G03	表示逆圆插补
G04	表示暂停
G40	表示丝径(轨迹)补偿(偏移)取消
G41、G42	表示丝径向左、右补偿偏移(沿钼丝的进给方向看)
G90	表示选择绝对坐标方式输入
G91	表示选择增量(相对)坐标方式输入
G92	为工作坐标系设定，即将加工时绝对坐标原点(程序原点)设定在距钼丝中心现在位置一定距离处

例如，G92X5000Y20000 表示以坐标原点为准，钼丝中心起始点坐标值为：X=5 mm，Y=20 mm。此坐标系统设定程序，只设定程序坐标原点，当执行这条程序时，钼丝仍在原位置，并不产生运动。

当准备功能 G×× 和上一程序段相同时，则该段的 G×× 可省略不写。

(2) ISO 代码按终点坐标有以下两种输入方式：

① 绝对坐标方式(代码为 G90)：直线以图形中某一适当点作为坐标原点，用 ±X、±Y 表示终点的绝对坐标值(见图 10-19)。圆弧以图形中某一适当点作为坐标原点，用 ±X、±Y 表示某段圆弧终点的坐标值，用 ±I、±J 表示圆心对圆弧起点的坐标值(见图 10-20)。

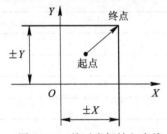

图 10-19　绝对坐标输入直线

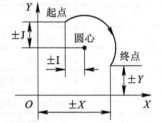

图 10-20　绝对坐标输入圆弧

② 增量(相对)坐标方式(代码为 G91)：线以直线起点为坐标原点，用 ±X、±Y 表示线的终点对起点的坐标值。圆以圆弧的起点为坐标原点，用 ±X、±Y 表示圆弧终点对起点的坐标值，用 ±I、±J 表示圆心对圆弧起点的坐标值(见图 10-21)。编程中采用哪种坐标方式，原则上都是可以的，但在具体情况下却有方便与否的区别，它与被加工零件图样的尺寸标注有关。

国外大部分厂家所生产线切割机床的程序格式都使用 ISO 代码。

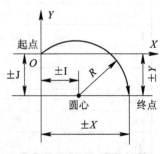

图 10-21　增量坐标输入圆弧

2. 微机编程

由于计算机技术的飞速发展，新近出产的数控线切割机床很多都有微机编程系统。早期购买的机床，也逐步配上了微机编程系统。微机编程系统类型较多，按输入方式不同，大致可分为：

(1) 采用语言式输入；

(2) 采用中文或英文菜单及语言式输入；

(3) 采用 AutoCAD 方式输入；

(4) 采用鼠标器按图形标注尺寸作图输入；

(5) 采用数字化仪输入；

(6) 采用扫描仪输入。

从输出方式看，大部分都能输出 3B 程度或 ISO 代码、显示图形、打印程序、打印图形以及用穿孔机穿出纸带等。有的还能把编出的程序直接或通过网络传输到线切割控制器中去。近几年生产的机床很多采用微机编程兼控制系统。

3. CAXA 线切割 XP 微机编程软件的使用方法

CAXA 线切割的 XP 软件主屏幕示意图如图 10-22 所示，它包括：绘图功能区、常用工具栏、下拉菜单、图表菜单中的绘制工具、功能工具栏和状态显示与提示。

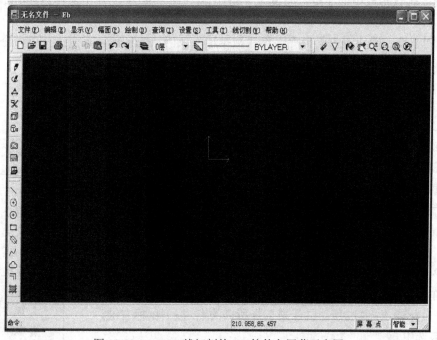

图 10-22　CAXA 线切割的 XP 软件主屏幕示意图

常用工具栏如图 10-23 所示，下拉菜单如图 10-24 所示，图表菜单中的绘制工具如图 10-25 所示，功能工具栏(现为基本曲线)如图 10-26 所示，状态显示与提示如图 10-27 所示。

图 10-23　常用工具栏

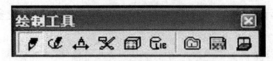

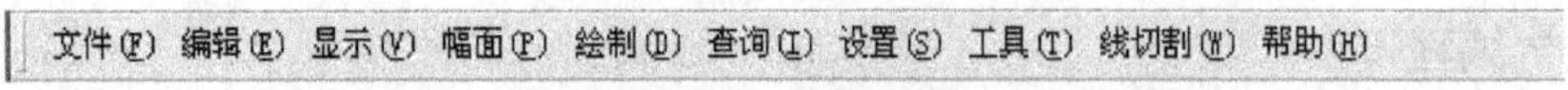
文件(F) 编辑(E) 显示(V) 幅面(P) 绘制(D) 查询(I) 设置(S) 工具(T) 线切割(W) 帮助(H)

图 10-24　下拉菜单

绘制工具

图 10-25　图表菜单中的绘制工具

基本曲线

图 10-26　基本曲线

命令:
210.958,65.457
屏 幕 点
智能

图 10-27　状态显示与提示

1) 常用键的含义

(1) 鼠标。

左键：点取菜单、拾取选择；

右键：确认拾取中的命令，重复上一条命令(在命令状态下)弹出操作热菜单(在选中实体时)。

(2) 回车键：确认选中的命令，结束数据输入或确认缺省值，重复上一条命令(点击鼠标右键)。

(3) 空格键：弹出工具菜单或弹出拾取元素菜单。

(4) 功能热键：

ESC：键取消当前命令；

F1 键：请求系统帮助；

F2 键：显示全部；

F8 键：显示鹰眼；

F9 键：全屏显示。

2) 点的输入

(1) 键盘输入：分为绝对坐标和相对坐标两种；绝对坐标输入只需输入点的坐标值，它们之间用逗号隔开；相对坐标输入在输入时需在一个数值前加一个符号@。

(2) 鼠标输入：通过移动鼠标来选择所需的点，按下鼠标左键，该点即被选中。

(3) 工具点的捕捉：作图过程中有几何特征的圆心点、切点、端点等，当需要输入特征点时，按空格键即可弹出工具点菜单，如图 10-28 所示。

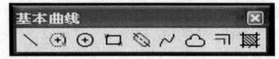

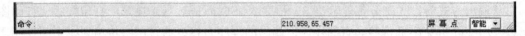

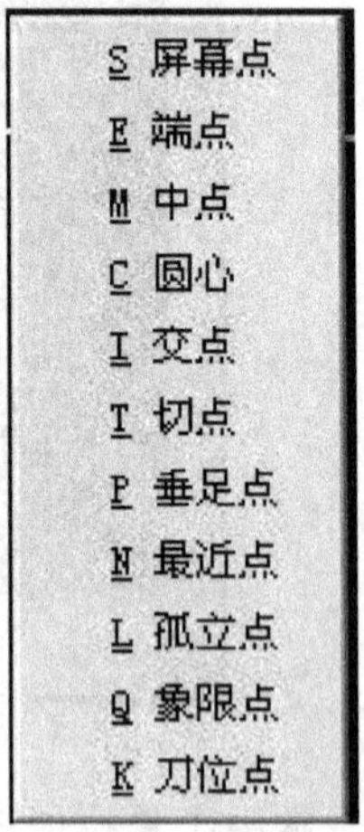
S 屏幕点
E 端点
M 中点
C 圆心
I 交点
T 切点
P 垂足点
N 最近点
L 孤立点
Q 象限点
K 刀位点

图 10-28　工具点的捕捉

CAXA 线切割 XP 软件的功能都是通过各种不同类型的菜单和命令项来实现的。

3) 图形矢量化及图形修改

矢量化转换：图形扫描后，需进行矢量化转换。

CAXA 线切割 V2 能处理的图形文件包括以下四种：BMP 文件、GIF 文件、JPG 文件、PNG 文件，扫描后保存的图形文件应为上述四种中的任意一种文件形式。

矢量化参数说明：

(1) 背景选择：当图像颜色较深而背景颜色较浅，且背景颜色较均匀时，选择"描暗色域边界"；反之，选择"描亮色域边界"。

(2) 拟合方式。

直线拟合：整个边界图形由多段直线组成。

圆弧拟合：边界图形由圆弧和直线组成。

(3) 图形实际宽度：它能调整位图矢量化后图形的大小，若需要矢量化后图形的大小与原图相同，则在此参数栏中输入原图的实际长度(mm)，届时可以得到与原图大小相同的轮廓图形。

(4) 拟合精度：表示矢量化时精度要求的高低。根据需要可自行选择，一般选择"正常"。

4) 具体操作说明

(1) 点击"高级曲线"图标菜单，选择"位图矢量化"命令，用鼠标左键单击；

(2) 系统弹出一个文件选择对话框，找出需要进行矢量化的图形文件(扫描后存入的图形文件)，确定；

(3) 按上述矢量化参数说明设定和修改立即菜单中的参数；

(4) 单击鼠标右键，确认所做的选择，单击"显示全部"命令键，就能找到矢量后的图形；

(5) 矢量化后的轮廓为蓝色，与原始位图重叠在一起，可以根据原始位图对矢量化的轮廓作适当的处理。

具体操作：对原始位图可以通过下拉菜单"绘制—高级曲线—位图矢量化—消隐位图(或消除位图)"命令进行隐藏或消除操作。

5) 图形修改

矢量化后，可对图形进行修改，使之符合线切割加工工艺要求，满足图形设计者的要求，以便把数据传输到机床进行切割。具体方法如下：

(1) 点击"基本曲线"，选择"直线"或"样条"对矢量化后的图形进行修改；

(2) 点击常用工具栏中的"删除"命令，去掉多余的曲线；

(3) 点击"曲线编辑"，分别选择"过渡""打断""拉伸""齐边"等命令项对图形进行修整；

(4) 把修整好的图形存盘(存盘时，文件名应为字母或数字，建议使用同学自己的学号)。

6) 轨迹生成

轨迹生成的功能是生成沿轮廓线切割的线切割加工轨迹。具体操作如下：

(1) 用鼠标左键点取"轨迹操作"按钮，再点取，会弹出一个对话框，此对话框需要操作者填写参数表，此表一般一次填入就不用修改了。

(2) 拾取轮廓线：在确定加工参数后，按对话框中的"确定"按钮，系统提示拾取轮廓。拾取轮廓线可以利用曲线拾取工具菜单，当系统提示拾取轮廓时，单击空格键可弹出对应的工具菜单，选择"链拾取"即可。

(3) 轮廓线拾取方向：当拾取第一条轮廓后，此轮廓变为红色的虚线，系统提示选择链搜索方向，此方向表示加工方向，同时也表示拾取轮廓线的方向。选择方向后，如果采用的是链拾取方式，则系统自动拾取首尾相接的轮廓线，如图 10-29 所示。

(4) 选择加工的侧边：当拾取完轮廓线后，系统要求选择切割侧边，即丝偏移的方向，生成加工轨迹时将按这一方向自动实现间隙的补偿，偏移方向当切割实体时选外侧键头(孔选内侧)，如图 10-30 所示。

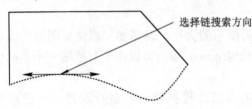

图 10-29　轮廓拾取方向

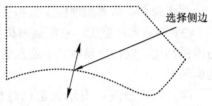

图 10-30　选择加工的侧边

(5) 指定穿丝点位置及电极丝最终切到的位置，穿丝点位置必须指定。

具体方法：把光标移到适当的位置，按鼠标的左键，再按鼠标的右键。加工轨迹将按要求自动生成，至此完成切割加工轨迹的生成。

7) 轨迹仿真

对加工切割过程进行动态仿真，以线框形式表示电极丝沿着指定的加工轨迹走一周，模拟实际加工过程中的切割工件情况。具体操作如下：

(1) 点击"轨迹操作—轨迹仿真"。

(2) 鼠标左键点击图形轨迹，系统将完整地模拟从起切到加工结束之间的全过程，不可中断。

8) 代码生成

(1) 点击下拉菜单中的"线切割加工—G 代码"命令，弹出一个需要输入文件的对话框，要求填写代码程序文件名称。

(2) 输入文件名后，点击"确认"键，系统提示"拾取加工轨迹"，当拾取到加工轨迹后，该轨迹线变为红色虚线，单击鼠标右键，结束拾取，系统即生成数据程序。

(3) 把图形文件、生成的程序分别存入 E 盘指定的文件夹和 A 盘中(存盘时，文件名应为字母或数字，建议使用同学自己的学号)。

4．数控线切割机床操作方法

线切割机床安全操作规程如下：

(1) 操作者必须熟悉线切割机床基本使用，开机前应作全面检查，无误后方可进行操作。

(2) 操作者必须了解线切割基本加工工艺，选择合适的加工参数，按规定的操作顺序操作，防止造成意外断丝、超范围切割等现象。

(3) 用摇柄操作丝筒后，应及时将摇柄拔出，以防止丝筒转动将摇柄甩出伤人。换下的丝要放在指定的容器内，防止混入电路或运丝机构。注意防止因丝筒惯性造成的断丝及传动件的碰撞。因此，停机时要在丝筒刚换完向时按下停止按键。

(4) 尽量消除工件的残余应力，防止切割中工件爆裂伤人；加工之前应安放好防护罩。

(5) 切割工件之前，应确认装卡位置是否合适，防止碰撞丝架及因超行程撞坏丝杆和丝母，对于无超程限位的工作台，要防止坠落事故。

(6) 禁止用湿手按开关或接触电器部分，防止冷却液进入机床电柜内部，一旦发生事故应立即切断电源，用灭火器把火扑灭，不准用水救火。

(7) 运丝时，人不要站在 X 轴手轮位置和丝筒正后方，以防止突然断丝伤人及污水飞溅。

(8) 非专业人员不得随意打开机床电柜前后箱门，以防发生危险。

(9) 机床电柜内局部有危险电压，一般加电后不允许开启电柜面板。即使断电，打开电柜检修时，也要首先对电容进行充分放电，否则，会有触电危险。

(10) 高频开启时，不允许同时接触工件和电极丝，以免发生触电危险。

(11) 因机床工作时会产生火花放电，故机床不得在易燃易爆危险区域使用。

(12) 为保证机床的加工精度，延长使用寿命，应遵照本册及相关规定保养本机床。

5．应用及工艺

1) 加工流程

对图样进行分析和审核：

(1) 首先看所要加工的工件材料是否宜用线切割加工，如非导电材料、高精度、高光洁度等。

(2) 看工件重量、切割尺寸、材料厚度是否超出机床的许可范围，有无材料特性(变形、纯度)和装卡难度。

(3) 对工件或材料进行简单工艺分析，采取最优工艺方案。

2) 线切割编程

(1) 根据图纸尺寸要求绘出切割部分的图形轮廓(注意不对称公差取中值)；生成加工轨迹。注意穿丝点、起割点的选择和补偿的确定。

(2) 生成 3B 代码，并传输至控制台，注意停机符。

(3) 对输入的程序进行校零、检查，了解引线方向。

3) 工件的装卡找正、找起割点

(1) 根据程序的编制和图纸要求，装卡工件，要求平稳、牢固、不易变形；找工件基准(拉表、拖线、碰火花)。

(2) 张紧铂丝，校正铂丝垂直。

(3) 根据程序中穿丝点位置，找到起割点，锁进给，手轮调零，坐标清零。

4) 开机

(1) 检查铂丝状况，导轮、导电块、挡丝棒、换向；

(2) 先开丝，后开水，检查运丝和工作液循环系统；

(3) 打开断丝保护。

5) 选择电参数、调速

(1) 根据工件厚度、材质、技术要求选择加工参数：功放、脉宽、脉间等；

(2) 根据工件厚度调节变频速度，选择工作点在中间位置，选定自动模式。

6) 加工及后期处理

(1) 执行程序；

(2) 走引线时，根据电流表、电压表变化和加工状况，再次调整参数和速度，一般在换向时调；

(3) 加工至最后一边时，看是否需要进行落料处理；

(4) 加工结束，清洗加工面，测量结果无误后拆下工件和工装，清理现场。

6. 加工参数说明

1) 功放选择

在电压一定时，功放的选择就相当于加工电流的选择。功放选择(选择范围：1~8)越大，加工电流就越大。功放大小影响加工效率和加工面光洁度。功放选择的多少一般根据工件的厚度来选，其效果可通过电流表看出。选择功放大小时，要注意电流表示数不超过2.5A，否则，容易造成断丝。

参考值：$\delta \leqslant 10$ mm 时，选择 1~2；10 mm$\leqslant \delta \leqslant$40 mm 时，选择 2~4；40 mm$\leqslant \delta \leqslant$80 mm 时，选择 3~6；80 mm$\leqslant \delta \leqslant$200 mm 时，选择 4~6；$\delta \varepsilon$200 mm 时，选择 5~8。

2) 脉冲宽度

脉冲宽度(简称"脉宽")指相部单个脉冲持续的时间(选择范围 1~99)。脉宽影响加工效率、加工面光洁度及稳定性。脉宽大小根据电流大小、光洁度要求、效率要求等综合考虑。其选择范围较大。

参考值：$\delta \leqslant 10$ mm 时，选择 4~16；10 mm$\leqslant \delta \leqslant$40 mm 时，选择 8~32；40 mm$\leqslant \delta \leqslant$80 mm 时，选择 12~48；80 mm$\leqslant \delta \leqslant$200 mm 时，选择 24~60；$\delta \varepsilon$200 mm 时，选择 44~60。

3) 脉冲间隙

脉冲间隙(简称"脉间")指相部两个脉冲之间的间隔时间(选择范围 1~32)。为保证两极间有稳定的火花放电，脉间不能选得太小，否则，易产生拉弧，引起断丝。脉间影响加工效率和稳定性。脉间大小根据工件厚度选择(无论什么时候，脉间都要$\geqslant 3$)。

参考值：$\delta \leqslant 10$ mm 时，选择 4~8；10 mm$\leqslant \delta \leqslant$40 mm 时，选择 6~12；40 mm$\leqslant \delta \leqslant$80 mm 时，选择 8~15；80 mm$\leqslant \delta \leqslant$200 mm 时，选择 12~20；$\delta \varepsilon$200 mm 时，选择 15~32。

10.3 NH 系列线切割使用常见故障排除

NH 系列线切割使用常见故障、产生的原因及排除方法见表 10-6。

表 10-6 常 见 故 障

序号	加工中问题	产生的原因	排除的方法
1	工件表面有明显丝痕	(1) 电极丝松动或抖动； (2) 工作台运动不平衡，丝筒移动时震动大； (3) 跟踪不稳定	(1) 按松丝方法排除； (2) 检查调整工作台及丝筒运动精度； (3) 调节电位器及高频跟踪

续表

序号	加工中问题	产生的原因	排除的方法
2	抖丝	(1) 电极丝松动； (2) 长期使用轴承精度降低，导轮磨损； (3) 丝筒换向时冲击使丝筒跳动增大	(1) 将电极丝收紧； (2) 更换轴承及导轮； (3) 调整丝筒
3	导轮跳动有啸叫声	(1) 导轮轴向间隙大； (2) 工作液进入轴承； (3) 长期使用轴承精度降低，导轮磨损	(1) 调整导轮的轴向间隙； (2) 用汽油清洗轴承，再加上高速润滑油； (3) 更换轴承及导轮
4	断丝	(1) 电极丝长期使用而老化发脆； (2) 工件变形产生夹丝； (3) 工作液供应不足，电蚀物排不出； (4) 工件厚度和电参数选择不合适； (5) 丝筒拖板换向间隙大造成叠层； (6) 限位开关失灵，拖板超出行程位置； (7) 工件表面有氧化皮	(1) 更换电极丝； (2) 采用合理的装卡方式，预防变形； (3) 调整工作液流量； (4) 正确选择电参数； (5) 调整拖板换向间隙； (6) 检查限位开关； (7) 手动切入或去氧化皮
5	松丝	(1) 电极丝安装太松； (2) 电极丝使用时间长而生楹动	(1) 重新上丝； (2) 更换电极丝
6	烧丝	(1) 高频电源电参数选择不当； (2) 工作液太脏或水流不畅； (3) 高频输出部分异常	(1) 适当调整电参数； (2) 更换工作液； (3) 检查控制箱
7	工件精度不好	(1) 工作台丝杠螺母间隙大； (2) 导轮及轴承有轴向或径向间隙； (3) 传动齿轮间隙大； (4) 控制柜失灵及步进电机失效	

10.4　电火花成型加工

1. 电火花机床的组成及分类

1) 组成

目前常见的电火花成型穿孔加工机床由主机、电源箱、工作液循环过滤系统三大部分组成。主机主要由床身、立柱、主轴头、工作台及润滑系统等组成；电源箱由脉冲电源、自动进给控制系统和其他电气系统组成；工作液循环过滤系统由液压泵、过滤器、控制阀、管道等组成，如图 10-31 所示。

图 10-31 电火花机床结构图

2) 分类

(1) 电火花成型穿孔加工机床按其大小可分为小型(D7125 以下)、中型(D7125~D7163)和大型(D71631 以上)。

(2) 电火花成型穿孔加工机床按其数控程度可分为非数控、单轴数控或三轴数控型。

(3) 电火花成型穿孔加工机床按其精度等级可分为标准精度型和高精度型。

3) 型号含义

1985 年，国家把电火花成型穿孔加工机床定名为 D71 系列，其型号表示方法如下：

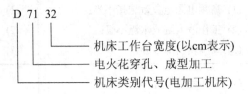

2. 电火花成型加工的原理

电火花成型加工又称放电加工(Electrical Discharge Machining，EDM)是一种直接利用电能和热能进行加工的新工艺。加工的过程中，工具电极与工件并不接触，而是靠工具电极和工件之间不断的脉冲性火花放电，产生局部、瞬间的高温逐步去除多余的材料，达到对零件的尺寸、形状及表面质量预定的加工要求。如图 10-32 所示，由于在放电加工的过程中可见到火花，故称之为电火花成型加工。

3. 电火花成型加工的特点及其应用

1) 电火花加工的特点

(1) 适合于难切削材料的加工。

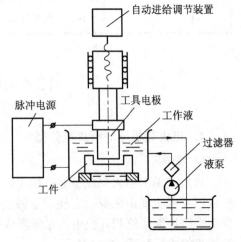

图 10-32 电火花成型加工原理图

(2) 可以加工特殊及复杂形状的零件。

(3) 易于实现加工过程自动化。

(4) 可以改进工件结构设计，改善工件结构的工艺性，提高工件的使用寿命。

(5) 脉冲放电持续时间短，放电时产生的热量扩散范围小，材料受热影响范围小。

2) 电火花加工的局限性

(1) 一般只能加工金属等导电材料，但在特殊的条件下，也可以加工半导体等非导体材料。

(2) 加工速度较慢，加工的过程中，存在电极损耗，影响加工精度。

(3) 能加工的最小角部半径有限制，一般为加工间隙(0.02～0.03 mm)。

(4) 电火花放电必须在具有一定绝缘性能的液体介质中进行。

3) 电火花加工的应用

(1) 电火花加工工具有许多传统切削加工所无法替代的优点，目前广泛应用于机械、航空、电子、汽车等行业，解决难加工材料及复杂形状零件的加工问题。

(2) 加工范围达到小至几十微米的小孔、小轴、小缝，大到几米的超大型模具和零件。

4. 电极的校正与电火花成型加工过程

1) 电极的校正

电极装夹好后，必须进行校正才能加工。不仅要调节电极与工件基准面垂直，而且需在水平面内调节。转动一个角度，使工具电极的截面形状与将要加工的工件型孔或型腔定位的位置一致。一般的校正方法有：

(1) 根据电极的侧基准面，采用千分表找正电极的垂直度，如图 10-33 所示。

(2) 电极上无侧面基准时，将电极上端面作辅助基准找正电极的垂直度，如图 10-34 所示。

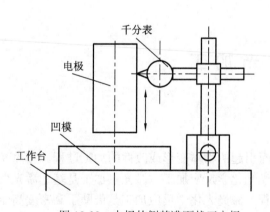

图 10-33　电极的侧基准面找正电极

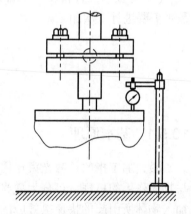

图 10-34　电极端面辅助基准找正电极

2) 电火花成型加工过程

在电火花成型加工前，必须综合考虑机床的特性、零件材质、零件难易程度等因素对加工影响。针对不同的加工对象，制定不同的加工工艺。电火花成型加工过程如图 10-35 所示。

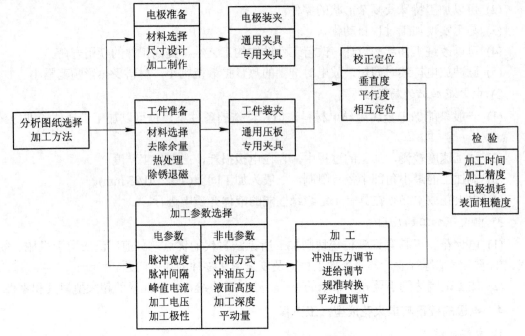

图 10-35　电火花成型加工过程图

(1) 电火花成型加工前的准备工作：工艺分析，对零件图纸进行分析，了解工件的结构特点，明确加工的要求；电极的准备与装夹，工件的准备与装夹，工件与电极间的校正定位；编制加工程序，输入加工程序，调整机床加工电参数。

(2) 电火花成型加工：调整机床保持适当的液面高度和适当的电流，调节进给速度，启动工作液，启动加工。加工的过程中随时检查工件加工的情况。

(3) 电极与工件检验：工件加工完成，检查电极是否损坏严重，检查工件是否合格、是否需要进行二次加工。

10.5　激 光 加 工

10.5.1　基本原理

激光加工指的是激光束作用于物体表面而引起的物体变形或改性的加工过程。按照光与物质作用的机理，可分为激光热加工与激光光化学反应加工。激光热加工是基于激光束加入物体所引起的快速热效应的各种加工过程。激光光化学反应加工是借助于高密度高能光子引发或控制光化学反应的各种加工过程。两种加工方法都可对材料进行切割、打孔、刻槽、标记。前者对于金属材料焊接、表面改性、合金化更有利，后者则适用于光化学沉积、激光刻蚀、掺杂和氧化。

1. 原理

由于激光的发散角小和单色性好，理论上可以聚焦到尺寸与光的波长相近的(微米甚至亚微米)小斑点上。加上它本身强度高，故可以使其焦点处的功率密度达到 $10^8 \sim 10^{11} \mathrm{W/cm^2}$，温度可达 $10000℃$ 以上。在这样的高温下，任何材料都将瞬时急剧熔化和汽化，并爆炸性地高速喷射出来，同时产生方向性很强的冲击波。

因此，激光加工是工件在光热效应下产生高温熔融和受冲击波抛出的综合过程，如图 10-36 所示。

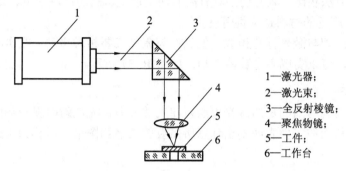

1—激光器；
2—激光束；
3—全反射棱镜；
4—聚焦物镜；
5—工件；
6—工作台

图 10-36　激光加工示意图

2. 特点

激光加工是将激光束照射到加工物体的表面，用以去除或熔化材料或改变物体表面性能，从而达到加工的目的。因此，激光加工属于无接触加工，它的主要特点包括：

(1) 激光加工的功率密度高达 $10^8 \sim 10^{11}$ $\mathrm{W/cm^2}$，几乎可以加工任何材料，例如各种金属材料、石英、陶瓷、金刚石等。如果是透明材料(如玻璃)，也只需采取一些色化和打毛措施，仍可加工。

(2) 加工精度高。激光束易于导向、聚焦和发散。根据加工要求，可以得到不同的光斑尺寸和功率密度。由于激光光斑大小可以聚焦到微米级，输出功率可以调节，因此可以加工微孔和窄缝，适合于精密微细加工。

(3) 加工质量好。激光束照射到物体的表面是局部的，虽然加工部位的热量很大、温度很高，但光束和工件的相对移动速度快，对非照射的部位几乎没有影响，因此，激光加工的热影响区小。如热处理、切割、焊接过程中，加工工件基本无变形。

(4) 激光加工所用的工具是激光束，是非接触加工，加工时没有明显的机械力，没有工具损耗问题，加工速度快，容易实现加工过程自动化。此外，还可以通过透明体进行加工，如对真空管内部进行焊接加工等。

(5) 加工中易产生金属气体及火星等飞溅物，要注意通风抽走，操作者应戴防护眼镜。

10.5.2　激光加工的分类

1. 激光打孔

随着近代工业技术的发展，硬度大、熔点高的材料应用越来越多，并且常常要求在这些材料上打出又小又深的孔。例如，钟表或仪表的宝石轴承、钻石拉丝模具、化学纤维的喷丝头以及火箭或柴油发动机中的燃料喷嘴等。这类加工任务，用常规的机械加工方法很困难，有的甚至是不可能的，而用激光打孔则能比较好地完成任务。

激光打孔的质量主要与激光器输出功率和照射时间、焦距与发散角、焦点位置、光斑内能量分布、照射次数及工件材料等因素有关。

2．激光切割

激光切割技术广泛应用于金属和非金属材料的加工中，可大大减少加工时间，降低加工成本，提高工件质量。激光切割是应用激光聚焦后产生的高功率密度能量来实现的。与传统的板材加工方法相比，激光切割具有高的切割质量、高的切割速度、高的柔性(可随意切割任意形状)、广泛的材料适应性等优点。

激光切割的原理与激光打孔相似，但工件与激光束要相对移动。在实际加工中，采用工作台数控技术，可以实现激光数控切割，如图 10-37 所示。

3．激光打标

激光打标是指利用高能量的激光束照射在工件表面，光能瞬时变成热能，使工件表面迅速产生蒸发，从而在工件表面刻出任意所需要的文字和图形，以作为永久防伪标志，如图 10-38 所示。

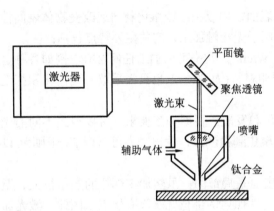

图 10-37　激光切割示意图

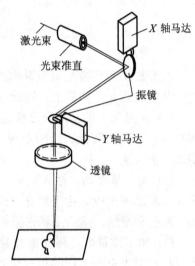

图 10-38　激光打标示意图

激光打标的特点是非触加工，可在任何异形表面标刻，工件不会变形和产生内应力，适于金属、塑料、玻璃、陶瓷、木材、皮革等各种材料；标记清晰、永久、美观，并能有效防伪；标刻速度快，运行成本低，无污染，可显著提高被标刻产品的档次。

4．激光焊接

当激光的功率密度为 $10^5 \sim 10^7$ W/cm^2，照射时间约为 $1/100$ s 时，可进行激光焊接。激光焊接一般无需焊料和焊剂，只需将工件的加工区"热熔"在一起即可，如图 10-39 所示。

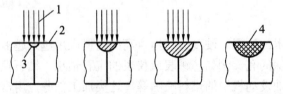

1—激光；　2—被焊件；　3—被熔化金属；4—已冷却的焊缝

图 10-39　激光焊接示意图

激光焊接速度快，热影响区小，焊接质量高，既可焊接同种材料，也可焊接异种材料，还可透过玻璃进行焊接。

5. 激光表面处理

当激光的功率密度约为 $10^3\sim10^5$ W/cm^2 时，便可实现对铸铁、中碳钢，甚至低碳钢等材料进行激光表面淬火。淬火层深度一般为 $0.7\sim1.1$ mm，淬火层硬度比常规淬火约高 20%。激光淬火变形小，还能解决低碳钢的表面淬火强化问题。图 10-40 为激光表面淬火处理应用实例。

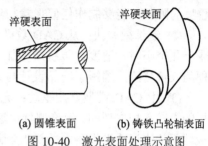

(a) 圆锥表面 (b) 铸铁凸轮轴表面

图 10-40 激光表面处理示意图

10.6 快速成型

10.6.1 基本原理与特点

1. 原理

快速成型技术又叫快速原型制造技术(Rapid Prototyping，RP)。RP 技术是在现代 CAD/CAM 技术、激光技术、计算机数控技术、精密伺服驱动技术以及新材料技术的基础上集成发展起来的。RP 技术的基本原理是：将计算机内的三维数据模型进行分层切片得到各层截面的轮廓数据，计算机据此信息控制激光器(或喷嘴)有选择性地烧结一层接一层的粉末材料(或固化一层又一层的液态光敏树脂，或切割一层又一层的片状材料，或喷射一层又一层的热熔材料或黏合剂)，形成一系列具有一个微小厚度的片状实体，再采用熔结、聚合、黏结等手段使其逐层堆积成一体，便可以制造出所设计的新产品样件、模型或模具。形象地讲，快速成型系统就像是一台"立体打印机"，如图 10-41 所示。

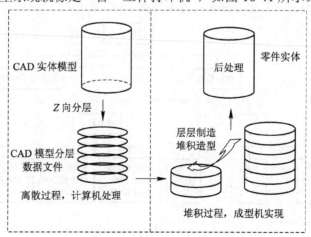

图 10-41 快速成型技术原理

2. 特点

(1) 自由成型制造：自由成型制造也是快速成型技术的另外一个用语。作为快速成型技术的特点之一的自由成型制造的含义有两个方面：一是指无需要使用工模具而制作原型或零件，由此可以大大缩短新产品的试制周期，并节省工模具费用；二是指不受形状复杂程度的限制，能够制作任何形状与结构、不同材料复合的原型或零件。

(2) 制造效率快：从 CAD 数模或实体反求获得的数据到制成原型，一般仅需要数小时或十几个小时，速度比传统成型加工方法快得多。该项技术在新产品开发中改善了设计过程的人机交流，缩短了产品设计与开发周期。

(3) 由 CAD 模型直接驱动：无论哪种 RP 制造工艺，其材料都是通过逐点、逐层以添加的方式累积成型的。无论哪种快速成型制造工艺，也都是通过 CAD 数字模型直接或者间接地驱动快速成型设备系统进行制造的。这种通过材料添加来制造原型的加工方式是快速成型技术区别于传统机械加工方式的显著特征。

(4) 技术高度集成：当计算机辅助工艺规划(Computer Aided Process Planning，CAPP)一直无法实现 CAD 与 CAM 一体化的时候，快速成型技术的出现较好地填补了 CAD 与 CAM 之间的缝隙。新材料、激光应用技术、精密伺候驱动技术、计算机技术以及数控技术等的高度集成，共同支撑了快速成型技术的实现。

(5) 经济效益高：快速成型技术制造原型或零件，无须工模具，也与成型或零件的复杂程度无关，与传统的机械加工方法相比，其原型或零件本身制作过程的成本显著降低。此外，由于快速成型在设计可视化、外观评估、装配及功能检验以及快速模具母模的功用，能够显著缩短产品的开发试制周期，也带来了显著的时间效益。也正是因为快速成型技术具有突出的经济效益，才使得该项技术一经出现，便得到了制造业的高度重视和迅速而广泛的应用。

(6) 精度不如传统加工：模型分层处理时不可避免一些数据的丢失，外加分层制造必然产生台阶误差，堆积成型的相变和凝固过程产生的内应力也会引起翘曲变形，这从根本上决定了 RP 造型的精度极限。

10.6.2　工艺方法

目前快速成型的主要工艺方法及其分类如图 10-42 所示。

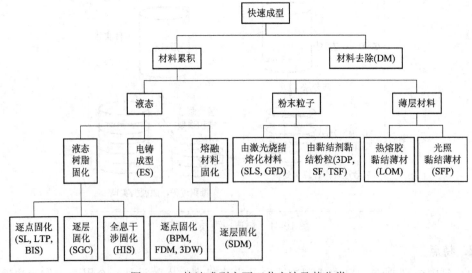

图 10-42　快速成型主要工艺方法及其分类

　　自 1986 年出现至今，世界上已有大约二十多种不同的成型方法和工艺，其中比较成熟的有光固化成型法(Stereo Lithography Apparatus，SLA)、叠层实体制造法(Laminated Object Manufacturing，LOM)、激光选区烧结法(Selective Laser Sintering，SLS)、熔融沉积法(Fused Deposition Modeling，FDM)、三维印刷工艺(Three Dimensional Printing，3DP)。下面重点介绍这几种常用的快速成型技术。

1. 光固化成型法(SLA)

　　光固化成型工艺，也常被称为立体光刻成型。该工艺是由 Charles Hull 于 1984 年获得美国专利，是最早发展起来的快速成型技术。自从 1988 年 3D Systems 公司最早推出 SLA 商品化快速成型机以来，SLA 已成为最为成熟而广泛应用的 RP 典型技术之一。

　　光固化成型工艺的成型过程如图 10-43 所示。液槽中盛满液态光敏树脂，氦-镉激光器或氩离子激光器发出的紫外激光束在控制系统的控制下按零件的各分层截面信息在光敏树脂表面进行逐点扫描，使被扫描区域的树脂薄层产生光聚合反应而固化，形成零件的一个薄层。一层固化完毕后，工作台下移一个层厚的距离，以使在原先固化好的树脂表面再敷上一层新的液态树脂，刮板将黏度较大的树脂液面刮平，然后进行下一层的扫描加工。新固化的一层牢固地黏结在前一层上，如此重复直至整个零件制造完毕，得到一个三维实体原型。

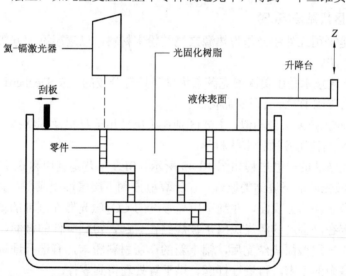

图 10-43　光固化成型工艺过程原理图

2. 叠层实体制造法(LOM)

　　LOM 工艺称叠层实体制造或分层实体制造，由美国 Helisys 公司的 MichaelFeygin 于 1986 年研制成功。

　　LOM 是几种最成熟的快速成型制造技术之一。这种制造方法和设备自 1991 年问世以来，得到迅速发展。由于叠层实体制造技术多使用纸材，成本低廉，制件精度高，而且制造出来的木质原型具有外在的美感性和一些特殊的品质，因此受到了较为广泛的关注。

　　叠层实体制造工艺成型过程如图 10-44 所示。该工艺采用薄片材料，如纸、塑料薄膜等。片材表面事先涂覆上一层热熔胶。加工时，热压辊热压片材，使之与下面已成型的工件黏结。用 CO_2 激光器在刚黏接的新层上切割出零件截面轮廓和工件外框，并在截面轮廓与外框之间多余的区域内切割出上下对齐的网格。激光切割完成后，工作台带动已成型的工件下降，与带状片材(料带)分离。供料机构转动收料轴和供料轴，带动料带移动，使新层移到加工区域。工作台上升到加工平面，热压辊热压，工件的层数增加一层，高度增加一个料厚，再在新层上切割截面轮廓。如此反复，直至零件的所有截面黏接、切割完，得到分层制造的实体零件。

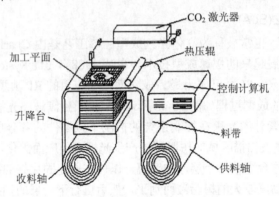

图 10-44　叠层实体制造工艺过程原理图

3. 激光选区烧结法(SLS)

SLS 技术是采用红外激光作为热源来烧结粉末材料，以逐层添加方式成型三维零件的一种快速成型方法。

SLS 分层制造技术是由美国德克萨斯大学奥斯汀分校的 C.R. Dechard 于 1989 年研制成功的，并首先由美国 DTM 公司商品化。

SLS 的原理与 SLA 十分相似，主要区别在于所使用的材料及其状态。SLA 使用液态光敏树脂，而 SLS 则使用各种粉末状材料。

激光选区烧结法的成型过程如图 10-45 所示。SLS 工艺是利用粉末状材料(金属粉末或非金属粉末)在激光照射下烧结的原理，在计算机控制下层层堆积成型。其原理是将材料粉末铺撒在已成型零件的上表面，并刮平用高强度的 CO_2 激光器在刚铺的新层上扫描出零件截面，材料粉末在高强度的激光照射下被烧结在一起，得到零件的截面，并与下面已成型的部分连接。当一层截面烧结完后，铺上新的一层材料粉末，有选择地烧结下层截面。烧结完成后去掉多余的粉末，再进行打磨、烘干等处理得到零件。

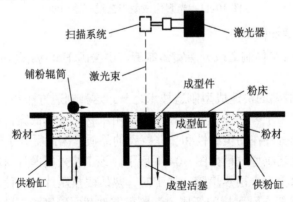

图 10-45　激光选区烧结工艺过程原理图

4．熔融沉积法(FDM)

FDM 工艺由美国学者 Scott Crump 博士于 1988 年研制成功，并于 1991 年由美国的 Stratasys 公司率先推出商品化设备。FDM 工艺利用热塑性材料的热熔性、黏结性，在计算机控制下层层堆积成型。由于该工艺无需激光系统，使用和维护简单，成本低，近年来得到了迅速发展和广泛应用，是 RP 技术领域的后起之秀。

熔融沉积法的成型过程如图 10-46 所示。加热喷头在计算机的控制下，根据产品零件的截面轮廓信息，作 *X-Y* 平面运动。热塑性丝状材料(如直径为 1.78 mm 的塑料丝)由供丝机构送至喷头，并在喷头中加热和融化成半液态，然后被挤压出来，有选择性的涂覆在工作台上，快速冷却后形成一层大约 0.127 mm 厚的薄片轮廓。一层截面成型完成后，工作台下降一定高度，再进行下一层的熔覆，好像一层层"画出"截面轮廓。如此循环，最终形成三维产品零件。FDM 工艺的关键是保持半流动成型材料的温度刚好在熔点之上(比熔点高 1℃左右)。其每一层片的厚度由挤出丝的直径决定，通常是 0.25～0.50 mm。

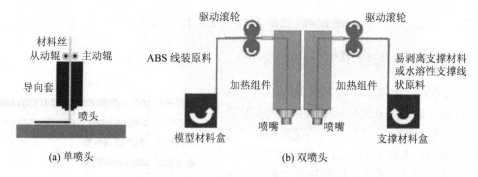

(a) 单喷头　　　　　　　　　　　　(b) 双喷头

图 10-46　熔融沉积法工艺过程原理图

FDM 工艺方法同样有多种材料选用，如 ABS 塑料、浇铸用蜡、人造橡胶等。这种工艺干净，易于操作，不产生垃圾，小型系统可用于办公环境，没有产生毒气和化学污染的危险。

5．三维印刷工艺(3DP)

1989 年，美国麻省理工学院的 Emanuel M. Sachs 和 John S.Haggerty 在美国申请了三维印刷(3DP)技术的专利(该专利是非成型材料微滴喷射成型范畴的核心专利之一)。此后，两人多次对此项工艺进行完善，形成了今天的三维立体印刷术。

3DP 工艺与 SLS 工艺类似，采用的材料比较多，包括石膏、塑料、陶瓷和金属等，而且还可以打印彩色零件。所不同的是材料粉末不是通过烧结连接起来的，而是通过喷头用黏结剂(如硅胶)将零件的截面印刷在材料粉末上面。

三维印刷工艺的成型过程如图 10-47 所示。具体工艺过程如下：上一层黏结完毕后，成型缸下降一个距离(等于层厚：0.013～0.1 mm)，供粉缸上升一高度，推出若干粉末，并被铺粉辊推到成型缸，铺平并被压实。喷头在计算机控制下，按下一建造截面的成型数据有选择地喷射黏结剂建造层面。铺粉辊铺粉时多余的粉末被集粉装置收集。如此周而复始地送粉、铺粉和喷射黏结剂，最终完成一个三维粉体的黏结。未被喷射黏结剂的地方为干粉，在成型过程中起支撑作用，且成型结束后，比较容易去除。

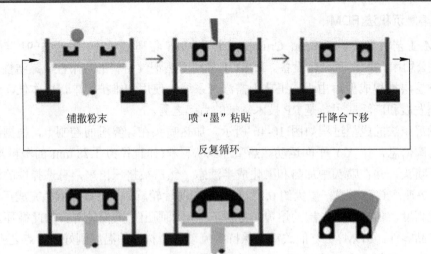

铺撒粉末　　　　　　喷"墨"粘贴　　　　　　升降台下移

反复循环

打印中　　　　　　　最后一层　　　　　　　打印成件

图 10-47　三维印刷工艺工艺过程原理图

10.6.3　快速成型的应用

　　RP 技术自出现以来，以其显著的时间效益和经济效益受到制造业的广泛关注，并已在航空航天、汽车外形设计、玩具、电子仪表与家用电器塑料件制造、人体器官制造、建筑美工设计、工艺装饰设计制造、模具设计制造等领域展现出良好的应用前景。如美国 PRATT WHITNCY 公司采用 RP 技术快速制造了 2000 个铸件，如按常规方法每个铸件约需要 700 美元。而用此技术，每个铸件只需 300 美元，且生产时间节约了70%～90%。图 10-48 所示为各个行业对 RP 的需求量。

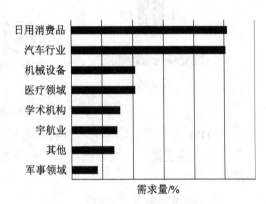

需求量/%

图 10-48　对 RP 原型需求的行业

10.7　特种加工安全操作规程

数控电火花线切割加工
安全操作规程

10.7.1　数控电火花线切割加工的安全操作规程

　　(1) 操作者必须熟悉线切割机床的操作，禁止未经培训的人员擅自操作机床。开机前按设备润滑要求，对机床有关部位进行注油润滑。

　　(2) 实训时，衣着要符合安全要求：要穿绝缘的工作鞋，女工要戴安全帽，长发要盘起。

　　(3) 操作者必须熟悉线切割加工工艺，恰当地选取加工参数，按规定顺序操作，防止造成断丝等故障。

(4) 在加工的过程中发生短路时，控制系统会自动发出回退指令，开始作原切割路线回退运动，直到脱离短路状态，重新进入正常切割加工。

(5) 加工过程中，如果发生断丝，控制系统会立即停止运丝和输送工作液，并发出两种执行方法的指令：一是回到切割起始点，重新穿丝，这时选择反向切割；二是在断丝位置穿丝，继续切割。

(6) 正式加工工件之前，应确认工件位置已安装正确，防止碰撞线架和因超程撞坏丝杠、螺母等传动部件。

(7) 机床附近不得放置易燃、易爆物品，防止因工作液一时供应不足产生的放电火花引起事故。

(8) 加工中严禁用手或者手持导电工具同时接触加工电源的两端电极丝与工件，禁止湿手按开关，防止工作液等导电物进入电器部分，防止触电事故。

(9) 机床因电器短路造成火灾时，应首先切断电源，马上使用灭火器来灭火，不得泼水救火。机床周围需存放足够的灭火器材，防止意外引起火灾事故。操作者应知道如何使用灭火器材。

(10) 线切割加工过程中，操作者不能离岗或远离机床，要随时监控加工状态，对加工中的异常现象及时采取相应的处理措施。

(11) 停机时，应先停高频脉冲电源，后停工作液，让电极运行一段时间，并等储丝筒反向后再停走丝。工作结束后，关掉总电源，整理和打扫机床，加油润滑机床。

10.7.2　电火花成型加工的安全操作规程

(1) 电火花机床应设置专用地线，使电源箱外壳、床身及其他设备可靠接地，防止电气设备绝缘损坏而发生触电。

(2) 操作者必须站在耐压 20 kV 以上的绝缘板上进行工作，加工过程中不可触碰电极工具。

电火花成型加工
安全操作规程

(3) 经常保持机床的清洁，以免受潮降低绝缘强度而影响机床的正常工作。

(4) 添加工作介质煤油时，保证油箱要有足够的循环油量，使油温在安全范围内。

(5) 加工时，工作液面要高于工件一定距离(30～100 mm)，预防火灾的发生。

(6) 机床周围严禁烟火，应配备专门油类灭火器。

(7) 如发生火灾，应立即把电源切断，并用二氧化碳灭火器来灭火，防止事故的扩大。

(8) 电火花机床的电器设备应设置专人负责，其他人员不得擅自操作。

(9) 加工完成后，应检查好机床，做好使用情况登记，关好门窗。

10.7.3　激光切割机安全操作规程

(1) 严格按照激光器启动程序启动激光器、调光、试机。

(2) 按规定穿戴好劳动防护用品，在激光束附近必须佩戴符合规定的防护眼镜。

激光切割机安全
操作规程

(3) 在未弄清某一材料是否能用激光照射或切割前，不要对其加工，以免产生烟雾和蒸汽的潜在危险。

(4) 设备开机时操作人员不得擅自离开岗位或托人代管，如的确需要离开时应停机或切断电源开关。

(5) 要将灭火器放在随手可及的地方；不加工时要关掉激光器或光闸；不要在未加防护的激光束附近放置纸张、布或其他易燃物。

(6) 在加工过程中发现异常时，应立即停机，及时排除故障或上报主管人员。

(7) 保持激光器、激光头、床身及周围场地整洁、有序、无油污，工件、板材、废料按规定堆放。

(8) 使用气瓶时，应避免压坏焊接电线，以免漏电事故发生。气瓶的使用、运输应遵守气瓶监察规程，禁止气瓶在阳光下曝晒或靠近热源。开启瓶阀时，操作者必须站在瓶嘴侧面。

(9) 维修时要遵守高压安全规程，每运转 1 天或每周维护、每运转 1000 小时或每 6 个月维护时，要按照规定和程序进行。

(10) 开机后应手动低速 X、Y、Z 轴方向开动机床，检查确认有无异常情况。

(11) 对新的工件程序输入后，应先试运行，并检查其运行情况。

(12) 设备处于自动工作运转中有一定的危险性，绝不可进入安全防护栏。任何操作过程都必须注意安全。无论任何时间进入机器运转范围内部都可能导致严重的伤害。

(13) 送料时一定要查看送料状态，以免板料起拱撞上激光头，后果严重。

10.8 实 训 项 目

1. 线切割与电火花加工实训项目

如图 10-49 所示为正六边形落料凹模零件。利用前面所学内容，按 3B 格式编写程序，并找到相应工件毛坯进行加工。根据本任务的要求，线切割评分标准按照表 10-7 所示进行综合评价。

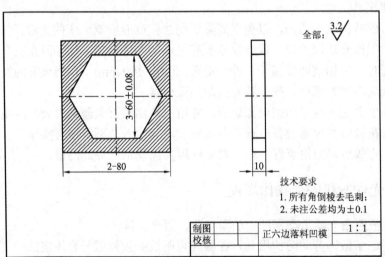

图 10-49 凸模零件图

根据前面所学的内容，将电极安装好，并进行校正。电火花加工的评分标准按照表 10-8 所示进行综合评价。

表 10-7　线切割评分标准

序号	考核项目		标准	得分	备注
1	现场考核	出勤纪律 10 分	1. 旷课不得分 2. 迟到或早退 1 次扣 5 分 3. 按时出勤得 10 分		
2		团队精神 10 分	1. 积极主动学习交流得 10 分		
3		识图能力 10 分	1. 请教后能识图得 5 分 2. 能独立识图得 10 分		
4		训练态度 10 分	1. 训练认真、规范得 10 分 2. 上课不认真，不听劝告不得分		
5		现场 4S 10 分	1. 不对现场进行 4S 不得分 2. 按要求对现场 4S 得 10 分		
6	结果考核	简答题 10 分	1. 回答全部正确得 10 分 2. 回答一半正确得 5 分		
8		编程 20 分	1. 能独立编出程序得 20 分 2. 经过再次辅导编出程序得 15 分 3. 不编写程序不得分		
9		加工 20 分	1. 独立按图加工出完整的工件得 20 分 2. 经过再次辅导加工出工件得 15 分 3. 不加工不得分		
10	总　得　分				

表 10-8　电火花加工评分标准

序号	考核项目		标准	得分	备注
1	现场考核	出勤纪律 10 分	1. 旷课不得分 2. 迟到或早退 1 次扣 5 分 3. 按时出勤得 10 分		
2		团队精神 10 分	1. 积极主动学习交流得 10 分		
4		训练态度 10 分	1. 训练认真、规范得 10 分 2. 上课不认真，不听劝告不得分		
5		现场 4S 20 分	1. 不对现场进行 4S 不得分 2. 按要求对现场 4S 得 20 分		
6	结果考核	简答题 20 分	1. 回答全部正确得 20 分 2. 回答一半正确得 10 分		
8		操作机床 10 分	1. 操作机床规范得 10 分 2. 经过再次辅导，操作正确得 5 分 3. 不操作不得分		
9		校正电极 20 分	1. 独立把电极校正得 20 分 2. 经过再次辅导把电极校正得 15 分 3. 不操作不得分		
10	总　得　分				

2. 激光加工实训项目

(1) 训练图样如图 10-50 所示。

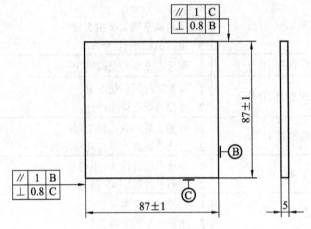

图 10-50 训练图样 1

(2) 材料准备。

材料：亚克力板。

(3) 考核要求。

掌握激光切割的基本方法；做到安全和文明操作。

(4) 操作步骤。

① 按图样要求绘制 87 mm×87 mm 的二维 CAD 图纸。

② 按实习图各面的编号顺序依次切割，达到图样要求。

(5) 按照表 10-9 所示的评分标准进行综合评价。

表 10-9 激光加工成绩评定表

序号	项 目	配分	评分标准	实测结果	得分
1	87±1	7	超差不得分		
2	⊥ 0.8 B	7	超差不得分		
3	∥ 1 B	7	超差不得分		
4	⊥ 0.8 C	7	超差不得分		
5	∥ 1 C	7	超差不得分		
6	安全文明生产	10	违者不得分		

3. 快速成型实训项目

(1) 训练图样如图 10-51 所示。

(2) 材料准备。

材料：ABS。

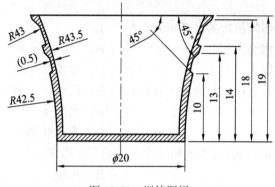

图 10-51　训练图样

(3) 技术要求。

公差等级：IT12。

(4) 考核要求。

巩固 3D 打印机操作，达到一定的精度要求。

(5) 按照表 10-10 所示的评分标准进行综合评价。

表 10-10　快速成型评分标准

工件号		座号		姓名		总得分	
项目	质量检测内容		配分	评分标准		实测结果	得分
打印	$\phi20$		20 分	超差不得分			
	10		10 分	超差不得分			
	13		10 分	超差不得分			
	14		10 分	超差不得分			
	18		10 分	超差不得分			
	19		10 分	超差不得分			
	45°（2 处）		10 分	超差不得分			
	0.5		10 分	超差不得分			
安全文明生产			10 分	违者不得分			

复习思考题

1. 填空题

(1) 数控电火花线切割机床的组成包括_____、_____、_____。

(2) 电火花成型加工机床由_____、_____、_____、_____组成。

(3) 激光加工的特点有_____、_____、_____、_____、_____。

(4) 增材制造技术的特点有_____、_____、_____、_____、_____。

2. 选择题

(1) 数控电火花线切割机床的加工特点是( )。

    A. 无法加工微细异形孔   B. 工件变形大

    C. 电极丝磨损大   D. 加工精度高

(2) 数控电火花线切割时，如果处于过跟踪状态，应该( )进给速度。

    A. 减慢   B. 加快

    C. 稍微增加   D. 不需要调整

(3) 数控电火花线切割 3B 编程的格式中，最后的字母 Z 是( )。

    A. 长度   B. 加快

    C. 方向   D. 加工指令

3. 简答题

(1) 简述数控电火花线切割加工的原理。

(2) 简述电火花加工机床的加工特点。

(3) 快速原型制造方法使用的场合有哪些？

(4) 你认为激光加工的应用前景怎样？

第11章 磨削加工

问题导入

如图 11-1 所示，为了得到表面光洁和尺寸精度更高的产品，如齿轮的加工，常用磨削加工。下面主要介绍常用的磨削加工。

图 11-1　齿轮加工

教学目标

1. 了解普通磨床的种类、组成、作用及其简单操作；
2. 了解磨削加工所用刀具及其使用方法；
3. 掌握磨削常用量具的使用和零件的测量方法；
4. 掌握磨削的加工范围、特点及工件的安装方法。

11.1　概　　述

在磨床上用砂轮对工件进行切削加工称为磨削加工，磨削加工是机械零件精密加工的主要方法之一。

11.1.1　磨削加工的特点

磨削加工具有以下特点：

(1) 磨削属多刃、微刃切削。磨削用的砂轮是由许多细小坚硬的磨粒用结合剂黏结在一起经焙烧而成的疏松多孔体，如图 11-2 所示。这些锋利的磨粒就像铣刀的切削刃，在砂轮高速旋转的条件下，切入零件表面，故磨削是一种多刃、微刃切削过程。

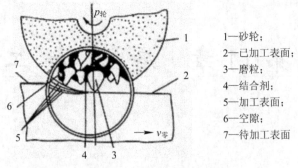

1—砂轮；
2—已加工表面；
3—磨粒；
4—结合剂；
5—加工表面；
6—空隙；
7—待加工表面

图 11-2　砂轮的组成

(2) 加工尺寸精度高，表面粗糙度值低。磨削的切削厚度极薄，每个磨粒的切削厚度可小到微米，故磨削的尺寸精度可达 IT6～IT5，表面粗糙度 Ra 值达 0.8～0.1 μm。高精度磨削时，尺寸精度可超过 IT5，表面粗糙度 Ra 值不大于 0.012 μm。

(3) 加工材料广泛。由于磨料硬度极高，故磨削不仅可加工一般金属材料，如碳钢、铸铁等，还可加工一般刀具难以加工的高硬度材料，如淬火钢、各种切削刀具材料及硬质合金等。

(4) 砂轮有自锐性。当作用在磨粒上的切削力超过磨粒的极限强度时，磨粒就会破碎，形成新的锋利棱角进行磨削；当此切削力超过结合剂的黏结强度时，钝化的磨粒就会自行脱落，使砂轮表面露出一层新鲜锋利的磨粒，从而使磨削加工能够继续进行。砂轮的这种自行推陈出新、保持自身锋利的性能称为自锐性。砂轮的自锐性可使砂轮连续进行加工，这是其他刀具没有的特性。

(5) 磨削温度高。磨削过程中，由于切削速度很快，产生大量切削热，温度超过 1000℃。同时，高温的磨屑在空气中发生氧化作用，产生火花。在高温下，零件材料的性能将会改变而影响质量。因此，为减少摩擦和迅速散热，降低磨削温度，及时冲走屑末以保证零件表面质量，磨削时需使用大量切削液。

11.1.2　磨削运动及切削用量

1．磨削运动

磨削加工类型不同，运动形式和运动数目也不同。外圆与平面磨削时，磨削运动包括主运动、径向进给运动、轴向进给运动和工件旋转或直线运动四种形式。

2．切削用量

1) 磨削速度 v_c

磨削加工时主运动是砂轮的高速旋转运动，磨削速度即为砂轮外圆的线速度。普通磨削速度 v_c 为 30～35 m/s，当 $v_c > 45$ m/s 时，称为高速磨削。

$$v_c = \frac{\pi D n}{1000 \times 60} \quad (\text{m/s})$$

式中：D——砂轮的直径(mm)；

　　　n——砂轮的转速(r/min)。

2) 工件运动速度 v_w

工件的旋转或移动，以工件转(移)动线速度表示，单位一般为 m/min。

外圆磨削时(见图 11-3(a))：

$$v_w = \frac{\pi d_w n_w}{1000}$$

式中：d_w——工件直径(mm)；

　　　n_w——工件转速(r/min)。

平面磨削时(见图 11-3(b))：

$$v_w = \frac{2Ln_r}{1000}$$

式中：L——磨床工作台的行程长度(mm)；

　　　n_r——磨床工作台的每分钟的往复次数。

3) 轴向进给量 f_a

工件每转一圈相对于砂轮在纵向移动的距离，其单位为：圆磨削时 mm/r，平磨时 mm/d·str。

$$f_a = (0.2 \sim 0.8)B$$

式中：B——砂轮宽度(mm)。

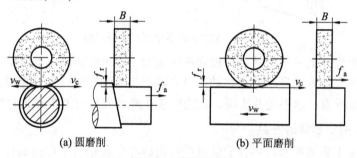

(a) 圆磨削　　　　　(b) 平面磨削

图 11-3　磨削运动

4) 径向进给量 f_r

径向进给量又称背吃刀量，是指工作台每双(单)行程内工件相对砂轮径向移动的距离，单位为 mm/d·str。

11.2　磨　床

11.2.1　平面磨床

平面磨床主要用于磨削零件上的平面。

1. 平面磨床的组成

平面磨床与其他磨床不同的是其工作台上安装有电磁吸盘或其他夹具，用作装夹零件。

图 11-4 所示为 M7120B 型平面磨床外形图。在型号中，M 为机床类别代号，表示磨床，读作"磨"；7 为机床组别代号，表示平面磨床；1 为机床系列代号，表示卧轴矩台平面磨床；20 为主参数工作台面宽度的 1/10，即工作台面宽度为 200 mm。

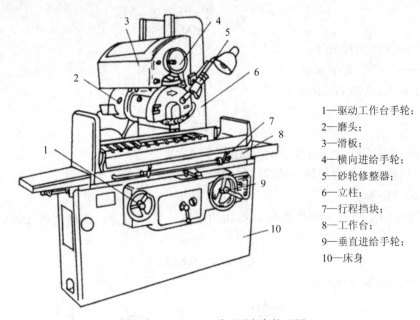

1—驱动工作台手轮；
2—磨头；
3—滑板；
4—横向进给手轮；
5—砂轮修整器；
6—立柱；
7—行程挡块；
8—工作台；
9—垂直进给手轮；
10—床身

图 11-4　M7120B 型平面磨床外形图

　　磨头 2 沿滑板 3 的水平导轨可作横向进给运动，这可由液压驱动或横向进给手轮 4 操纵。滑板 3 可沿立柱 6 的导轨垂直移动，以调整磨头 2 的高低位置及完成垂直进给运动，该运动也可操纵垂直进给手轮 9 实现。砂轮由装在磨头壳体内的电动机直接驱动旋转。

2. 平面磨削中零件的安装

　　在平面磨床上磨削平面，零件安装常采用电磁吸盘和精密平口钳两种方式。磨削平面通常是以一个平面为基准磨削另一平面。若两平面都需磨削且要求相互平行，则可互为基准，反复磨削。

1) 电磁吸盘的安装

　　在平面磨床上磨削由钢、铸铁等导磁性材料制成的中小型工件的平面，一般用电磁吸盘直接吸住工件。电磁吸盘的工作原理如图 11-5 所示。电磁吸盘根据电的磁效应原理制成，它的吸盘体由钢制成，其中部分芯体上绕有线圈，上部的钢制盖板被绝磁层隔成许多条块。当线圈通电时，芯体被磁化，磁力线经芯体—盖板—工件—盖板—吸盘体—心体而形成闭合磁路，从而把工件吸住。绝磁层的作用是使绝大部分磁力线通过工件再回到吸盘体，而不是通过盖板直接回去，以保证对工件有足够的电磁吸力。

　　电磁吸盘工作台有长方形和圆形两种，分别用于矩台平面磨床和圆台平面磨床。当磨削键、垫圈、薄壁套等尺寸小而壁较薄的零件时，因零件与工作台接触面积小，吸力弱，易被磨削力弹出造成事故。因此安装这类零件时，需在其四周或左右两端用挡铁围住，以免零件走动，如图 11-6 所示。

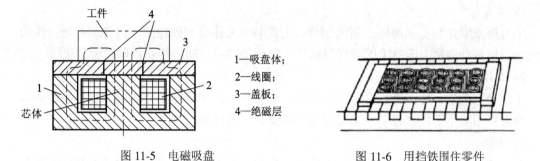

图 11-5 电磁吸盘 　　　　　　　　图 11-6 用挡铁围住零件

1—吸盘体；
2—线圈；
3—盖板；
4—绝磁层

2) 精密平口钳的安装

对于陶瓷、铜合金、铝合金等非磁性材料，则可采用精密平口钳、精密角铁等导磁性夹具进行装卡，连同夹具一起置于电磁吸盘上。

11.2.2 外圆磨床

常用的外圆磨床分为普通外圆磨床和万能外圆磨床。在普通外圆磨床上，可磨削零件的外圆柱面和外圆锥面；在万能外圆磨床上，由于砂轮架、头架和工作台上都装有转盘，能回转一定的角度，且增加了内圆磨具附件，所以万能外圆磨床除可磨削外圆柱面和外圆锥面外，还可磨削内圆柱面、内圆锥面及端平面，故万能外圆磨床较普通外圆磨床应用更广。

1. 外圆磨床的组成

如图 11-7 所示为 M1432A 型万能外圆磨床外形图。在型号中，M 为机床类别代号，表示磨床，读作"磨"；1 为机床组别代号，表示外圆磨床；4 为机床系别代号，表示万能外圆磨床；32 为主参数最大磨削直径的 1/10，即最大磨削直径为 320 mm；A 表示在性能和结构上经过一次重大改进。M1432A 由床身、工作台、头架、尾座、砂轮架和内圆磨头等部分组成。

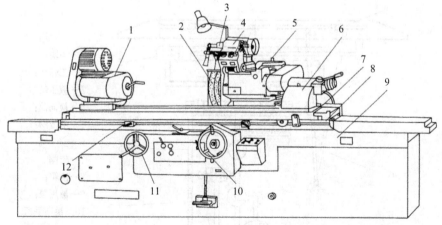

1—头架；2—砂轮；3—内圆磨头；4—磨架；5—砂轮架；6—尾座；7—上工作台；
8—下工作台；9—床身；10—横向进给手轮；11—纵向进给手轮；12—换向挡块

图 11-7 M1432A 型万能外圆磨床外形图

1) 床身

床身用来固定和支承磨床上所有部件，上部装有工作台和砂轮架，内部装有液压传动系统和机械传动装置。床身上的纵向导轨供工作台移动用，横向导轨供砂轮架移动用。

2) 工作台

工作台有两层，称上工作台和下工作台，下工作台沿床身导轨作纵向往复直线运动，上工作台可相对下工作台转动一定的角度，以便磨削圆锥面。

3) 头架

头架安装在上工作台上，头架上有主轴，主轴端部可安装顶尖、拨盘或卡盘，以便装夹零件并带动其旋转。头架内的双速电动机和变速机构可使零件获得不同的转速。头架在水平面内可偏转一定角度。

4) 尾座

尾座安装在上工作台上，尾座的套筒内装有顶尖，用来支承细长零件的另一端。尾座在工作台上的位置可根据零件的不同长度调整，当调整到所需的位置时将其紧固。尾座可在工作台上纵向移动，扳动尾座上的手柄时，套筒可伸出或缩进，以便装卸零件。

5) 砂轮架

砂轮安装在砂轮架的主轴上，由单独电动机通过 V 带传动带动砂轮高速旋转。砂轮架可在床身后部的导轨上作横向移动，移动方式有自动周期进给、快速引进和退出、手动三种，前两种是由液压传动实现的。砂轮架还可绕垂直轴旋转某一角度。

6) 内圆磨头

内圆磨头用于磨削内圆表面。其主轴可安装内圆磨削砂轮，由另一电动机带动。内圆磨头可绕支架旋转，用时翻下，不用时翻向砂轮架上方。

2．外圆磨床的传动

磨床传动广泛采用液压传动，这是因为液压传动具有无级调速、运转平稳、无冲击振动等优点。外圆磨床的液压传动系统比较复杂，图 11-8 为其液压传动原理示意图。

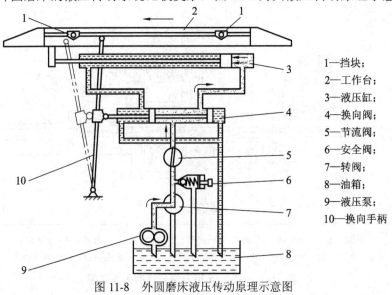

1—挡块；
2—工作台；
3—液压缸；
4—换向阀；
5—节流阀；
6—安全阀；
7—转阀；
8—油箱；
9—液压泵；
10—换向手柄

图 11-8　外圆磨床液压传动原理示意图

工作时，液压泵 9 将油从油箱 8 中吸出，转变为高压油，高压油经过转阀 7、节流阀 5 和换向阀 4 流入液压缸 3 的右腔，推动活塞、活塞杆及工作台 2 向左移动。液压缸 3 的左腔的油则经换向阀 4 流入油箱 8。当工作台 2 移至左侧行程终点时，固定在工作台 2 前侧面的挡块 1 推动换向手柄 10 至虚线位置，于是高压油则流入液压缸 3 的左腔，使工作台 2 向右移动，油缸 3 右腔的油则经换向阀 4 流入油箱 8。如此循环，工作台 2 便得到往复运动。

3. 外圆磨削中零件的安装

在外圆磨床上磨削外圆，零件常采用顶尖安装、卡盘安装和心轴安装三种方式。

1) 顶尖安装

顶尖安装适用于两端有中心孔的轴类零件。如图 11-9 所示，零件支承在顶尖之间，其安装方法与车床顶尖装夹基本相同，不同点是磨床所用顶尖是不随零件一起转动的(称死顶尖)，这样可以提高加工精度，避免由于顶尖转动带来的误差。同时，尾座顶尖靠弹簧推力顶紧零件，可自动控制松紧程度，这样既可以避免零件轴向窜动带来的误差，又可以避免零件因磨削热可能产生的弯曲变形。

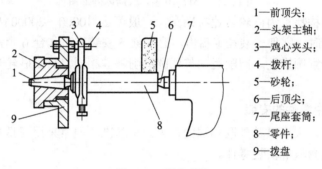

1—前顶尖；
2—头架主轴；
3—鸡心夹头；
4—拨杆；
5—砂轮；
6—后顶尖；
7—尾座套筒；
8—零件；
9—拨盘

图 11-9 顶尖安装

2) 卡盘安装

磨削短零件上的外圆可视装卡部位形状不同，分别采用三爪自定心卡盘、四爪单动卡盘或花盘安装。安装方法与车床基本相同。

3) 心轴安装

磨削盘套类空心零件常以内孔定位磨削外圆，大都采用心轴安装，如图 11-10 所示。装夹方法与车床所用心轴类似，只是磨削用的心轴精度要求更高一些。

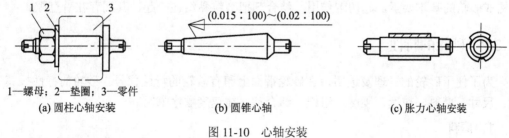

1—螺母；2—垫圈；3—零件
(a) 圆柱心轴安装　　　　　　(b) 圆锥心轴　　　　　　(c) 胀力心轴安装

图 11-10　心轴安装

11.2.3　内圆磨床

内圆磨床主要用于磨削内圆柱面、内圆锥面、端面等。

1．内圆磨床的组成

图 11-11 所示为 M2120 型内圆磨床外形图，型号中 2 和 1 分别为机床组别、系别代号，表示内圆磨床；20 为主参数最大磨削孔径的 1/10，即最大磨削孔径为 200 mm。

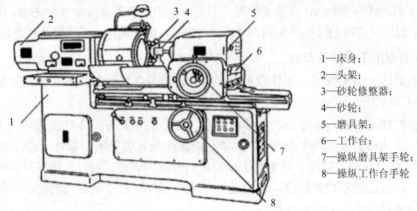

1—床身；
2—头架；
3—砂轮修整器；
4—砂轮；
5—磨具架；
6—工作台；
7—操纵磨具架手轮；
8—操纵工作台手轮

图 11-11　　M2120 型内圆磨床外形图

内圆磨床的结构特点为砂轮转速特别高，一般可达 10000～20000 r/min，以适应磨削速度的要求。加工时，零件安装在卡盘内，磨具架 5 安装在工作台 6 上，可绕垂直轴转动一个角度，以便磨削圆锥孔。磨削运动与外圆磨削基本相同，只是砂轮与零件按相反方向旋转。

2．内圆磨削中零件的安装

磨削零件内圆，大多以其外圆和端面作为定位基准，通常采用三爪自定心卡盘、四爪单动卡盘、花盘及弯板等安装零件。

11.3　砂　　轮

11.3.1　砂轮的组成

砂轮是磨削加工中使用的切削工具，它是由磨粒、结合剂和空隙三要素组成的。磨粒是构成砂轮的基本要素，起切削作用。结合剂把磨粒黏结在一起，其间存在着空隙。

11.3.2　砂轮的特性

为了便于砂轮的管理及选用，在砂轮端面上印有砂轮的特性代号。砂轮的特性按其形状、尺寸、磨料、粒度、硬度、组织、结合剂、线速度顺序书写。

1．磨料

磨削时，磨粒直接起切削作用，在高温下经受剧烈的摩擦及挤压。因此，磨粒必须具有高硬度、耐磨性、耐热性以及一定的韧性和化学稳定性，还要具有锋利的切削刃口。用作磨粒的材料称作磨料。常用的磨料有刚玉类和碳化硅类，通常磨削钢件用刚玉类，磨削铸铁件用碳化硅类。常用的几种刚玉类、碳化硅类磨料的代号、特点及适用范围见表 11-1。

表 11-1 常用磨料特点及其用途

磨料名称	代号	特 点	用 途
棕刚玉	A	硬度高，韧性好，价格较低	适合于磨削各种碳钢、合金钢和可锻铸铁等
白刚玉	WA	比棕刚玉硬度高，韧性低，价格较高	适合于加工淬火钢、高速钢和高碳钢
黑色碳化硅	C	硬度高，性脆而锋利，导热性好	用于磨削铸铁、青铜等脆性材料及硬质合金刀具
绿色碳化硅	GC	硬度比黑色碳化硅更高，导热性好	用于加工硬质合金、宝石、陶瓷和玻璃等

2. 粒度

粒度是指磨粒颗粒的大小，分磨粒及微粉两类，可用筛选法或显微镜测量法来区别。磨粒以刚能通过的那一号筛网的网号表示，如 $60^{\#}$ 的磨粒表示其大小正好能通过 1 英寸长度上孔眼数为 60 的筛网。直径小于 $40\ \mu m$ 的磨粒称为微粉，用磨粒最大尺寸表示，如 W20 表示磨粒的直径在 $20\sim14\ \mu m$。

粗磨用粗粒度，精磨用细粒度；当工件材料软、塑性大、磨削面积大时，采用粗粒度，以免堵塞砂轮烧伤工件。

3. 砂轮硬度

砂轮的硬度是指砂轮工作时在磨削力的作用下磨粒脱落的难易程度。磨粒容易脱落的砂轮硬度低，称为软砂轮；磨粒难脱落的砂轮硬度高，称为硬砂轮。同一种磨粒可以做出不同硬度的砂轮，主要取决于结合剂的结合能力及含量。

砂轮硬度对磨削生产率和加工精度有很大影响。如果砂轮太硬，变钝的磨粒仍不能脱落，则磨削力和磨削热会急剧增加，严重的会导致工件表面烧伤；如果砂轮太软，则使仍很锋利的磨粒过早地脱落，而加快了砂轮的损耗。一般磨削软材料工件采用硬砂轮，磨削硬材料工件则采用软砂轮。

4. 结合剂

结合剂的作用是将磨粒黏结在一起，使砂轮具有所需要的形状、强度、耐冲击性、耐热性等。磨粒黏结愈牢，磨削过程就愈不易脱落。常用结合剂有陶瓷结合剂(代号 V)、树脂结合剂(代号 B)、橡胶结合剂(代号 R) 、金属结合剂(代号 M)等。

1) 陶瓷结合剂(V)

化学稳定性好、耐热、耐腐蚀、价廉，使用率达 90%，但性脆，不宜制成薄片，不宜高速磨削，磨削线速度一般小于 35 m/s。

2) 树脂结合剂(B)

强度高、弹性好，耐冲击，适于高速磨削、开槽或切断等工作，但耐腐蚀、耐热性差(300℃)，自锐性好。

3) 橡胶结合剂(R)

强度高、弹性好，耐冲击，适于抛光轮、导轮及薄片砂轮，但耐腐蚀耐热性差(200℃)，自锐性好。

4) 金属结合剂(M)

青铜、镍等，强度韧性高，成型性好，但自锐性差，适于金刚石、立方氮化硼砂轮。

5. 砂轮组织

砂轮的组织是指磨粒和结合剂结合的疏密程度，它反映了磨粒、结合剂、空隙三者之间的比例关系。组织号是由磨料所占的百分比来确定的。紧密组织成型性好，加工质量高，适于成型磨、精密磨和强力磨削。中等组织适于一般磨削工作，如淬火钢、刀具刃磨等。疏松组织不易堵塞砂轮，适于粗磨、磨软材、磨平面、内圆等接触面积较大时，磨热敏性强的材料或薄件。

11.3.3　砂轮的使用

1. 砂轮的安装

磨削时砂轮转速很高，如安装不当，将会使砂轮破裂飞出，造成事故。为此，在安装砂轮前，首先应仔细检查所选砂轮是否有裂纹，可通过外形观察，或用木棒轻敲，发清脆声音者为良好，发嘶哑声音者为有裂纹，有裂纹的砂轮绝对禁止使用。

安装砂轮时，要求砂轮要松紧合适地套在轴上，其配合间隙一般为 0.1~0.8 mm，在砂轮和法兰盘之间应垫上 0.5~1 mm 的弹性垫板，且必须从法兰盘圆周外露出 1~2 mm，如图 11-12 所示。

2. 砂轮的平衡

为使砂轮工作平稳，一般直径大于 125 mm 的砂轮都要进行平衡试验，如图 11-13 所示。将砂轮装在心轴 2 上，再将心轴放在平衡架 6 的平衡轨道 5 的刃口上。若不平衡，较重部分总是转到下面。这可通过移动法兰盘端面环槽内的平衡铁 4 进行调整。经反复平衡试验，直到砂轮可在刃口上任意位置都能静止，即说明砂轮各部分的质量分布均匀。这种方法称为静平衡。

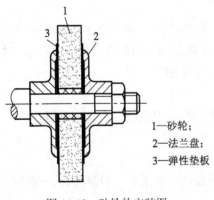

1—砂轮；
2—法兰盘；
3—弹性垫板

图 11-12　砂轮的安装图

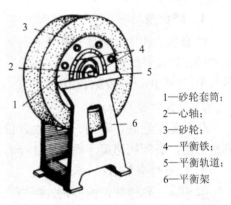

1—砂轮套筒；
2—心轴；
3—砂轮；
4—平衡铁；
5—平衡轨道；
6—平衡架

图 11-13　砂轮的平衡

3. 砂轮的修整

砂轮工作一定时间后，磨粒逐渐变钝，砂轮工作表面空隙被堵塞，使之丧失切削能力。同时，由于砂轮硬度不均匀及磨粒工作条件不同，砂轮的工作表面会出现磨损不匀、形状被破坏的情况，这时必须修整。修整时，将砂轮表面一层变钝的磨粒切去，使砂轮重新露出完整锋利的磨粒，以恢复砂轮的几何形状。砂轮常用金刚石笔进行修整，如图 11-14所示。修整时要使用大量的冷却液，以免金刚石因温度急剧升高而破裂。砂轮修整除用于磨损砂轮外，还用于以下场合：① 砂轮被切屑堵塞；② 部分工材黏结在磨粒上；③ 砂轮廓形失真；④ 精密磨中的精细修整等。

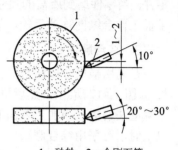

1—砂轮；2—金刚石笔

图 11-14　砂轮的修整

11.4　磨削工艺

由于磨削的加工精度高，表面粗糙度值小，能磨高硬脆的材料，因此应用十分广泛。这里仅对内外圆柱面、内外圆锥面及平面的磨削工艺进行讨论。

11.4.1　外圆磨削

外圆磨削是一种基本的磨削方法，它适于轴类及外圆锥零件的外表面磨削。在外圆磨床上磨削外圆常用的方法有纵磨法、横磨法和综合磨法三种。

1. 纵磨法

如图 11-15 所示，磨削时，砂轮高速旋转起切削作用(主运动)，零件转动(圆周进给)并与工作台一起作往复直线运动(纵向进给)，当每一纵向行程或往复行程终了时，砂轮作周期性横向进给(被吃刀量)。每次背吃刀量很小，磨削余量是在多次往复行程中磨去的。当零件加工到接近最终尺寸时，采用无横向进给的几次光磨行程，直至火花消失为止，以提高零件的加工精度。

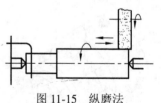

图 11-15　纵磨法

纵向磨削的特点是具有较大适应性，一个砂轮可磨削长度不同的直径不等的各种零件，且加工质量好，但磨削效率较低。目前生产中，特别是单件、小批量生产以及精磨时广泛采用这种方法，尤其适用于细长轴的磨削。

2. 横磨法

如图 11-16 所示，横磨削时，采用砂轮的宽度大于零件表面的长度，零件无纵向进给运动，而砂轮以很慢的速度连续地或断续地向零件作横向进给，直至余量被全部磨掉为止。

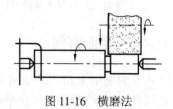

图 11-16　横磨法

横磨的特点是生产率高，但精度及表面质量较低。该法适于磨削长度较短、刚性较好的零件。当零件磨到所需的尺寸后，如果需要靠磨台肩端面，则将砂轮退出 0.005～0.01 mm，手摇工作台纵向移动手轮，使零件的台端面贴靠砂轮，磨平即可。

3. 综合磨法

是先用横磨分段粗磨，相邻两段间有 5～15 mm 重叠量(如图 11-17 所示)，然后将留下的 0.01～0.03 mm 余量用纵磨法磨去。当加工表面的长度为砂轮宽度的 2～3 倍以上时，可采用综合磨法。

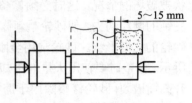

图 11-17　综合磨法

综合磨法集纵磨法和横磨法的优点于一身，既能提高生产效率，又可提高磨削质量。

11.4.2　内圆磨削

内圆磨削方法与外圆磨削相似，只是砂轮的旋转方向与磨削外圆时相反(如图 11-18 所示)，操作方法以纵磨法应用最广。内圆磨削法的生产率和磨削质量较低，原因是由于受零件孔径限制，砂轮直径较小，砂轮圆周速度较低，所以生产率较低；又由于冷却排屑条件不好，砂轮轴伸出长度较长，使得表面质量不易提高。但由于磨孔具有万能性，不需成套刀具，故在单件、小批生产中应用较多，特别是淬火零件，磨孔仍是精加工孔的主要方法。

砂轮在零件孔中的接触位置有两种：一种是与零件孔的后面接触，如图 11-19(a)所示。这时冷却液和磨屑向下飞溅，不影响操作人员的视线和安全；另一种是与零件孔的前面接触，如图 11-19(b)所示，情况正好与上述相反。通常，在内圆磨床上采用后面接触；而在万能外圆磨床上磨孔时应采用前面接触方式，这样可采用自动横向进给。若采用后接触方式，则只能手动横向进给。

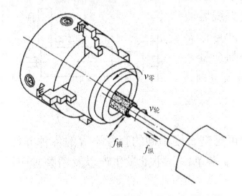

图 11-18　四爪单动卡盘安装零件

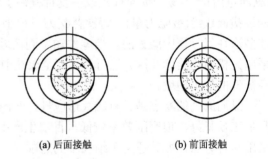

(a) 后面接触　　　　　　(b) 前面接触

图 11-19　砂轮与零件的接触形式

11.4.3　平面磨削

平面磨削常用的方法有周磨(在卧轴矩形工作台平面磨床上以砂轮圆周表面磨削零件)和端磨(在立轴圆形工作台平面磨床上以砂轮端面磨削零件)两种，见表 11-2。

表 11-2　周磨和端磨的比较

分类	砂轮与零件的接触面积	排屑及冷却条件	零件发热变形	加工质量	效率	适用场合
周磨	小	好	小	较高	低	精磨
端磨	大	差	大	低	高	粗磨

11.4.4　圆锥面磨削

圆锥面磨削通常有转动工作台法和转动头架法两种。

1. 转动工作台法

磨削外圆锥面如图 11-20 所示,磨削内圆锥面如图 11-21 所示。转动工作台法大多用于锥度较小、锥面较长的零件。

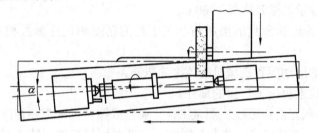

图 11-20　转动工作台磨外圆锥面

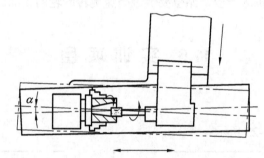

图 11-21　转动工作台磨内圆锥面

2. 转动零件头架法

转动零件头架法常用于锥度较大、锥面较短的内外圆锥面,如图 11-22 所示为磨削内圆锥面。

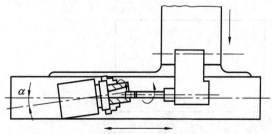

图 11-22　转动头架磨内圆锥面

11.5　磨床安全操作规程

磨床的安全操作规程如下：

(1) 合理操作磨床，不损害磨床部件、机械结构。

(2) 工作前后须清理机床，检查磨床部件、机械结构、液压系统、冷却系统是否正常，并及时修理排除磨床故障。

(3) 在工作台上调整头架、尾座位置时，须擦净其连接面，并涂润滑油后移动头架或尾座。保护工作台、头架、尾座连接间的有关机床精度。

(4) 人工润滑的部位应按说明书规定的油类加注润滑油，并保证一定的油面高度。

(5) 定期冲洗冷却系统，合理更换切削液。处理废切削液应符合环保要求。

(6) 高速滚动轴承的温升应低于60℃。

(7) 不同精度等级和参数的磨床与加工工件的精度和尺寸参数相对应，以保护机床精度。

(8) 磨床敞开的滑动面和机械机构须涂油防锈。

(9) 不碰撞或拉毛机床工作面的部件。

(10) 实训中要戴好防护眼镜。测量工件、调整或擦拭机床都要在停机后进行。用磁力吸盘时，要将盘面、工件擦净、靠紧、吸牢，必要时可加挡铁，防止工件移位或飞出。要注意装好砂轮防护罩或机床挡板，站位要侧过高速旋转砂轮的正面。

11.6　实 训 项 目

1. 磨削平面

加工零件图如图 11-23 所示。

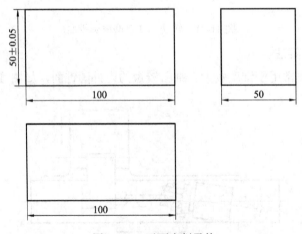

图 11-23　平面磨削零件

2. 工艺步骤

(1) 安装、调整机床和选择切削用量等;

(2) 测量工件,装夹工件(使用直角角块),并将工作台和工件擦干净,将行程保险挡铁调好、紧固;

(3) 检查磁盘吸力是否有效;

(4) 开动机床,把工作台升降到适当的位置,用手动移动砂轮,使砂轮接近工件;

(5) 加工时应侧位操作,手动 0.01 mm,看见出现火花,打开工作液,开始自动磨削,磨削完毕后,先停车检查各部尺寸表及表面粗糙度,合格后再卸下工件;

(6) 工作后,停车将手柄移至空位,切断电源,擦拭机床,整理环境。

复习思考题

1. 填空题

(1) 磨削加工的尺寸精度可达_____,表面粗糙度 *Ra* 值达_____。

(2) 平面磨床主要用于_____,零件安装常采用_____和_____两种方式。

(3) 万能外圆磨床与普通外圆磨床相比增加了_____,所以万能外圆磨床除可磨削外圆柱面和外圆锥面外,还可磨削_____、_____及_____,故万能外圆磨床较普通外圆磨床应用更广。

(4) 磨床广泛采用_____传动,这是因为_____。

(5) 在外圆磨床上磨削外圆,零件安装常采用_____、_____和_____三种方式。

(6) 内圆磨床主要用于磨削_____、_____、_____等。

(7) 砂轮是由_____、_____和_____三要素所组成的。

(8) 砂轮的特性包括_____、_____、_____、_____、_____、_____和线速度。砂轮常用的磨料有_____和_____两大类,通常磨削钢件用_____类,磨削铸铁件用_____类,磨削较硬的材料选用_____,磨削较软的材料应选用_____。

(9) 砂轮常用_____进行修整。砂轮修整除用于磨损砂轮外,还用于_____、_____、_____和_____等场合。

(10) 砂轮在零件孔中的接触位置有两种:一种是_____;另一种是_____。

(11) 外圆磨削适于_____,常用的方法有_____、_____和_____。

(12) 圆锥面磨削通常有_____和_____两种。

(13) 外圆与平面磨削时,磨削运动包括_____、_____、_____和工件_____四种形式。

2. 判断题

(1) 外圆磨削时横磨法的特点是具有较大适应性，一个砂轮可磨削长度不同的直径不等的各种零件，且加工质量好，但磨削效率较低。　　　　　　　　　　　　　（　　）

(2) 圆锥面磨削时转动工作台法大多用于锥度较小、锥面较长的零件。　　　（　　）

(3) 砂轮疏松组织成型性好，加工质量高，适于成型磨、精密磨和强力磨削。（　　）

(4) 粗磨用粗粒度，精磨用细粒度；当工件材料软，塑性大，磨削面积大时，采用粗粒度，以免堵塞砂轮烧伤工件。　　　　　　　　　　　　　　　　　　　　（　　）

(5) 磨床所用顶尖和车床顶尖装夹是相同的，都随零件一起转动。　　　　（　　）

(6) 磨削加工时主运动是砂轮的高速旋转运动。　　　　　　　　　　　　（　　）

3. 简答题

(1) 磨削时需要大量切削液的目的是什么？

(2) 根据图 11-24 示写出磨床各组成部分的名称，并简要说明其作用。

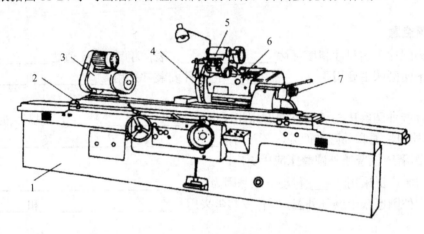

图 11-24　简答题图示

组成部分	名　　称	作　　　用
1		
2		
3		
4		
5		
6		
7		

(3) 什么是砂轮的自锐性？

(4) 请写出你实习所用的磨床型号及型号所代表的含义。

第12章　数控加工技术

　　在机械制造工业中，单件与小批量生产的零件约占机械加工总量的 75%～80%。尤其在航空航天、造船、机床、重型机械以及国防工业实用的零件，精度要求高、形状复杂、加工批量小，用普通机床加工这些零件效率低、劳动强度大，有时甚至不能加工。如图 12-1所示。如何才能加工好这些复杂零件呢？用什么样的机床来加工呢？这就是本章所要学习的内容。

图 12-1　数控加工实物图

1. 对各典型零件进行工艺分析及程序编制，能熟练掌握较复杂零件的编程。
2. 对所操作的数控系统能熟练掌握，并能在数控机床上进行调试及加工操作。
3. 能正确处理加工过程中出现的相关问题。
4. 在老师的指导下能独立完成零件的加工。

12.1　数控机床基础知识

12.1.1　数控与数控机床的概念

　　数控即数字控制(Numerical Control，NC)，是 20 世纪中期发展起来的一种自动控制技术，是用数字化信号进行控制的一种方法。

数控机床(Numerical Control Machine Tool)是用数字化信号对机床的运动及其加工过程进行控制的机床，或者说是装备了数控系统的机床。它是一种技术密集度及自动化程度很高的机电一体化加工设备，是数控技术与机床相结合的产物。

现代的数控系统是采用计算机控制加工功能，实现数字控制，并通过接口与外围设备连接，称为计算机数控(Computer Numerical Control)系统，简称 CNC 系统。具有 CNC 系统的机床称为 CNC 机床，通常说的数控机床一般是指 CNC 机床。

12.1.2　数控机床的组成

数控机床主要由控制介质、数控装置、伺服机构、辅助控制装置、检测装置和机床本体组成，如图 12-2 所示。

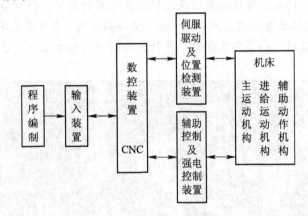

图 12-2　数控机床组成示意图

12.1.3　数控机床的工作原理

数控机床加工零件的工作原理如图 12-3 所示。

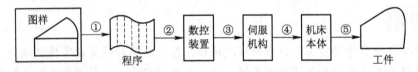

图 12-3　数控机床加工零件的工作原理

加工步骤如下：

(1) 根据被加工零件的图样与工艺方案，用规定的代码和程序段格式编写出加工程序。

(2) 将所编写加工程序指令输入到机床数控装置中。

(3) 数控装置对程序(代码)进行处理之后，向机床各个坐标的伺服驱动机构和辅助控制装置发出控制信号。

(4) 伺服机构接收到执行信号指令后，驱动机床的各个运动部件，并控制所需的辅助动作。

(5) 机床自动加工出合格的零件。

12.1.4　操作面板功能开关

操作面板功能开关主要有两大类：操作选择开关和软件功能开关。功能开关设置方式为按键式，如图 12-4 所示。

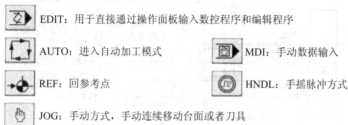

EDIT：用于直接通过操作面板输入数控程序和编辑程序

AUTO：进入自动加工模式　　　MDI：手动数据输入

REF：回参考点　　　　　　　　HNDL：手摇脉冲方式

JOG：手动方式，手动连续移动台面或者刀具

图 12-4　功能键

功能开关的主要操作及其作用如下：

EDIT 或 ISO 符号中文的 ◇▶ 意义是编辑。它是数控系统的编辑器，作用是编辑程序，只需将 MODE 切换到 EDIT 模式，就可以对程序进行键盘输入、编辑、修改、储存等工作。

EDIT 编辑器操作步骤如下：

(1) 输入程序名(Oxxxx；)，x 为数字，除第一个数字不能使用 0 外，其余都可以为 0，1，2，…，9。

(2) 进行面板的程序输入、修改、存储等工作。由于控制器是由微机组成的，因而还可以用更换(或变更)ALTER、插入 INSERT，有光标往前删除字符和当前光标字符删除。在 FANUC 系统中，用 EOB 键表示每段程序段的"；"，当按下 EOB 键后，编辑器自动换行并且自动编制下一段程序段号。

MEM 或 ISO 符号 MEM 是英文 MEMORY 的缩写，中文的意义代表记忆，MEM 的作用是利用存储在存储器中的程序进行执行加工。执行存储器 ◇▶ 中的程序进行加工的步骤如下：

(1) 将所需的程序调入屏幕界面。调用程序时，可以采用 EDIT 模式或 MEM 模式，将所需的程序名输入到屏幕上，如 O2345 并再按下 ↓ 键，系统就会自动将该程序调入。

(2) 将光标移到要从何处开始加工的地方，一般情况下光标都应回到文件头，从程序的第一段开始加工。光标移动的具体方法：充分利用 FANUC 优势，只需按住 ↑ 键不放，光标就会自动地很快回到文件头；也可以按 RESET(复位开关)，光标将自动返回文件头。

(3) 进行调试正确后的程序加工，调出所要加工的工件，只要按下循环启动键(CYCLE START)，机床就会自动按照预定好的路线进行加工。为安全起见，建议初学者在按下循环启动键前，先将 G00 的倍率开关设为 F00，G01 的倍率开关设为 0，将单节开关键(SINGLE BLOCK)处于打开状态。

12.2　数控机床基本程序指令及应用

12.2.1　数控机床坐标系

数控机床的加工是由程序控制完成的，所以坐标系的确定与使用非常重要。根据

ISO841 标准，数控机床坐标系用右手笛卡儿坐标系作为标准确定。数控机床平行于主轴方向即纵向为 Z 轴，垂直于主轴方向即横向为 X 轴，刀具远离工件方向为正向，如图 12-5 所示。

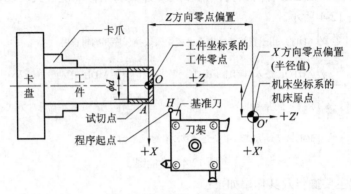

图 12-5　数控机床坐标系

　　数控机床有三个坐标系，即机械坐标系、编程坐标系和工件坐标系。机械坐标系的原点是生产厂家在制造机床时的固定坐标系原点，也称机械零点。它是在机床装配、调试时已经确定下来的，是机床加工的基准点。在使用中机械坐标系是由参考点来确定的，机床系统启动后，进行返回参考点操作，机械坐标系就建立了。坐标系一经建立，不切断电源，坐标系就不会变化。编程坐标系是编程序时使用的坐标系，一般我们把 Z 轴与工件轴线重合，X 轴放在工件端面上。工件坐标系是机床进行加工时使用的坐标系，它应该与编程坐标系一致，这是操作的关键。

12.2.2　数控机床加工工艺制定方法

　　在数控机床上加工零件时，应该遵循如下原则：

　　(1) 选择适合在数控机床上加工的零件。

　　(2) 分析被加工零件图样，明确加工内容和技术要求。

　　(3) 确定工件坐标系原点位置。原点位置一般选择在工件右端面和主轴回转中心交点 P，也可以设在主轴回转中心与工件左端面交点 O 上，如图12-6 所示。

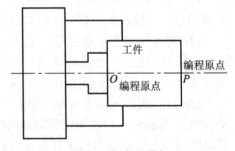

图 12-6　编程原点

　　(4) 制定加工工艺路径，应该考虑加工起始点位置，起始点一般也作为加工结束的位置，起始点应便于检查和装夹工件；应该考虑粗车、半精车、精车路线，在保证零件加工精度和表面粗糙度的前提下，尽可能以最少的进给路线完成零件的加工，缩短单件的加工时间；应考虑换刀点的位置，换刀点是加工过程中刀架进行自动换刀的位置，换刀点位置的选择应考虑在换刀过程中不发生干涉现象，且换刀路线尽可能短，加工起始点和换刀点可选同一点或者不同点。

　　(5) 选择切削参数。在加工过程中，应根据零件精度要求选择合理的主轴转速、进给速度和切削深度。

(6) 合理选择刀具。根据加工的零件形状和表面精度要求，选择合适的刀具进行加工。

(7) 编制加工程序，调试加工程序，完成零件加工。

12.2.3　数控加工程序的构成

在数控机床上加工零件，首先要编制程序，然后用该程序控制机床的运动。数控指令的逻辑集合称为程序。在程序中根据机床的实际运动顺序书写这些指令。

一个完整的数控加工程序由程序开始部分、若干程序段、程序结束部分组成。一个程序段由程序段号和若干个"字"组成，一个"字"由地址符和数字组成。下面是一个完整的数控加工程序，该程序由程序号开始，以 M30 结束，程序段的格式见表 12-1。

表 12-1　程序段格式

1	2	3	4	5	6	7	8	9	10	11
N	G	X U Q	Y V P	Z W R	I J K R	F	S	T	M	EOB
顺序号	准备功能	坐标字				进给功能	主轴功能	刀具功能	辅助功能	结束符号

1．程序号

零件程序的起始部分一般由程序起始符号%(或 O)后跟 1～4 位数字组成，如：%123、O1234 等。

2．程序段的格式和组成

程序段的格式可分为地址格式、分割地址格式、固定程序段格式和可变程序段格式等，其中以可变程序段格式的应用最为广泛，所谓可变程序段格式就是程序段的长短是可变的。例如：

N10	G01	X40.0 Z-30.0	F200	;
程序段号	功能字	坐标字	进给速度功能字	程序段结束

3．"字"

一个"字"的组成如下：

Z	–	30.0
地址符符号	(正、负号)	数据字(数字)

12.2.4　模态指令与非模态指令

1．模态指令

模态指令又称续效指令，一经程序段中指定，便一直有效，直到后面出现同组另一指令或被其他指令取消时才有效。编写程序时，与上段相同的模态指令可以省略不写。不同组的模态指令编在同一程序段内，不影响其续效。

2．非模态指令

非模态指令又称非续效指令，其功能仅在出现的程序段中有效。

12.2.5　常用 M 指令

M 指令是控制数控机床"开、关"功能的指令，主要用于完成加工操作时的辅助动作。M 指令有模态与非模态之分，常用 M 指令的功能及应用如下：在数控机床上，把控制机床辅助动作的功能称为辅助功能，简称 M 功能。M 功能由地址符 M 及后缀数字组成。表 12-2 为常用的 M 指令。

表 12-2　常用 M 指令

指　令	功　　能	说　　　明
M00	程序暂停	执行完 M00 指令后，机床所有动作均被切断。重新按下自动循环启动按钮，使程序继续运行
M01	计划暂停或选择暂停	与 M00 指令作用相似，但 M01 指令可以用机床"任选停止按钮"选择是否有效；只有当机床操作面板上的"任选停止"开关置于接通位置时，才执行该功能。执行完 M01 指令后自动停止
M03	主轴顺时针旋转	主轴顺时针旋转
M04	主轴逆时针旋转	主轴逆时针旋转
M05	主轴旋转停止	主轴旋转停止
M06	自动换刀	该指令用于自动换刀或显示待换刀号。自动换刀数控机床的换刀方式有两种：一种是由刀架或多主轴转塔头转位实现换刀，换刀指令可实现主轴停止、刀架脱开、转位等动作；另一种是带有"机械手-刀库"的换刀，换刀过程为换刀和选刀两类动作。换刀是将刀具从主轴取下，换上所选用的刀具，大致过程为：主轴定向停、松开刀具、换刀、锁紧刀具、主轴启动等。对显示换刀号的机床，换刀是用手动实现的
M08	冷却液开	冷却液开
M09	冷却液关	冷却液关
M02	主程序结束	执行 M02 指令后，机床便停止自动运转，机床处于复位状态
M30	主程序结束并返回	执行 M30 指令后，返回到程序的开头，而 M02 指令可用参数设定不返回到程序开头，程序复位到起始位置
M98	调用子程序	调用子程序
M99	子程序返回	子程序结束，返回主程序

12.2.6　主轴功能、进给功能和刀具功能

1．主轴功能 S

主轴功能表示机床主轴的转速大小，由 S 和后面的若干数字组成。

格式如下：

　　　M03 S600；

说明：主轴以 600 r/min 的速度正转。

2．进给功能 F

进给功能表示刀具中心运动时的进给速度，由 F 和其后的若干数字组成。数字的单位取决于数控系统所采用的进给速度的指定方式。

(1) 每分钟进给量的格式如下：

　　　G94　F---；

说明：G94 为数控机床的初始状态。

(2) 每转进给量的格式如下：

　　　G95　F---；

使用下式可以实现每转进给量和每分钟进给量的转化：

$$F_m = F_r \times S$$

式中：F_m——每分钟的进给量；

　　　F_r——每分钟的进给量；

　　　S——主轴转速。

3．刀具功能

刀具功能用于指定刀具和刀具参数，由 T 和其后的四位数字组成。

格式如下：

　　　T XX XX；

说明：前两位表示刀具序号，后两位表示刀具补偿号。刀具的序号要与刀架上的刀位号相对应。刀具序号和刀具补偿号不必相同，但为了方便通常它们一致。取消刀具补偿的 T 指令格式为：T0000。

12.2.7　数控机床的坐标系统

1．机床坐标系

为了确定机床的运动方向与运动距离，以描述刀具与工件之间的位置与变化关系，我们需要建立机床坐标系。

确认机床坐标系应遵循的基本原则是如下：

(1) 刀具相对于静止零件运动原则。

(2) 机床坐标系采用右手直角笛卡尔坐标系，如图 12-7 所示。右手的大拇指、食指和中指互相垂直时，拇指的方向为 X 轴的正方向，食指为 Y 轴的正方向，中指为 Z 轴的正方向。以 X、Y、Z 坐标轴线或以与 X、Y、Z 坐标轴平行的坐标轴线为中心旋转的圆周进给坐标轴分别以 A、B、C 表示，其正方向由右手螺旋法则确定。

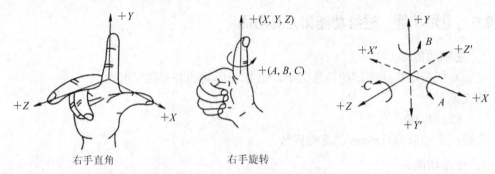

图 12-7　右手直角笛卡尔坐标系

机床坐标系各坐标轴确定顺序如下：

① 确定 Z 轴：与主轴轴线平行或重合的坐标轴为 Z 轴，以刀具远离工件的方向为正向。

② 确定 X 轴：平行于工件装夹面，与 Z 轴垂直的水平方向的坐标轴为 X 轴，以刀具远离工件的方向为正向。

③ 确定 Y 轴：当 X 轴和 Z 轴确定以后，利用右手法则确定 Y 轴及其正方向。

图 12-8 所示为卧式数控车床和卧式数控铣床的坐标轴及运动方向。

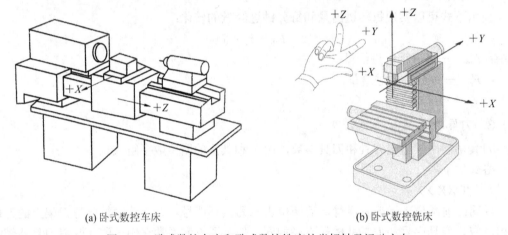

(a) 卧式数控车床　　　　　　　　　　　　　(b) 卧式数控铣床

图 12-8　卧式数控车床和卧式数控铣床的坐标轴及运动方向

2. 工件坐标系

工件坐标系是由编程者制定的，以工件上某一个固定点为原点的右手直角坐标系，又称为编程坐标系。其坐标轴的名称与方向与机床坐标系相同，并平行于机床坐标系，它们之间的差别在于原点的位置不同。由于机床坐标系的原点不在工件上，利用机床坐标系去编程是非常困难的。为了有利于编程，我们需要建立工件坐标系，编程时所有的坐标值都是假设刀具的运动轨迹点在工件坐标系中的位置，而不必考虑工件毛坯在机床上的实际装夹位置。

3. 机床原点与机床参考点

机床坐标系是机床上固有的坐标系，其原点称为机床原点，由厂家设定位置，不允许用户更改。而机床参考点是机床位置测量系统的基准点，一般位于机床各坐标轴正向极限位置的附近，与机床原点的距离是固定的。通常机床原点与参考点重合。每次机床开机后要进行回参考点的操作，目的就是为了确定机床原点的位置，同时建立机床坐标系。

12.2.8　基本 G 功能代码

1．快速定位指令 G00

G00 指令使刀具快速移动到指定的位置。

指令格式如下：

  G00 X(U)__ Z(W)__；

其中 X(U)、Z(W) 为指定的坐标值。

  快速定位指令的实例如图 12-9 所示。

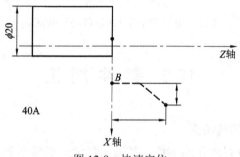

图 12-9　快速定位

  直径编程：快速从 *A* 点移动到 *B* 点。

  绝对编程：

    G00 X20 Z0；

  相对编程：

    G00 U-60 W-40；

  注意：

  (1) G00 时各轴单独以各自设定的速度快速移动到终点，互不影响。任何一轴到位自动停止运行，另一轴继续移动直到指令位置。

  (2) G00 各轴快速移动的速度由参数设定，用 F 指定的进给速度无效。

  (3) G00 是模态指令，下一段指令也是 G00 时，可省略不写。G00 可编写成 G0，G0 与 G00 等效。

2．直线插补指令 G01

G01 是使刀具以指令的进给速度沿直线移动到目标点。

指令格式如下：

    G01　X(U)___Z(W)___F___；

其中：X、Z 表示目标点绝对值坐标；U、W 表示目标点相对前一点的增量坐标，F 表示进给量，若在前面已经指定，可以省略。

  通常，在车削端面、沟槽等与 X 轴平行的加工时，只需单独指定 X(或 U)坐标；在车外圆、内孔等与 Z 轴平行的加工时，只需单独指定 Z(或 W)值。图 12-10 为同时指令两轴移动车削锥面的情况，用 G01 编程为绝对坐标编程方式：G01 X80.0 Z—80.0F0.25；增量坐标编程方式：G01 U20.0 W—80.0F0.25。

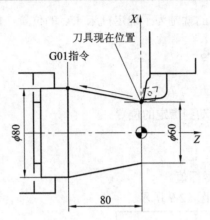

图 12-10　同时指令两轴移动车削锥面

12.3 零件加工

1. 盘套轴类零件的结构特点

盘套类零件一般指带有内孔的零件，其轴向尺寸一般略小于或等于径向尺寸，这两个方向的尺寸相差不大，零件的外圆直径与内孔直径相差较小，并以内孔结构为主要特征，如图 12-11 所示。盘套类零件的毛坯选择与其结构和尺寸等因素有关，孔径较小的套类一般选择圆钢或实心铸铁；孔径较大时，采用无缝钢管或带孔的铸件、锻件。

图 12-11　盘套类零件

2. 盘套类零件的定位和装夹方法

盘套类零件的技术要求一般有：支承用端面的平面度、轴向尺寸精度、两端面平行度、内孔轴线与端面的垂直度、外圆与内孔的同轴度等。其技术要求也是加工中要解决的主要问题。

一般来说，车内孔时，车削步骤的选择除了与车外圆有共同之处外，还有下列几点：

(1) 为保证内外圆同轴，最好采用"一刀落"的方法，即粗车端面、粗车外圆、钻孔、粗镗孔、精镗孔、精车端面、精车外圆、倒角、切断、调头车另一端面和倒角。

(2) 对于精度要求较高的内孔，可按下列步骤进行车削，即钻孔、粗铰孔、精铰孔、精车端面、磨孔。

(3) 内沟槽的车削，应在半精车以后、精车之前进行。

(4) 车平底孔时，应先用钻头钻孔，再用平底钻把孔底钻平，最后用平底孔车刀精车。

(5) 如果工件以内孔定位车外圆，那么在精车内孔后，对端面也精车一刀，以达到端面与内孔垂直。

3．端面车削循环指令 G94

(1) 垂直端面车削时，G94 指令的程序段格式如下：

　G94 X(U) Z(W)　F

说明：X、Z 为绝对值编程时，切削终点在工件坐标系下的坐标；U、W 为增量值编程时，切削终点相对于循环起点的有向距离；F 为合成进给速度。

如图 12-12 所示，刀具从循环起点(刀具所在位置)开始按矩形循环，最后又回到循环起点，其加工顺序按 1R→2F→3F→4R 进行。

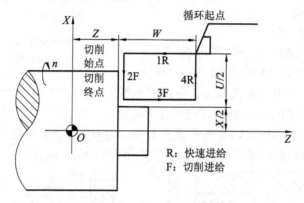

图 12-12　G94 垂直端面车削

(2) 如图 12-13 所示，锥形端面车削时，G94 指令的程序段格式如下：

　G94 X(U) Z(W)　R　F

说明：X、Z 为绝对值编程时，切削终点在工件坐标系下的坐标；U、W 为增量值编程时，切削终点相对于循环起点的有向距离；R 为锥面切削的始点相对于终点在 Z 轴方向的坐标增量。当起点 Z 向坐标小于终点 Z 向坐标时 R 为负，反之为正；F 为合成进给速度。

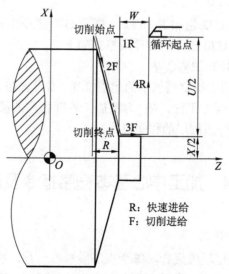

图 12-13　G94 锥形端面车削

4. 端面粗车复合循环指令 G72

复合循环应用于切除非一次加工即能加工到规定尺寸，非一次加工即能加工到规定轮廓形状的场合。利用复合循环功能，只要编写出最终加工轮廓路线，给出每次的背吃刀量、进给速度等切削加工参数，车床即可自动切削加工到规定尺寸和规定轮廓为止。端面粗车循环指令 G72 适用于毛坯是圆钢、各台阶面直径差较大的工件加工。端面粗车复合循环 G72 指令的程序段格式如下：

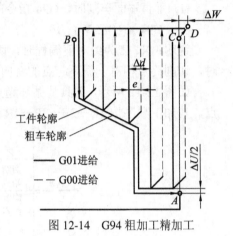

图 12-14　G94 粗加工精加工

  G0　X$\underline{a}$　Z$\underline{\beta}$

  G72　W$\underline{\Delta d}$　R$\underline{e}$

  G72　P$\underline{Ns}$ Q$\underline{Nf}$ U$\underline{\Delta U}$ W$\underline{\Delta W}$ F$\underline{f}$ S$\underline{s}$ T$\underline{t}$

该指令执行如图 12-14 所示的粗加工和精加工，其中精加工路径为 C→B→A 的轨迹。与内(外)径粗车复合循环 G71 的区别仅在于切削方向平行于 X 轴。

  G72 切削循环下，切削进给方向平行于 X 轴，UΔU 和 WΔW 的符号(即方向)如图 12-15 所示。其中(＋)表示沿轴的正方向移动，(－)表示沿轴的负方向移动。

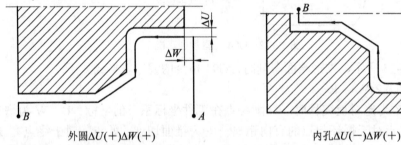

外圆ΔU(＋)ΔW(＋)　　　　　　内孔ΔU(－)ΔW(＋)

图 12-15　G72 复合循环下 UΔU 和 WΔW 的符号

5. 精加工循环指令 G70

FANUC 0i TD 系统用 G72 粗加工工件后，需用 G70 指令来实现精加工，切除粗加工中留下的余量。精加工循环 G70 指令的程序段格式如下：

  G0　X$\underline{a}$ Z$\underline{\beta}$；G70　P$\underline{Ns}$Q$\underline{Nf}$

说明：G0　X$\underline{a}$　Z$\underline{\beta}$用于指定精加工的起点位置，需设置在工件轮廓外侧，以防止 G70 精加工完成后返回起点时撞上工件；Ns 为精加工轮廓程序的第一段程序的程序段号；Nf 为精加工轮廓程序的最后一段程序的程序段号。

12.4　加工中心基本程序指令及应用

1. FANUC 数控指令格式

数控程序是若干个程序段的集合，每个程序段独占一行，由若干个字组成，每个字由地址和跟随其后的数字组成。一个程序段中各个字的位置没有限制，但是，长期以来以下排列方式已成为大家认可的方式，如表 12-3 所示。

表 12-3 FANUC 数控指令格式

N-	G-	X- Y- Z-	⋯	F-	S-	T-	M-	LF
行号	准备功能	位置代码		进给速度	主轴转速	刀具号	辅助功能	行结束

(1) N：程序的行号，可以省略，在编辑时有行号会更方便。行号可以不连续。行号最大为 9999，超过后再从 1 开始。

(2) G：地址"G"和数字组成的字表示准备功能，也称为 G 功能。G 功能分为模态与非模态两类。模态的 G 功能被指令后，直到同组的另一个 G 功能被指令才无效；而非模态的 G 功能仅在其被指令的程序段中有效。

(3) M：地址"M"和两位数字组成的字表示辅助功能，也称为 M 功能。

(4) S：地址 S 后跟数字表示主轴转速，单位为转/分钟。

(5) F：地址 F 后跟数字表示进给速度，单位为毫米/分钟。

(6) X，Y，Z，I，J，K，R：尺寸字地址。

2．G 指令格式

常用 G 指令格式如表 12-4 所示。

表 12-4 FANUC G 指令格式

代 码	分组	意 义	格 式
※G00	01	快速进给、定位	G00 X_ Y_ Z_
※G01		直线插补	G01 X_ Y_ Z_
G02		圆弧插补插补 CW	XY 平面内的圆弧
G03		圆弧插补插补 CCW	
G04	00	暂停	增量状态单位毫秒，无参数状态表示停止
※G17	02	XY 平面	选择 XY 平面；
※G18		ZX 平面	选择 XZ 平面；
※G19		YZ 平面	选择 YZ 平面
G27	00	指定参考点	G27 X_ Y_ Z_
G28		回归参考点	G28 X_ Y_ Z_
G30		返回第 2、3、4 参考点	G30P×X_ Y_ Z_
※G40	07	刀具半径补偿取消	G40
G41		左半径补偿	
G42		右半径补偿	
G43	08	刀具长度补偿+	
※G49		刀具长度补偿取消	G49

续表

代码	分组	意　义	格　式
※G54	14	选择工作坐标系 1	GXX
G80		固定循环取消	
G81		钻削固定循环	G81 X_ Y_ Z_ R_ F_
G83		排屑钻孔循环	G83 X_ Y_ Z_ R_ Q_ F_
※G90	03	绝对值编程	GXX
※G91		增量值编程	
G92	00	工件坐标系	G92 X_ Y_ Z_
※G94	05	每分钟进给	
G95		每转进给	
※G98	10	返回固定循环初始点	GXX
G99		返回固定循环 R 点	

在 G 指令前有※者为模态代码。

3. M 代码

M 代码格式如表 12-5 所示。

表 12-5　FANUC M 代码格式

代码	意　义	格　式
M00	程序暂停	
M01	程序选择性停止	
M02	结束程序运行	
M03	主轴正转	
M04	主轴反转	
M05	主轴停止转动	
M06	换刀指令	M06 T--
M08	冷却液开启	
M09	冷却液关闭	
M30	程序结束返回程序头	
M98	调用子程序	M98 Pxxnnnn 调用程序号为 Onnnn 的程序 xx 次
M99	子程序结束	子程序格式：Onnnn…M99

12.4.1　常见数控加工中心面板

数控加工中心面板如图 12-16 所示，上半区域为控制系统操作区，下半区域为机床操作区。

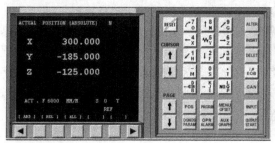

(a) 上半区　　　　　　　　　　　　　　　　　(b) 下半区

图 12-16　数控加工中心面板

1. 数控系统面板

数控系统面板包括：显示屏主要用来显示相关坐标位置、程序、图形、参数、诊断、报警等信息；字母键和数字键主要用来进行手动数据输入，进行程序、参数以及机床指令的输入；功能键主要用来进行机床功能操作的选择。FANUC 按键说明如表 12-6 所示。

表 12-6　FANUC 按键说明

编号	名　称	功　能　说　明
1	复位键	使 CNC 复位或者取消报警等
2	帮助键	当对 MDI 键的操作不明白时，按此键可以获得帮助
3	软键	不同的画面，软键有不同的功能。软键功能显示在屏幕的底端
4	地址和数字键，EOB 键	按这些键可以输入字母，EOB 为程序段结束符
5	换挡键	在有些键上有两个字符。按"SHIFT"键输入键面右下角的字符
6	输入键	将输入缓冲区的数据输入参数页面或者输入一个外部的数控程序。此键与软键中的[INPUT]键是等效的
7	取消键	取消键，用于删除最后一个进入输入缓存区的字符或符号
8	程序编辑键	：替换键，用输入的数据代光标所在的数据。 ：插入键，把缓冲区的数据插入到光标之后。 ：删除键，删除光标所在的数据，或者删除一个程序或者删除全部数控程序
9		这些键用于切换各种功能显示画面
10	光标移动键	：将光标向右移动， ：将光标向左移动， ：将光标向下移动， ：将光标向上移动
11	翻页键	：将屏幕显示的页面往后翻页， ：将屏幕显示的页面往前翻页

2. 输入缓冲区

当按地址或数字键时，与该键相应的字符输入缓冲区。缓冲区的内容显示在 CRT 屏幕的底部。为了标明这是键盘输入的数据，在该字符前面会显示一个符号 ">"。在输入数据的末尾显示一个符号 "_" 标明下一个输入字符的位置。为了输入同一个键上右下方的字符，首先按 ⇧SHIFT 键，然后按需要输入的键就可以了。缓冲区中一次最多可以输入 32 个字符。按 键可取消缓冲区最后输入的字符或者符号。

3. 机床操作面板

机床操作面板主要用于进行机床调整、机床运动控制、机床动作控制等，一般有急停、操作方式选择、轴向选择、切削进给速度调整、快速移动速度调整、主轴的启停、程序调试功能及 M、S、T 功能等，如表 12-7 所示。

表 12-7　FANUC 机床操作面板按键

按　键	功　能	按　键	功　能
	自动运行方式		编辑方式
	MDI 方式(手动数据输入)		DNC 运行方式
	手动返回参考点方式		JOG 方式(手动)
	手动增量方式		手轮方式
	单段执行		程序段跳过
	M01 选择停止		手轮示教方式
	程序再启动		机床锁住
	机床空运行		循环启动键
	进给保持键		M00 程序停止
	当 X 轴返回参考点		当 Y 轴返回参考点
	当 Z 轴返回参考点		X 轴选择键
	Y 轴选择键		Z 轴选择键
	手动进给正方向		快速键
	手动进给负方向		手动主轴停键
	手动主轴正转键	X 1　X 10　X 100　X 1000	单步倍率
	手动主轴反转键		进给速度调节旋钮
	急停键		调节主轴速度旋钮

4．手轮面板

FANUC 机床手轮面板按键及功能见表 12-8。

表 12-8　FANUC 机床手轮面板按键

按　　键	功　　　能
	坐标轴：OFF、X、Y、Z，单位为 μm
	手轮顺时针转，机床往正方向移动；手轮逆时针转，机床往负方向移动。当单步进给量选择较大时，手轮不要转动太快

12.4.2　加工中心基本操作

加工中心要求有配气装置，首先应给加工中心供气，启动计算机，进行开机前检查，然后按如下步骤开机：机床后面的电源总开关 ON；操作面板 Power ON；急停按钮向右旋转弹起，当 CRT 显示坐标画面时，开机成功。

1．关机步骤

(1) 将各轴移到中间位置；

(2) 按急停按钮；

(3) 按操作面板 Power OFF；

(4) 关掉电源总开关。

数控系统操作面版

2．自动运行停止

1) 进给暂停

程序执行中，按机床操作面板上的进给暂停键，可使自动运行暂时停止，主轴仍然转动，前面的模态信息全部保留，再按循环启动键，可使程序继续执行。

2) 程序停止

(1) 按面板上的复位键，中断程序执行，再按循环启动键，程序将从头开始执行；执行 M00 指令，自动运行包含有 M00 指令的程序段后停止。前面的模态信息全部保留，按"循环启动"键，可使程序继续执行。

(2) 当机床操作面板上的选择性停止键按有效后，执行含有 M01 指令的程序段，自动运行停止。前面的模态信息全部保留，按"循环启动"键，可使程序继续执行。

(3) 执行 M02 或 M30 指令后，自动运行停止，执行 M30 时，光标将返回程序头。

3．MDI 运行

在 MDI 方式中，通过 MDI 面板，可以编制最多 10 行的程序并执行，如图 12-17 所示。

操作方法如下：

(1) 按 MDI 键，系统进入 MDI 运行方式；

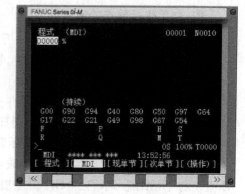

图 12-17　MDI 模式

(2) 按面板上的程序键 ，再按[MDI]软键，系统会自动显示程序号 00000。

(3) 编制一个要执行的程序，若在程序段的结尾加上 M99，程序将循环执行。

(4) 利用光标键，将光标移动到程序头(本机床光标也可以在最后)。

(5) 按循环启动键 (指示灯亮)，程序开始运行，当执行程序结束语句(M02 或 M30)或者%后，程序自动清除并且运行结束。

4. 编辑程序

下列各项操作均是在编辑状态下程序被打开的情况下进行的。

(1) 光标跳到程序头：当光标处于程序中间，而需要将其快速返回到程序头时，可用下列三种方法。方法一：在"编辑"方式，当处于程序画面时，按复位键 ，光标即可返回到程序头。方法二：在"自动运行"或"编辑"方式，当处于程序画面时，按地址 O→输入程序号→按软键[O 检索]；方法三：在"自动运行"或"编辑"方式下按"PROR(程序)"键→按[操作]软键→按[REWIND]软键。

(2) 字的插入：使用光标移动键或检索，将光标移到插入位置前；键入要插入的字；按"INSERT(插入)"键。

(3) 字的替换：使用光标移动键或检索，将光标移到要替换的字；键入要替换的字；按"ALTER(替换)"键。

(4) 字的删除：使用光标移动键或检索，将光标移到要替换的字；按"DELETE(删除)"。

(5) 删除一个程序段：使用光标移动键或检索，将光标移到要删除的程序段地址 N；键入 ";"；按"DELETE(删除)"键。

(6) 删除多个程序段：使用光标移动键或检索，将光标移到要删除的第一个程序段的第一个字；键入地址 N；键入将要删除的最后一个程序段的顺序号；按"DELETE(删除)"键。

5. 删除程序

(1) 在"编辑"方式下，按"程序"键；

(2) 按 DIR 软键；

(3) 显示程序名列表；

(4) 使用字母和数字键，输入欲删除的程序名；

(5) 按面板上的"DELETE(删除)"键，再按[执行]软键，该程序将从程序名列表中删除。

6. 加工坐标原点的设置

对刀要解决加工坐标系的设定、刀具长度补偿参数设置。这里介绍最普遍的试切法对刀(假设零件的编程原点在工件上表面的几何中心)。对刀并设置工件坐标原点的方法如下：

(1) 按工艺要求装夹工件。

(2) 按编程要求，确定刀具编号并安装基准刀具。

(3) 启动主轴。若主轴启动过，则直接在"手动方式"下按主轴正转即可；否则在"MDI方式"下输入 M03S×××，再按"循环启动"。

(4) 工件坐标原点设定。对刀完成后，在"综合坐标"页面中查看并记下各轴的 X、Y、Z 值。选择 MDI 模式，按"OFFSET/SETING(补正/设置)"键，按[工件系]软键，把 X、Y、Z 的机械坐标值输入到坐标系的 G54～G59 中，按"输入"或按 X0、Y0[测量]和 Z0[测量]，如图 12-18 所示。

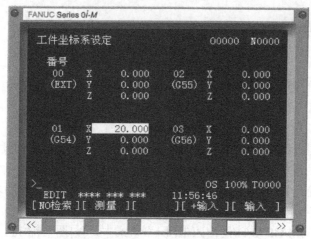

图 12-18　加工坐标原点的设置

7．刀具长度补偿参数设置

通过移动基准刀具和将要测量的刀具，使其接触到机床上的指定点，可以测量刀具长度并将刀具长度的偏置值存储到补偿存储器中。对刀并设置刀具长度补偿参数的方法如下：

(1) 按工艺要求装夹工件；

(2) 按编程要求，确定刀具编号并安装基准刀具，如 T01；

(3) 选择 MDI 模式→按"OFFSET/SETING(补正/设置)"键→按[补正]软键→将光标移动到目标刀具的补偿号码上→把 Z 坐标的相对值输入到相应的刀具补正 H 中(或输入地址键 Z→按[INP.C.]软键，则 Z 轴的相对坐标值被输入，并被显示为刀具长度补偿值)，如图12-19 所示。

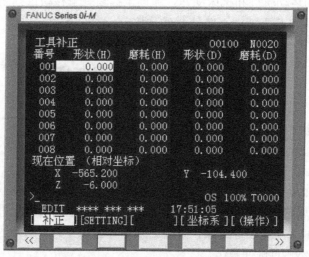

图 12-19　刀具长度补偿参数设置

8．刀具半径补偿参数设置

选择 MDI 模式；按"OFFSET/SETING(补正/设置)"键；按[补正]软键；根据刀具的实际半径尺寸，同时考虑粗、精加工时的尺寸控制需要，适当改变半径值后输入到相应的刀具补正 D 中。

12.4.3 程序的调试

1. 图形模拟

图形设定范围的最大坐标和最小坐标，使用六个图形参数，其单位是 0.001 mm，图形的放大率自动确定。图形模拟按以下步骤进行：

(1) 输入程序，检查光标是否在程序起始位置；

(2) 按 CUSTOM GRAPH 键，按[参数]软键显示图形参数画面，对图形显示进行设置；

(3) 选择"自动运行"模式；

(4) 按"机床空运行""机械锁住""Z 轴锁住""单程序段""辅助功能锁住"；

(5) 按"循环启动"键；

(6) 在"CUSTOM/GRAPH(用户宏/图形)"模式中，按[图形]软键，进入图形显示，检查刀具路径是否正确，否则对程序进行修改。

2. 抬刀运行程序

(1) 输入程序，检查光标是否在程序起始位置；

(2) 选择 MDI 模式；

(3) 按"OFFSET/SETING(补正/设置)"键，再按[工件系]软键，翻页显示到 G54.1；

(4) 在 G54.1 的 Z 轴上设置一个正的平移值，如 20；

(5) 选择"自动运行"模式；

(6) 按"机床空运行"；

(7) 按"循环启动"键；

(8) 观察刀具的运动轨迹和机床动作，通过坐标轴剩余移动量判断程序及参数设置是否正确，同时检验刀具与工装、工件是否有干涉。

12.5　数控机床安全操作规程

数控机床安全操作规程如下：

数控机床安全操作规程

(1) 开机前，检查各润滑点状况，待稳压器电压稳定后，打开主电源开关。

(2) 机床通电后，检查各开关、按键是否正常、灵活，机床有无异常现象。

(3) 在确认主轴处于安全区域后，执行回零操作。各坐标轴手动回零时，如果回零前某轴已在零点或接近零点，必须先将该轴移动离零点一段距离后，再进行手动回零操作。

(4) 手动进给和手动连续进给操作时，必须检查各种开关所选择的位置是否正确，认准操作正负方向，然后再进行操作。

(5) 程序输入后，应认真核对，保证无误；其中包括对代码、指令、地址、数值、正负号、小数点及语法的检查。

(6) 刀具补偿值(刀长和刀具半径)输入偏置页面后要对刀补号、补偿值、正负号、小数点进行认真核对。

(7) 在不装工件的情况下，空运行一次程序，看程序能否顺利执行，刀具长度选取和夹具安装是否合理，有无超程现象。

(8) 检查各刀杆前后部位的形状和尺寸是否符合加工工艺要求，是否碰撞工件和夹具。

(9) 试切进刀时，在刀具运行至工件表面 30～50 mm 处，必须在进给保持下，验证 Z 轴剩余坐标值及 X、Y 轴坐标值与编程要求是否一致。

(10) 机床运行过程中操作者须密切注意系统状况，不得擅自离开控制台。

(11) 关机前，移动机床各轴到中间位置或安全区域，按下急停按钮，关主电源开关，关稳压电源、气源等。

(12) 在下课前应清理现场，擦净机床，关闭电源，并填好日志。

(13) 严禁带电插拔通信接口，严禁擅自修改机床设置参数。

12.6　实训项目

12.6.1　车削加工实例

1．零件分析

该零件是手柄，零件的最大外径是 28，所以选取毛坯为 30 的圆棒料，材料为 45 号钢，如图 12-20 所示。

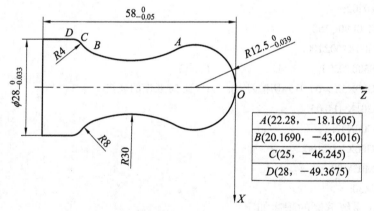

图 12-20　手柄零件

2．工艺分析

该零件分三个工步来完成加工，先全部粗车；再进行表面精车；然后切断。

安装时棒料伸出三爪卡盘 70 mm 装卡工件，单边粗车吃刀量 1.4 mm，精车余量 0.5 mm。

3．工件坐标系的设定

选取工件的右端面的中心点 O 为工件坐标系的原点。

4．编制加工程序

FANUC 系统编制的程序如下：

选择 01 号外圆车刀(粗车)，02 号外圆车刀(精车)，03 号切槽刀三把。

```
O0046;
N10 G50X100Z100;                    (对刀点,也是换刀点)
N20 T0101M03S600F0.2M08;            (F0.2 是每转进给)
N30 G00X32Z2;
N40 G01Z0;
N50 X-1;
N60 G00X32Z2;
N70 G73U7R5;
N80 G73P90Q150U0.5F0.2;
N90 G01X0F0.2;
N100 Z0;
N110 G03X22.29Z-18.161R12.48;
N120 G02X20.169Z-43.001R30;
N130 G02X25Z-46.245R8;
N140 G03X27.983Z-49.368R4;          (保证直径 28 的公差值)
N150 G01Z-60;
N160 G04X120;                       (暂停,复位,测量,设定磨耗补偿量)
N170 M03S1000;                      (把光标移到 M03 下方,按启动按钮,精加工外圆)
N180 G00X100Z100;
N190 T0202;
N200 G70P90Q150;
N210 G00X100Z100;
N220 S500T0303;                     (切断)
N230 G00X32Z-(57.975+切槽刀宽);     (保证 58 长度的公差)
N240 G01X-1F0.05;
N250 G00X32;
N260 G00X100Z100;
N270 M05M09;
N280 M30;
```

SIEMENS 系统编制的程序如下:

选择 01 号外圆车刀和 02 号切槽刀共两把刀。

```
SK70.MPF;
N10 G54G90M42M03M08S500T01F0.3;
N20 G158Z;
N30 G00X32Z0;
N40 G01X0;
N50 G00X26.2Z2;
N60 G01Z0;
N70 L70P26;
N80 M03S1000;
```

N90 G01X1;

N100 L70P1;

N110 G00X50Z100;

N120 T02M03S300;

N130 G00X32Z-(57.975+切槽刀宽);

N140 G01X-1;

N150 G00X100Z100;

N160 M05;

N170 M02;

L70.SPF;

N10 G91;

N20 G01X-1Z0;

N30 G03X22.29Z-18.161CR=12.5;

N40 G02X-2.121Z-24.81CR=30;

N50 G02X4.831Z3.243CR=8;

N60 G03X3Z-3.123CR=4;

N70 G01Z-8.632;

N80 G00X2;

N90 Z58;

N100 X-30;

N110 G90;

N120 M17;

12.6.2　数控铣床编程实例

考虑刀具半径补偿，编图示零件加工程序，要求建立如图 12-21 所示的工件坐标系，按箭头所示的路径进行加工，设加工开始时刀具距立功件上表面 50 mm，切削深度为 10 mm。

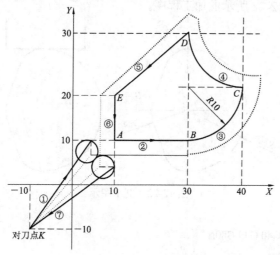

图 12-21　工件坐标系

1．工艺分析

由于上图是由直线和圆弧组成，立铣刀中心轨迹路线从对刀点开始，经过路线为 A—B—C—D—E—A，再回到对刀点。

2．注意事项

(1) 加工前应先用手动方式对刀，将刀具移动到相对于编程原点(-10，-10，50)的对刀点上。

(2) 图中带箭头的实线为编程轮廓，不带箭头的虚线为刀具中心的实际路线。

3．编制程序

```
O1002;
N10G92X-10Y-10Z50;
N20G90G17;
N30G42G00X4Y10D01;
N40Z2M03S900;
N50G01Z-10F800;
N60X30;
N70G03X40Y20I0J10;
N80G02X30Y30I0J10;
N90G01X30Y30I0J10;
N100G01X10Y20;
N110Y5;
N120G00Z50M05;
N130G40X-10Y-10;
N140M02;
N150M05;
N160M30;
```

例 1　编写如图 12-22 所示的加工程序。

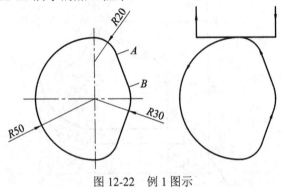

图 12-22　例 1 图示

```
%2000;
N01 G54 G90 G40 G49 G80;
N02 M03 S600;
```

N03 G00 X10 Y60;

N04 G00 Z10;

N05 G01 Z-5 F200;

N06 G01 G42 D01 Y50 F200;

N07 G03 Y-50 J-50;

N08 G03 X18.856 Y-36.667 R20.0;

N09 G01 X28.284 Y-10.0;

N10 G03 X28.284 Y10.0 R30.0;

N11 G01 X18.856 Y36.667;

N12 G03 X0 Y50 R20;

N13 G01 X-10;

N14 G01 G40 Y60;

N15 G00 Z100;

N16 M05;

N17 M30;

例2　编写如图 12-23 所示的加工程序。

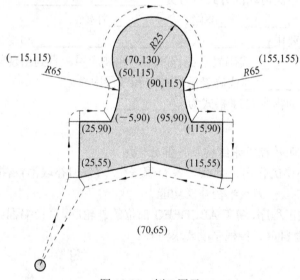

图 12-23　例 2 图示

T1 铣刀 ϕ12。

操作方法：

(1) 对工件零点：寻边器测量工件零点或在工件大小设置里直接设置。

(2) 编程序：

N10 G90 G00G54X0Z0Y0S100M03;

N20 G41 X25.0Y55.0D1;

N30 G01 Y90.0F150;

N40 X45.0;

N50 G03 X50.0Y115.0R65.0;

N60 G02 X90.0R-25.0;

N70 G03 X95.0Y90.0R65.0;

N80 G01 X115.0;

N90 Y55.0;

N100 X70.0Y65.0;

N110 X25.0Y55.0;

N120 G00 G40X0Y0Z100;

N130 M05;

N140 M30;

复习思考题

1. 填空题

(1) 伺服系统由_____和_____组成。

(2) 数控机床按控制运动的方式可分为_____、_____、_____。

(3) 刀具补偿分为_____补偿、_____补偿。

(4) 数控设备主要由_____、_____、_____和受控设备组成。

(5) G 代码中，_____代码表示在程序中一经被应用，直到出现同组的任一_____G 代码时才失效；_____代码表示只在本程序段中有效。

(6) 数控车削中的指令 G71 格式为_____。

2. 简答题

(1) 画简图，说明数控机床结构及各部分作用。

(2) 刀具半径补偿的作用是什么？各有哪些指令(含刀补取消)及指令含义？在什么移动指令下才能建立和取消刀具半径补偿功能？

(3) 编写车削加工程序，精车 ABCDEFG 部位的外轮廓，直径编程。工件尺寸如图 12-24 所示，其他参数合理自定。各程序段要求注释。

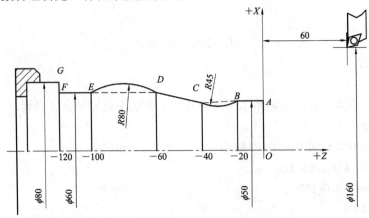

图 12-24　零件图 2

(4) 用刀具半径补偿的方法编写铣削加工程序(精加工)，工件形状如图 12-25 所示。刀具采用立铣刀，主轴转速为 1500 r/min，工件坐标系原点为 O 点，起刀点为(0，0，20)，刀具路线等其他参数合理自定，各程序段要求注释。

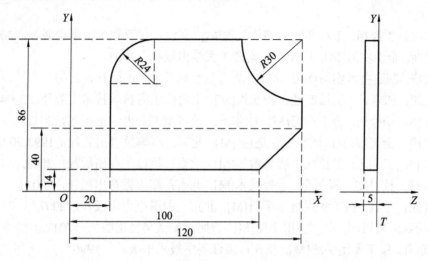

图 12-25　零件图 1

参 考 文 献

[1]　王志海，罗继相. 工程实践与训练教程[M]. 武汉：武汉理工大学出版社，2007.

[2]　萧泽新. 金工实习[M]. 广州：华南理工大学出版社，2005.

[3]　张兴华. 制造技术实习[M]. 北京：北京航空航天大学出版社，2005.

[4]　胡大超，张学高. 机械制造工程实训[M]. 上海：上海科学技术出版社，2004.

[5]　孙立峰，杨德云. 金工实习[M]. 哈尔滨：哈尔滨工业大学出版社，2017.

[6]　金禧德，金工实习(机械类专业适用)[M]. 北京：高等教育出版社，1992(2001 重印).

[7]　李洪智，王利涛. 数控加工实训教程[M]. 北京：机械工业出版社，2007.

[8]　王水章，杜君文，程国全. 数控技术[M]. 北京：高等教育出版社，2001.

[9]　邱言龙，王兵. 钳工实用技术手册[M]. 北京：中国电力出版社，2007.

[10]　藏胡斌，夏祖印. 车工实用手册[M]. 合肥：安徽科技出版社，2012.

[11]　王东升. 刨工实用手册[M]. 杭州：浙江科学技术出版社，1996.

[12]　邱言龙，李德高. 磨工实用技术手册[M]. 北京：中国电力出版社，2009.

[13]　孟庆桂. 铸工实用技术手册[M]. 南京：江苏科学技术出版社，2003.

[14]　谢懿. 实用锻压技术手册[M]. 北京：机械工业出版社，2003.

[15]　王英杰. 金属工艺学[M]. 北京：机械工业出版社，2008.

[16]　崔忠圻. 金属学与热处理[M]. 北京：机械工业出版社，2001.

[17]　陆兴. 热处理工程基础[M]. 北京：机械工业出版社，2007.

[18]　黄志明. 金属力学性能[M]. 西安：西安交通大学出版社，1993.

[19]　凌爱林. 工程材料及成形技术基础[M]. 北京：机械工业出版社，2005.

[20]　李省委，许书烟. 金工实习[M]. 北京：北京理工大学出版社，2016.

[21]　唐克岩. 金工实训[M]. 重庆：重庆大学出版社，2015.

[22]　邵阳.金工实训[M]. 北京：电子工业出版社，2010.

[23]　王海文，毛洋. 金工实习教程[M]. 武汉：华中科技大学出版社，2017.

[24]　方立志，刘传明. 金工实习[M]. 武汉：华中科技大学出版社，2018.

附 录

实 习 报 告

一、铸造工艺实习报告

姓名		学号		学院		成绩	
实训项目		设备型号		指导教师		学时	
实训目的	1. 了解砂型铸造的生产过程，基本掌握手工两箱造型(整模、分模、挖砂)的工艺方法； 2. 了解型(芯)砂的基本组成及其主要性能，分清模样、铸件与零件间的异同； 3. 了解分型面、浇注系统的基本概念，能独立完成一般铸件的造型； 4. 了解特种铸造的特点和应用范围； 5. 熟悉铸造生产的安全要求						
实训原理	铸造是一种液态金属成型的工艺方法，主要用于生产零件的毛坯。其成型原理是将金属加热熔化，使其具有流动性，然后注入具有一定形状的铸型型腔中，在重力或外力(压力、离心力、电磁力等)的作用下使金属液充满型腔，冷却并凝固成铸件(或零件)的一种金属成型方法						

1. 填空题

(1) 铸造工艺方法很多，一般分为_____和_____两大类。

(2) 凡不同于砂型铸造的所有铸造方法，统称为_____，如_____、_____和_____等。

(3) 浇注系统主要由_____、_____、_____和_____组成。

(4) 型砂与芯砂应具备的主要性能包括_____、_____、_____、_____、_____和_____。

(5) 通常用的坩埚有_____坩埚和_____坩埚两种。

(6) 浇注铸件时，如果浇注温度过高，铸件可能产生_____、_____等缺陷。

2. 选择题

(1) 铸造的突出优点之一是能制造(   )。

　　A. 形状复杂的毛坯　　B. 形状简单的毛坯　　C. 大件毛坯　　D. 小件毛坯

(2) 一般铸铁件造型用型砂的组成是(   )。

　　A. 砂子、黏土、附加材料　　　　　　B. 砂子、水玻璃、附加材料

　　C. 砂子、黏土、合脂　　　　　　　　D. 砂子、水

(3) 造型时，铸件的型腔是用什么复制的？(   )

　　A. 零件　　　　B. 模样　　　　C. 芯盒　　　　D. 铸件

(4) 造型用的模样，在单件小批量生产条件下，常用什么材料制造？(   )

　　A. 铝合金　　　B. 木材　　　　C. 铸铁　　　　D. 橡胶

(5) 铸件壁太薄，浇注时铁水温度太低，成型后容易产生什么缺陷？(   )

　　A. 气孔　　　　B. 缩孔　　　　C. 裂纹　　　　D. 浇不足

(6) 铸造生产中，用于熔化铝合金的炉子的名称是(   )。

　　A. 电弧炉　　　B. 坩埚炉　　　C. 感应电炉　　　D. 冲天炉

实训
心得

二、塑性成型工艺实习报告

姓名		学号		学院		成绩	
实训项目		设备型号		指导教师		学时	
实训目的	(1) 了解锻造实习的意义、内容、安排以及安全操作规范； (2) 了解锻造时金属加热的目的、锻造温度范围的确定； (3) 了解自由锻造的应用范围、基本工序及所用设备、工具						
技能目标	(1) 能用火色大致鉴别钢料的始锻温度和终锻温度； (2) 能独立完成简单零件自由锻的技术操作						

1. 选择题

(1) 45 钢的常用锻造温度范围是_____。

　A. 1200~800℃　　　　　B. 1100~900℃　　　　　C. 1100~850℃

(2) 锻造轴类零件，必须采用的基本工序是_____。

　A. 冲孔　　　　　　　　B. 拔长　　　　　　　　C. 镦粗

(3) 小型锻件的中、小批量生产宜采用的锻造方法是_____。

　A. 模锻　　　　　　　　B. 自由锻　　　　　　　C. 胎模锻

(4) 薄板件成型宜采用的生产方法是_____。

　A. 胎模锻　　　　　　　B. 板料冲压　　　　　　C. 模锻

2. 根据下列示意图，确定自由锻造的工序。

(a)　　　　　　　(b)　　　　　　　(c)

工序：_____

工步：(a)_____　　　(b)_____　　　(c)_____

(a)　　　　　　　(b)　　　　　　　(c)

工序：_____

工步：(a)_____　　　(b)_____　　　(c)_____

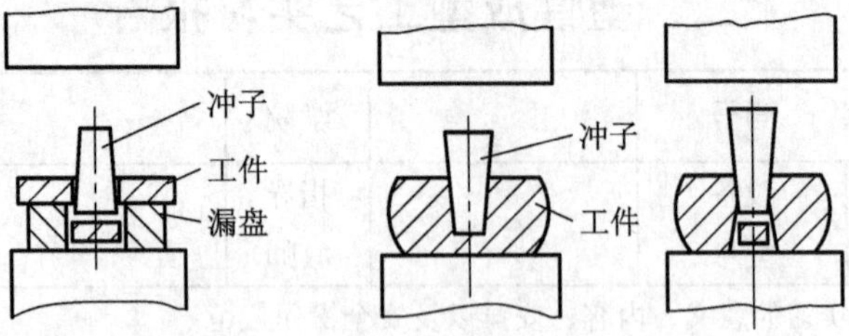

(a)　　　　　　　　　　　　　　　　(b)

工序：_____

工步：(a)_____　　　　　　　(b)_____

3. 根据下列锻件的缺陷，填写相应名称等信息。

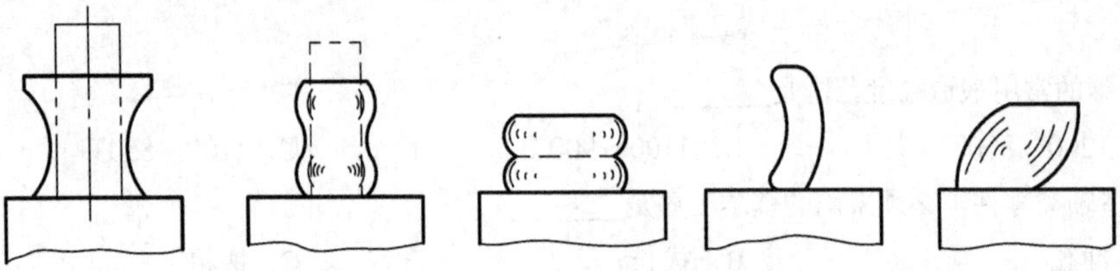

(a)　　　　(b)　　　　(c)　　　　(d)　　　　(e)

类别	缺陷名称	产生原因	矫正方法
(a)			
(b)			
(c)			
(d)			
(e)			

实训心得	

三、焊接训练实习报告

姓名		学号		学院		成绩	
实训项目		设备型号		指导教师		学时	

实训目的	(1) 了解焊接生产工艺过程、特点和应用； (2) 了解电焊条的组成及作用； (3) 熟悉结构钢焊条的牌号和型号及其含义； (4) 了解常用焊接接头形式、坡口形式及焊接位置； (5) 熟悉焊条电弧焊焊接工艺参数及对焊接质量的影响； (6) 了解其他常用的焊接方法的特点和应用； (7) 熟悉气割气焊原理及金属气割条件； (8) 了解焊接生产安全技术等
焊机型号及主要技术参数	

1. 实训过程中你所使用的焊条型号是什么？解释一下型号的含义。

2. 实训过程中你所使用的焊条的牌号是什么？解释一下牌号的含义。

3. 常用焊条的规格都有那些？实训过程中你所使用的焊条规格有哪些？

4. 实训过程中使用的工具器材有哪些？

实训心得	

四、车削加工实习报告

姓名		学号		学院		成绩	
实训名称		设备型号		指导教师		学时	

实训目的	(1) 了解金属切削加工基础知识，了解车削的工艺特点和应用范围； (2) 熟悉普通车床组成及用途，了解车床安全操作技术； (3) 了解刀具材料的性能和要求，熟悉常用车刀的结构和安装； (4) 正确调整和操作车床，正确使用刀具、夹具和量具，独立完成简单零件的车削； (5) 熟悉车削加工的安全要求和设备维护
实训原理	在车床上用金属刀具去除材料的方法称为车削加工，它是生产中最基本、用途最广的加工方法，主要用于加工各种回转体(如轴、套、盘类)上的表面。车削加工时工件旋转作主运动，刀具作直线和曲线移动为进给运动，进给方式不同得到的表面形状就不同。选用不同的刀具和切削用量时，可获得不同的加工精度，故分为粗车、半精车以及精车

1. 判断题(正确在括号内打"√"，错误在括号内打"×")

(1) 车床的转速越快，则进给量也越大。（ ）

(2) 安装车刀时，为了操作方便刀杆要尽可能伸得长一些。（ ）

(3) 车床的切削速度越高，则主轴的转速一定越高。（ ）

(4) 要改变车床主轴转速，必须停车进行。（ ）

2. 填空题

(1) 安装车刀时，刀尖应对准工件的_____。

(2) 车床上装夹工件的方法有_____、_____、_____等。

(3) 车削是利用工件的_____运动和刀具相对工件的_____运动来完成切削加工的。前者称为_____运动，后者称为_____运动。

3. 选择题

(1) 车床上能够加工的平面是(   )。

　　A. 与工件轴线垂直的表面　　B. 与工件轴线平行的表面　　C. 两者均可

(2) 车床通用夹具中能够实现主动定心的是(   )。

　　A. 三爪卡盘　　　　　　　　B. 四爪卡盘

　　C. 花盘　　　　　　　　　　D. 顶尖

(3) 车削台阶面的车刀，其主偏角应为(   )。

　　A. 76°　　　　　　　　　　B. 90°

　　C. 97°　　　　　　　　　　D. 46°

(4) 在车床上，用转动小拖板法车圆锥时，小拖板转过的角度为(   )。

　　A. 工件锥度　　　　　　　　B. 工件锥度的一倍　　　　　　C. 工件锥度的一半

4. 综合题

(1) 标出图示车床上相应部件的名称。

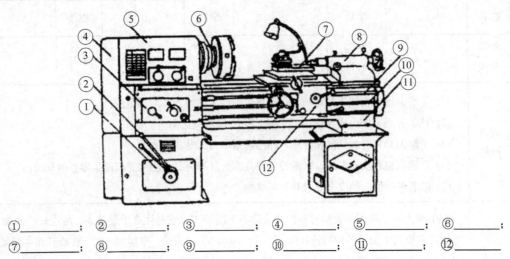

①_____；　②_____；　③_____；　④_____；　⑤_____；　⑥_____；

⑦_____；　⑧_____；　⑨_____；　⑩_____；　⑪_____；　⑫_____；

(2) 画出你在车床上所车削的零件的零件图，写出零件材料，制定出加工顺序。

(3) 写出车削实习时你所操作的车床型号，并标明字母和数字的含义。

| 实训
心得 | |

五、钳工实习报告

姓名		学号		学院		成绩	
实训名称		设备型号		指导教师		学时	
实训目的							

实训目的	(1) 正确使用划线工具，掌握平面和立体划线方法； (2) 掌握锯削和锉削的基本知识及应用范围，能熟练使用工具和量具； (3) 掌握钻孔、攻丝和套丝的基本知识、操作方法和应用； (4) 独立完成有一定精度要求的零件(或作品)的加工； (5) 了解装配工艺过程和基本知识，了解设备管理和维护的一般常识； (6) 掌握在参加的各类竞赛中所需的钳工和装配基本技能； (7) 熟悉钳工与装配操作的安全要领和自身保护
实训原理	钳工以手工操作为主，使用各种工具来完成工件的加工、装配、修理和调试等工作，该工种使用的工具和设备相对比较简单。其优点是加工方式灵活多样，生产中有时产品装配或设备维修中不便或难于用机械加工完成的工作，只能用钳工来完成；缺点是劳动强度大，生产效率低。随着制造技术的发展，如电动工具的使用，钳工机械化程度正在不断提升

1. 判断题(正确在括号内打"√"，错误在括号内打"×")

(1) 划线是机械加工的重要工序，广泛用于成批和大量生产。(　　)

(2) 锯削时，一般锯条切削长度不应小于锯条总长度的2/3。(　　)

(3) 锯削时，只要锯条安装正确就能够顺利地进行锯削。(　　)

(4) 锉削时，不应用于手去摸被锉表面，以防伤手和再锉时锉刀打滑。(　　)

(5) 锉削外圆弧面时，锉刀在向前推进的同时，还应绕工件圆弧中心摆动。(　　)

2. 选择题(单选题)

(1) 如图1所示圆柱体工件，采用一次装夹划端面的十字线，工件应装在(　　)。

　　A．虎钳上　　　　B．V形铁上　　　　C．方箱上　　　　D．带V形槽的千斤顶上

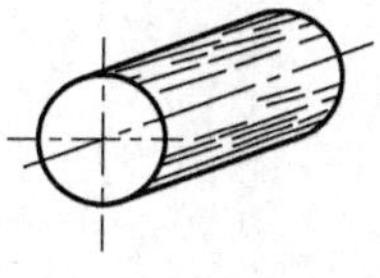

(图1)

(2) 锯削厚件时应选用(　　)。

　　A．粗齿锯条　　　B．中齿锯条　　　C．细齿锯条

(3) 锉削余量较大平面时，应采用(　　)。

　　A．顺向锉法　　　B．交叉锉法　　　C．推锉法　　　D．任意锉法

(4) 锯削薄壁圆管时应采用(　　)。

　　A．一次装夹锯断　　　　　　B．锯到圆管当中翻转180℃，二次装夹后锯断

　　C．每锯到圆管内壁时，将圆管沿推锯方向转一个角度，装夹后逐次进行锯削

(5) 平板锉适宜锉削(　　)。

　　A．内凹曲面　　　B．圆孔　　　C．平面和外凸曲面　　　D．方孔

3. 试绘出你所完成的钳工作品简图，说明主要加工步骤和使用的工具、量具以及装夹方法。

4. 目前市场上有很多种电动工具，请选出 3～5 种适用于钳工实习基本操作的。

5. 谈谈在你参加过的各类竞赛的作品制作中用了哪些钳工方法。

实训
心得

六、铣削磨削加工实习报告

姓名		学号		学院		成绩	
实训名称		设备型号		指导教师		学时	

实训目的	(1) 了解铣削和磨削的工艺特点和应用范围； (2) 了解常用铣床和刀具的分类及用途，尝试选择加工不同表面时所用的机床和刀具； (3) 熟悉卧式铣床和立式铣床的结构特点，并掌握铣削简单零件表面的方法； (4) 熟悉所用机床的安全操作要领及人身与设备保护措施
实训原理	铣削加工和磨削加工两者的不同之处是：铣削是将毛坯固定，用高速旋转的铣刀在毛坯上走刀，切出需要的形状和特征。传统铣削较多地用于铣轮廓和槽等简单的外形特征。磨削是利用磨具对工件表面进行加工。大多数的磨床是使用高速旋转的砂轮进行磨削加工，少数的是使用油石、砂带等其他磨具和游离磨料进行加工等。磨床能加工硬度较高的材料，如淬硬钢、硬质合金等；也能加工脆性材料，如玻璃、花岗岩。磨床能作高精度和表面粗糙度很小的磨削，也能进行高效率的磨削，如强力磨削等。磨削的转速与电机转速有关

1. 判断题(正确在括号内打"√"，错误在括号内打"×")

　(1) 铣削一批直径偏差较大的轴类零件键槽，宜选用机床用平口虎钳装夹工件。(　　)

　(2) 铣床床身前壁有燕尾形垂直导轨，升降台沿此导轨垂直移动。(　　)

　(3) T形槽可以用T形槽铣刀一次直接加工成形。(　　)

　(4) 零件的工艺过程，一般可划分为粗加工、半精加工和精加工三个阶段。(　　)

　(5) 万能外圆磨床只能磨削外圆，不能磨削内圆。(　　)

　(6) 砂轮强度通常用安全圆周速度来表示。(　　)

2. 选择题(单选题)

　(1) 逆铣与顺铣相比较，其优点是(　　)。

　　A. 工作台运动稳定　　　　B. 加工精度高　　　　C. 散热条件好

　(2) 外圆磨床中，主运动是(　　)。

　　A. 砂轮的平动　　　　　　B. 工件的转动　　　　C. 砂轮的转动

　(3) 磨床属于(　　)加工机床。

　　A. 一般　　　　　　　　　B. 粗　　　　　　　　C. 精

　(4) 在工件上直接钻孔铣封闭键槽应选用(　　)。

　　A. 圆柱形铣刀　　　　　　B. T形槽铣刀　　　　C. 立铣刀

3. 请比较铣削加工和磨削加工两者的不同之处。

实训
心得

七、数控加工实习报告

姓名		学号		学院		成绩	
实训 名称		设备 型号		指导 教师		学时	

实训 目的	(1) 了解相应系统数控车床的结构和性能； (2) 熟练掌握相应系统操作面板的操作； (3) 全使用编程技巧，做到熟练编程； (4) 掌握对刀及刀位偏差补偿的相关知识； (5) 熟练掌握量具的使用及精度的校核； (6) 掌握零件在加工中的精度调试
实训 设备	数控车床(FANUC0iD 系统)、尼龙棒、外圆车刀、压刀扳手、卡盘扳手、游标卡尺、垫刀片

1. 判断题(正确在括号内打"√"，错误在括号内打"×")

(1) 增量编程格式如下：G—— U—— W——。( )

(2) 辅助功能 M08 代码表示冷却液开启。( )

(3) 车削固定循环中，车外圆时是先走 Z 轴，再走 X 轴。( )

(4) 对于后置刀架来说，顺车时，G02 为顺(凹)圆加工，G03 为逆(凸)圆加工。( )

(5) 程序段 N10 T0105 的编程格式是错误的。( )

2. 填空题

(1) 切削用量三要素有_____、_____、_____。

(2) 常见车螺纹的进刀方式有_____和_____两种。

(3) 主轴转速功能代码为_____，S 控制主轴的_____。

(4) 数控编程分为_____和_____两大类。

3. 选择题

(1) 对既要加工内表面又要加工外表面的零件，在制定其加工路线时需要遵循( )原则。

    A. 先粗后精   B. 先外后内   C. 先内后外   D. 先近后远

(2) 制定数控加工工艺进行零件图分析时不包括( )。

    A. 尺寸标注方法分析   B. 零件加工质量分析

    C. 精度及技术要求分析   D. 轮廓几何要素分析

(3) 以下使用混合编程的程序段是( )。

    A. G01 X20 Z-30 F100   B. G02 X15 Z-15 R10 F80

    C. G90 U-10 W-30 F80   D. G92 X20 W-30 F2

(4) 执行下列哪一段程序刀架无动作？( )

    A. G50 X20 Z0   B. G02 X50 Z0 R25

    C. G02 X20 Z0 R10   D. G03 X20 Z0 R10

(5) M 代码控制机床各种( )。

    A. 运动状态   B. 刀具更换   C. 辅助动作状态   D. 固定循环

4. 简答题

(1) 简述 FANUC 系统数控车床的基准刀具对刀步骤。

(2) 数控机床上加工零件的切削用量包括哪几个参数？

5. 数控铣加工

(1) 编写数控铣床加工程序。

以下部分要求每位同学在下图中选择一个图形(可按学号排选，不许重复)，编写出图形的 G 代码程序，并在每条程序后详细注解出其程序的含义。

已知参数：主轴转数 $S=800$ r/min；主轴正转；刀具进给速度 $F=200$ mm/min；刀具号及刀补内存号 T1；Z 向下刀进给量 18 mm。具有刀具长度和半径补偿功能。

(注：圆弧半径 I_____ J_____ 表示。)

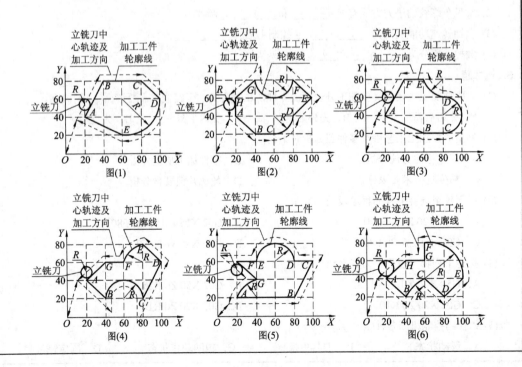

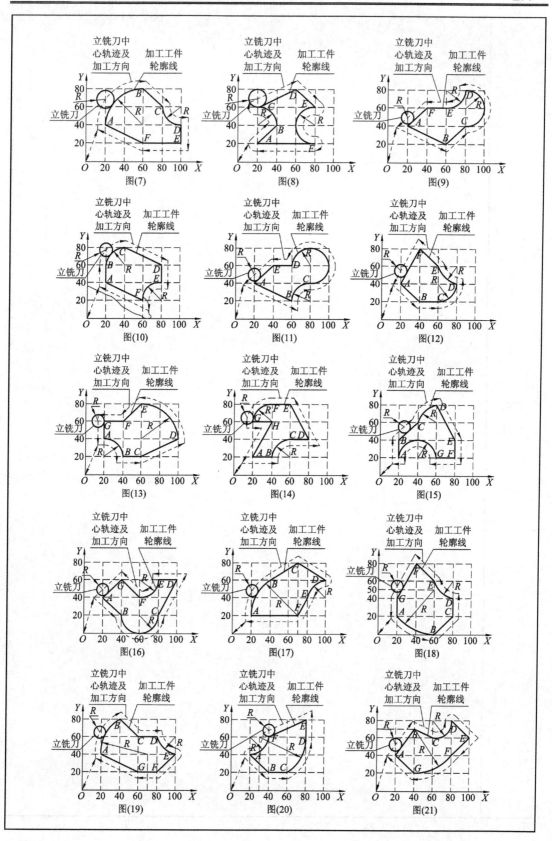

实训
心得

八、特种加工实习报告

姓名		学号		学院		成绩	
实训名称		设备型号		指导教师		学时	
实训目的							

实训目的	(1) 了解线切割、电火花、激光切割、3D 打印的基本原理、加工特点与应用范围； (2) 掌握特种加工方法，熟悉机械制造和常见制造工艺及产品的加工分析； (3) 使学生对加工有更加深入的了解，培养学生创新精神
实训原理	作为特种加工技术，其加工过程与传统的机械加工完全不同。它是直接利用电能、热能、化学能及光能等作为加工能源的，以便于实现加工过程的自动化

1. **判断题**(正确在括号内打"√"，错误在括号内打"×")

   (1) 利用电火花线切割机床不仅可以加工导电材料，还可以加工不导电材料。( )

   (2) 如果电火花线切割单边放电间隙为 0.015 mm，钼丝直径为 0.18 mm，则加工圆孔时的电极丝补偿量为 0.195 mm。( )

   (3) 在加工落料模具时，为了保证加工出来零件的尺寸，应将配合间隙加在凹模上。( )

   (4) 在电火花线切割编程加工中，指令 G00、G01 的功能都是一样。( )

   (5) 激光焊接速度快，热影响区小，焊接质量高，可焊接同种材料，但是不可焊接异种材料。( )

   (6) 激光打标加工是接触加工。( )

   (7) 增材制造的加工精度比传统加工的精度高。( )

2. **填空题**

   (1) 在电火花线切割编程加工中，计数长度的单位为_____。

   (2) 电火花线切割加工时，由于火花放电的作用，电极材料被蚀除的现象称为_____。

   (3) 电火花型腔加工常用的电极材料主要有_____和_____。

   (4) 增材制造较成熟的工艺方法有_____、_____、_____、_____。

3. **简答题**

   (1) 什么叫放电间隙？它对线切割加工的工件尺寸有怎样的影响？

   (2) 电火花成型穿孔加工机床按其数控程度可分为多少种类型？

(3) 电火花加工的局限性有哪些?

(4) 激光加工有哪些种类?

(5) RP/RPM 技术的主要种类及工作原理是什么?

实训 心得	